中国焊接协会教育与培训工作委员会规划教材

工业机器人系统操作员培训与资格认证指定用书

U0748046

工业机器人系统操作与运维

主　编　刘　伟

副主编　方乃文　朱志明

参　编　郭广磊　关　强　张寅翼　李爱民

审　核　林三宝

机械工业出版社
CHINA MACHINE PRESS

本书为中国焊接协会教育与培训工作委员会规划教材，对标 2020 年国家职业技能标准《工业机器人系统操作员》，职业编码：6-30-99-00。本书结合工业机器人系统实际应用和岗位能力需要，嵌入适量工业机器人运维知识，采用纸质教材和多媒体资源相结合的原则，设计一级目录共 6 个模块，分别是工业机器人基础知识、焊接机器人运行与操作安全、弧焊机器人编程与焊接、焊接机器人应用与维护、工业机器人系统典型应用、工业机器人系统安装与维修。设计二级目录共计 40 个项目，每个项目对应一个教学视频，以二维码的形式植入书中。

本书对工业机器人系统操作及运维基础知识进行了全面的概括和深入浅出的讲解，满足职业院校及应用型本科院校进行"工业机器人系统操作与运维"课程线上、线下、混合式项目教学，以及开展职业技能鉴定培训与评价需要。

为便于教学，本书配有电子课件和相关测试题（附答案）等教学资源，凡选用本书作为授课教材的教师均可登录机械工业出版社教育服务网 www.cmpedu.com 注册，免费下载。

图书在版编目（CIP）数据

工业机器人系统操作与运维 / 刘伟主编. -- 北京：机械工业出版社，2024.11. --（中国焊接协会教育与培训工作委员会规划教材）(工业机器人系统操作员培训与资格认证指定用书). -- ISBN 978-7-111-77538-6

Ⅰ. TP242.2

中国国家版本馆 CIP 数据核字第 2025K66U03 号

机械工业出版社（北京市百万庄大街22号　邮政编码100037）
策划编辑：王海峰　　　　　　责任编辑：王海峰　王　良
责任校对：郑　雪　陈　越　　封面设计：陈　沛
责任印制：单爱军
北京虎彩文化传播有限公司印刷
2025年3月第1版第1次印刷
184mm×260mm・17.75印张・393千字
标准书号：ISBN 978-7-111-77538-6
定价：75.00元

电话服务　　　　　　　　　网络服务
客服电话：010-88361066　　机　工　官　网：www.cmpbook.com
　　　　　010-88379833　　机　工　官　博：weibo.com/cmp1952
　　　　　010-68326294　　金　书　网：www.golden-book.com
封底无防伪标均为盗版　　机工教育服务网：www.cmpedu.com

党的二十大报告指出："统筹职业教育、高等教育、继续教育协同创新，推进职普融通、产教融合、科教融汇，优化职业教育类型定位。"职业教育工作者肩负着培养一批素质高、专业技术全面、技能熟练的大国工匠、高技能人才，推动新一轮科技革命和产业变革深入发展，用社会主义核心价值观铸魂育人的责任与使命。

工业机器人是先进制造技术和自动化装备的典型代表，涉及机械、电子、自动控制、计算机、人工智能、传感器、通信与网络等多个学科和领域，是多种高新技术发展成果的综合集成，因此，它的发展与众多学科发展密切相关。

目前，工业机器人系统正在向智能化、模块化和系统化的方向发展，其发展趋势有：结构的模块化和可重构化，控制技术的开放化、PC 化和网络化，伺服驱动技术的数字化和分散化，多传感器融合技术的实用化，工作环境设计的优化和作业的柔性化以及系统的网络化和智能化等方面。利用计算机控制技术，人们可以对现场的机器人设备进行远程监控，完成常规控制技术无法完成的任务。因此，工业机器人现代控制技术的应用符合国家倡导的"高端化、智能化、绿色化"发展趋势。

人力资源和社会保障部、工业和信息化部共同制定和颁布的《工业机器人系统操作员（2020 年版）》及《工业机器人系统运维员（2020 年版）》国家职业技能标准，对机器人系统操作、编程、安装、调试、维护等方面的知识技能提出了要求。为此，中国焊接协会教育与培训工作委员会立项，由中国焊接协会机器人焊接（厦门）培训基地刘伟老师担任《工业机器人系统操作与运维》教材主编，这也是他主编的焊接机器人系列教材的第 10 册。教材根据工业机器人系统操作与运维所必须具备的工业机器人系统操作理论知识和技术技能编撰而成，着重将焊接机器人系统所涉及的内容进行分析和讲解，并结合实际工作案例设计了 10 个实操项目，由浅入深，易于学习，可作为该岗位职业技能鉴定以及职业院校相关专业开展教学的教材使用。我相信，"工业机器人系统操作与运维"课程，对于培养学生人文素养、科学素养、职业道德和精益求精的工匠精神，让学生了解与本专业职业活动相关的国家法律、行业规定，了解绿色生产、环境保护相关知识，掌握安全防护、质量管理相关知识技能，了解装备制造产业文化，遵守职业道德准则和行为规范，具备社会责任感和担当精神等具有十分重要的意义。

自 2010 年以来，中国焊接协会通过组织培训、竞赛、研讨等活动，以建立在全国各地的机器人焊接培训基地为依托，积极有效地推进焊接机器人应用系列教材的开发工作，弥补了职业技术教育及相关行业、企业培训机构在该领域教学资源的不足，这项工作十分有意义并且取得了显著成效，希望《工业机器人系统操作与运维》的编写出版，为全国职业院校工业机器人技术等相关专业提供更加完备的教学资源，为我国职业技术教育"工业机器人"课程体系的构建、培养出更多优秀的工业机器人应用技术技能人才贡献力量。

天津大学材料学院教授、博士生导师

党的二十大报告指出:"必须坚持科技是第一生产力、人才是第一资源、创新是第一动力,深入实施科教兴国战略、人才强国战略、创新驱动发展战略,开辟发展新领域新赛道,不断塑造发展新动能新优势。"

2012年5月,中国焊接协会专家小组在对厦门基地申请挂牌资质考察期间,在听取厦门基地发展规划后,决定由刘伟牵头主编10本焊接机器人应用系列教材。中国焊接协会机器人焊接(厦门)培训基地自2013年1月挂牌成立以来,培训、取证和教材开发工作取得长足进步,并四度获得全国优秀培训基地荣誉。10余年间,已陆续出版培训教材9本,分别是:《焊接机器人基本操作及应用》,电子工业出版社2012年出版,2023年第3版出版;《中厚板焊接机器人系统及传感技术应用》,机械工业出版社2013年出版;《焊接机器人离线编程及仿真系统应用》,机械工业出版社2014年出版;《点焊机器人系统及编程应用》,机械工业出版社2015年出版;《焊接机器人操作编程及应用》,机械工业出版社2017年出版;《焊接机器人操作编程及应用专业术语英汉对照》,机械工业出版社2019年出版;《机器人焊接编程与应用》,机械工业出版社2019年出版;《机器人焊接高级编程》,机械工业出版社2022年出版;《激光焊机器人操作及应用》,机械工业出版社2023年出版。

本书为中国焊接协会教育与培训工作委员会规划教材,也是由刘伟主编的焊接机器人应用系列教材第10本。本书参照工业机器人技术专业教学计划,并对标2020年11月人力资源和社会保障部、工业和信息化部共同颁布的《工业机器人系统操作员(2020年版)》及《工业机器人系统运维员(2020年版)》国家职业技能标准内容,主要内容包括不同品牌的弧焊机器人、点焊机器人、装配机器人、码垛机器人其设备构成、编程方法及运行维护等相关基础知识,结合焊接机器人系统操作及岗位能力需要,增加机器人运维知识,将纸质教材和多媒体资源相融合,设计一级目录共6个模块,分别是工业机器人基础知识、焊接机器人运行与操作安全、弧焊机器人编程与焊接、焊接机器人应用与维护、工业机器人系统典型应用、工业机器人系统安装与维修等。设计二级目录共计40个项目,每个项目对应一个教学视频和PPT等教学资源,并配有国家人力资源和社会保障部《焊接设备操作工》(机器人焊接)初、中、高级工职业技能鉴定测试题1000余题(附答案)。本书能够满足职业院校及应用型本科院校开展"工业机器人系统操作及运维"课程线上、线下、混合式项目教学,以及职业技能鉴定培训与评价需要,可作为智能焊接技术、焊接技术应用、工业机器人技术及工业机器人技术应用等专业教材。

　　本书在编写过程中得到了中国焊接协会各级领导和设立在全国 35 个培训基地教师的大力支持，部分教师参与编审工作，其中，方乃文、李爱民参与模块一的编写；郭广磊、关强、张寅翼参与模块三的编写，其余模块均由刘伟编写；清华大学的朱志明教授对书中引用技术标准及专业术语进行了审核；本书由刘伟主编及统稿。天津大学材料学院博士生导师李桓教授欣然接受邀约为本书作序，编者在此表示诚挚的谢意。

　　由于编者水平有限，书中错误和疏漏之处在所难免，恳请读者批评指正。

编　者

名称	图形	页码	名称	图形	页码
第一讲：机器人与国家战略		1	第八讲：焊接机器人设备基本构成及主要参数		17
第二讲：工业机器人概述		3	第九讲：机器人示教器		24
第三讲：工业机器人需求、现状与趋势		5	第十讲：机器人坐标系		31
第四讲：工业机器人组成与结构型式		6	第十一讲：移动机器人找点		39
第五讲：工业机器人分类及应用		8	第十二讲：机器人TCP校准		42
第六讲：工业机器人系统运维岗位职业能力分析		12	第十三讲：弧焊机器人日常检查与维护		50
第七讲：机器人控制原理		15	第十四讲：ABB弧焊机器人设备		52

（续）

名称	图形	页码	名称	图形	页码
第十五讲：焊接机器人安全操作		61	第二十三讲：直线摆动的编程与焊接		116
第十六讲：机器人焊接安全生产及质量管理		65	第二十四讲：圆弧摆动的编程与焊接		123
第十七讲：机器人编程语言		69	第二十五讲：机器人输入/输出信号设置		135
第十八讲：机器人编程类型		78	第二十六讲：机器人传感器		142
第十九讲：松下焊接机器人直线示教与编程		81	第二十七讲：机器人零位调整		151
第二十讲：时代弧焊机器人编程		86	第二十八讲：机器人本体编码器电池更换		153
第二十一讲：机器人焊接工艺		95	第二十九讲：管-板组合件的编程与焊接		155
第二十二讲：圆弧的编程与焊接		113	第三十讲：焊接机器人工装夹具		169

（续）

名称	图形	页码	名称	图形	页码
第三十一讲：点焊机器人设备构成及原理		173	第三十六讲：中厚板焊接机器人		208
第三十二讲：点焊机器人编程与应用		181	第三十七讲：机器人工作站系统形式		211
第三十三讲：示教误差		186	第三十八讲：工业机器人系统安装		224
第三十四讲：装配机器人		190	第三十九讲：机器人系统故障诊断及设备保养		232
第三十五讲：码垛机器人		198	第四十讲：工业机器人电气控制单元和机械维修		244

CONTENTS ≪ **目 录**

序
前言
二维码索引

模块一 工业机器人基础知识 …………………………………………………… 1

项目 1　机器人与国家战略 ………………………………………… 1

项目 2　工业机器人概述 …………………………………………… 3

项目 3　工业机器人需求、现状与趋势 …………………………… 5

项目 4　工业机器人组成与结构型式 ……………………………… 6

项目 5　工业机器人分类及应用 …………………………………… 8

项目 6　工业机器人系统运维岗位职业能力分析 ……………… 12

项目 7　机器人控制原理 ………………………………………… 15

项目 8　焊接机器人设备基本构成及主要参数 ………………… 17

项目 9　机器人示教器 …………………………………………… 24

项目 10　机器人坐标系 …………………………………………… 31

模块二 焊接机器人运行与操作安全 ……………………………… 39

项目 11　移动机器人找点 ………………………………………… 39

项目 12　机器人 TCP 校准 ……………………………………… 42

项目 13　弧焊机器人日常检查与维护 …………………………… 50

项目 14　ABB 弧焊机器人设备 ………………………………… 52

项目 15　焊接机器人安全操作 ················· 61

项目 16　机器人焊接安全生产及质量管理 ················· 65

模块三　**弧焊机器人编程与焊接** ················· 69

项目 17　机器人编程语言 ················· 69

项目 18　机器人编程类型 ················· 78

项目 19　松下焊接机器人直线示教与编程 ················· 81

项目 20　时代弧焊机器人编程 ················· 86

项目 21　机器人焊接工艺 ················· 95

项目 22　圆弧的编程与焊接 ················· 113

项目 23　直线摆动的编程与焊接 ················· 116

项目 24　圆弧摆动的编程与焊接 ················· 123

模块四　**焊接机器人应用与维护** ················· 135

项目 25　机器人输入 / 输出信号设置 ················· 135

项目 26　机器人传感器 ················· 142

项目 27　机器人零位调整 ················· 151

项目 28　机器人本体编码器电池更换 ················· 153

项目 29　管 - 板组合件的编程与焊接 ················· 155

项目 30　焊接机器人工装夹具 ················· 169

模块五　**工业机器人系统典型应用** ················· 173

项目 31　点焊机器人设备构成及原理 ················· 173

项目 32　点焊机器人编程与应用 ················· 181

项目 33　示教误差 ················· 186

项目 34　装配机器人 ················· 190

项目 35　码垛机器人 ················· 198

项目 36　中厚板焊接机器人 ⋯⋯⋯⋯⋯⋯⋯⋯⋯⋯ 208

项目 37　机器人工作站系统形式 ⋯⋯⋯⋯⋯⋯⋯⋯ 211

模块六　**工业机器人系统安装与维修** ⋯⋯⋯⋯⋯⋯⋯⋯⋯⋯ 224

项目 38　工业机器人系统安装 ⋯⋯⋯⋯⋯⋯⋯⋯⋯ 224

项目 39　机器人系统故障诊断及设备保养 ⋯⋯⋯⋯ 232

项目 40　工业机器人电气控制单元和机械维修 ⋯⋯⋯ 244

参考文献 ⋯⋯⋯⋯⋯⋯⋯⋯⋯⋯⋯⋯⋯⋯⋯⋯⋯ 270

▶ 项目 1　机器人与国家战略

【知识目标】

1. 了解工业革命发展的四个阶段。
2. 了解我国机器人产业的发展与趋势。

【能力目标】

1. 了解"工业 4.0"的基本概念及内容。
2. 了解机器人所具有的优势及替代人工的意义。

【职业素养】

1. 了解"国家新型工业化战略"基本内容及中国制造业的转型升级。
2. 了解"工业互联网 +"的内涵及意义。

第一讲：机器人与国家战略

1. 工业 4.0

"工业 4.0（Industry 4.0）"的概念最早于 2013 年由德国提出，用来形容第四次工业革命，旨在支持工业领域新一代革命性技术的研发与创新，推动制造业向智能化转型。德国学术界和产业界认为：继蒸汽机革命（1.0）、电气革命（2.0）、信息革命（3.0）之后，人类将迎来以信息物理系统为基础，以生产高度数字化、网络化、机器自组织为标志的第四次工业革命。基于此，在德国工程院、弗劳恩霍夫协会、西门子公司等产学研多方推动下，德国政府将"工业 4.0"项目纳入《高技术战略 2020》十大未来项目之中。

2. 新型工业化

推进新型工业化，是以习近平同志为核心的党中央统筹中华民族伟大复兴战略全局和世界百年未有之大变局作出的重大战略部署。党的十八大以来，习近平总书记举旗定向、掌舵领航，就推进新型工业化的一系列重大理论和实践问题作出重要论述，极大地丰富和发展了我们党对工业化的规律性认识，为推进新型工业化提供了根本遵循和行动指南。学深悟透习近平总书记关于新型工业化的重要论述，必须坚持党对推进新型工业化的全面领导，深刻认识推进新型工业化的战略定位，牢牢锚定推进新型工业化的总体目标，准确把握推进新型工业化的重要原则，全面落实推进新型工业化的重点任务，掌握推进新型工业化的方法路径，坚持学思用贯通、知信行统一，把学习成效转化为推进新型工业化的实际行动。

我国新型工业化战略可以概括为"一二三四五五十"的总体结构，即

"一"，就是从制造业大国向制造业强国转变，最终实现制造业强国的一个目标。

"二"，就是通过两化融合发展来实现这一目标。党的十八大提出了用信息化和工业化两化深度融合来引领和带动整个制造业的发展，这也是我国制造业所要占据的一个制高点。

"三"，就是要通过"三步走"的战略，大体上每一步用十年左右的时间来实现我国从制造业大国向制造业强国转变的目标。

"四"，就是确定了四项原则：第一项原则是市场主导、政府引导；第二项原则是既立足当前，又着眼长远；第三项原则是全面推进、重点突破；第四项原则是自主发展和合作共赢。

"五五"，就是有两个"五"：第一个五是五条方针，即创新驱动、质量为先、绿色发展、结构优化和人才为本；第二个"五"是实行五大工程，包括制造业创新中心建设工程、强化基础工程、智能制造工程、绿色制造工程和高端装备创新工程。

"十"，就是十大领域，包括新一代信息技术产业、高档数控机床和机器人、航空航天装备、海洋工程装备及高技术船舶、先进轨道交通装备、节能与新能源汽车、电力装备、农机装备、新材料、生物医药及高性能医疗器械。

近年来，互联网和智能制造以及 AI 人工智能的发展，都将极大促进我国制造业的转型升级，最终实现我国新型工业化战略制定的宏伟目标。

3. 机器人换人

机器人能够提高工作效率、提高工作质量、减轻人的体力劳动，具体体现在以下几方面：

1）机器人干人干不了的活。机器人可以在有毒、有害、高温、危险的环境中作业。

2）机器人干人干不好的活。机器人可以不知疲倦地连续、重复、高质、高效工作。

3）机器人干人搞不定的活。机器人可以下深海、上高空、入人体等。

机器人技术作为先进制造技术的典型代表和主要技术手段，在提高企业的产能、提升生产率、改善劳动条件等方面有着重要的作用。焊接机器人以其应用行业广、工艺灵活多样、重复精度高、产品质量好、生产清洁、易于实现自动化、柔性化和智能化等优点，正逐步取代传统的焊接方法。

在我国从制造大国向制造强国的转变过程中，工业机器人的需求将快速增加。近年以来，长三角、珠三角大湾区、京津冀、成渝等城市群陆续出台政策，实施机器人技术研发和生产应用发展计划。因此，工业机器人应用人才的培养成为当务之急。

▶ 项目2　工业机器人概述

【**知识目标**】

了解机器人学遵循的三原则，机器人类别，工业机器人的定义、特点及使用场合，工业机器人技术进化。

第二讲：工业机器人概述

【**能力目标**】

了解机器人拟人化设计及关节（自由度或轴）的概念，工业机器人的特点及优势。

【**职业素养**】

了解机器人、走近机器人、热爱机器人。

机器人分为两大类，即工业机器人和特种机器人。工业机器人就是面向工业领域的多关节机械手或多自由度机器人，以及焊缝跟踪无轨爬行机器人。特种机器人则是除工业机器人之外的、用于非制造业并服务于人类的各种先进机器人。

特种机器人包括服务机器人、水下机器人、娱乐机器人、军用机器人、农业机器人、机器人化机器等。在特种机器人中，有些分支发展很快，有独立成体系的趋势，如服务机器人、水下机器人、军用机器人、微操作机器人等。

1. 机器人发展历史

"机器人"一词最早出自1920年捷克作家卡雷尔·恰佩克的科幻小说《罗萨母万能机器人制造公司》，书中的"robot"一词在捷克文中是劳役和苦工之意，其英文词意泛指机器人。机器人的性质是模仿人的某些特性，它具有移动性、个体性、智能性、通用性、半机械半人性、自动性、重复性，是具有生物功能的空间三维坐标机器。

自从20世纪50年代末人类制造了第一台工业机器人以来，机器人就显示出了极强的生命力。工业机器人是拟人手腕、手臂和手功能的机械电子装置，集机械、电子、控制、计算机、传感器、人工智能等多学科先进技术于一体的重要的现代制造业自动化装备，能够按照人要求的轨迹移动工具、空间位置的物体或工件。

经过六十多年的飞速发展，机器人技术已经成为一门新的综合性交叉学科——机器人学（Robotics），它包括基础研究与应用研究两方面的内容，其主要研究领域有：①机械手设计；②机器人运动学与动力学；③机器人轨迹规划；④机器人驱动技术；⑤机器人传感器；⑥机器人视觉；⑦机器人控制语言与离线编程；⑧机器人本体结构；⑨机器人控制系统；⑩智能机器人等。在工业发达国家，机器人已经广泛应用于汽车工业、机械加工行业、电子电气行业、橡胶及塑料工业、食品工业、物流、制造业等诸多领域中。

2. 机器人的三原则

第1条，机器人不可伤害人类。当人类受到伤害时，不可坐视不管。

第2条，机器人必须遵从人类的命令。但当违背了第1条时，则不在此限。

第 3 条，机器人应在不违背第 1 条、第 2 条的前提条件下保全自己。

3. 工业机器人定义

国家标准 GB/T 12643—2013《机器人与机器人装备　词汇》中将工业机器人定义为："工业机器人是一种多用途的、可重复编程的、具有 3 个或更多可编程的轴（自由度）的、用于工业自动化生产领域的自动控制操作机（Manipulator）"。为了适应不同的用途，机器人最后一个轴的机械接口，通常是一个连接法兰，可接装不同工具（或称末端执行器），它们可以按空间位置、姿态的时变要求进行移动，应用于完成不同工业领域的、特定的工业生产任务。

4. 工业机器人技术进化

（1）**第一代机器人**　现在工业生产中广泛应用的机器人大多数是基于示教 - 再现原理。它是通过"示教"的方法为机器人作业程序生成运动命令，也就是由编程人员通过示教器操作机器人使其动作，当机器人末端执行器的位置姿态符合作业要求时，将这些位置点记录下来（包括位置、姿态、运动参数等），生成动作命令，存入控制器指定的示教数据区，并在程序中的适当位置加入相应的工艺参数作业命令及其他输入 / 输出命令。在工业机器人编程工作中，通常需要将示教的程序经过试运行，并进行修改、调整，才能得到有效的作业程序。

当工业机器人自动运行时，控制系统将自动逐条读取示教命令及其他有关数据，按预先设定好的路径（轨迹）和动作进行运动。在运动过程中，根据工艺要求发出各种作业命令，完成作业任务。同时，进行作业过程监测，以保证作业的正常完成。

（2）**第二代机器人**　带感觉的机器人。利用传感器获取的信息控制机器人动作。具有触觉、力觉或简单视觉的工业机器人，能在较为复杂的环境下工作。

（3）**第三代机器人**　智能机器人。具有识别功能或更进一步增加自适应、自学习功能，即称为智能型工业机器人。它能按照人给的"宏命令"自选或自编程序去适应环境，并自动完成更为复杂的工作。

5. 工业机器人的特点与优势

（1）**工业机器人的特点**

1）提高生产效率。

2）保持作业参数的一致性、成形美观、作业质量好。

3）易于实现生产过程的柔性化和自动化。

4）改善劳动条件。

5）增强生产管理的计划性和可预见性。

（2）**工业机器人的优势**

1）机器人与机械手比较。机械手是模拟人的手臂动作的机电系统，根据机电耦合原理，按主从原则进行工作，因此，它只是人的手和臂的延长物，没有自主能力，附属于主机设备，动作简单，是持行操作程序固定的重复操作，定位点不变的操作装置。而工业机器人具有独立的控制系统，可通过编程实现动作程序的变化。

2）机器人与自动专机比较。以自动焊接专机（Automatic Welding Special Equipment）为例，它是为特定的焊件和一定形状的焊接接头而专门设计的焊接自动化设备，具有简单、高效的特点，但焊接产品一旦改变规格或形状，焊接专机就无法使用了；而机器人只需要重新编写一个程序就可以再次使用，因此，机器人具有的柔性化作业特点更加适应现代化生产。

6. 工业机器人的组成

工业机器人通常由本体、驱动系统和控制系统三个基本部分组成。本体即机械手臂，包括臂部、腕部和手部，有的机器人还有行走机构。大多数工业机器人有 3~6 个运动自由度，其中腕部通常有 1~3 个运动自由度，腕轴末端连接执行机构。驱动系统包括动力装置和传动机构，用以使执行机构产生相应的动作。控制系统按照输入的程序对驱动系统和执行机构发出命令信号，并进行控制。

▶ 项目 3　工业机器人需求、现状与趋势

【知识目标】

1. 了解工业机器人应用现状。
2. 了解工业机器人技术发展趋势。

【能力目标】

明确学习目标和学习内容，找到自己在智能制造中的工作定位。

【职业素养】

树立正确的人生目标，做好职业规划。

> 第三讲：工业机器人需求、现状与趋势

1. 工业机器人应用现状

目前，全球机器人技术发展最有影响力的国家和地区是美国、欧洲和日本，美国在机器人技术的综合研究水平上处于领先地位，而日本生产的机器人在数量、种类方面则居世界首位。

国际上的工业机器人公司主要分为日系和欧美系。日系中主要有松下、安川、OTC、FANUC、神钢、川崎等公司。欧美系中主要有瑞典的 ABB、德国的 KUKA、美国的波士顿动力、意大利的 COMAU 及奥地利的 IGM 等。工业机器人已成为柔性制造系统（FMS）、工厂自动化（FA）、计算机集成制造系统（CIMS）的自动工具。

据相关统计数据表明，应用于汽车工业及汽车零部件工业的工业机器人，占整个机器人数量的 61%，金属制品业占 8%、橡胶及塑料工业和电子电气行业分别占 7%、食品工业占 2%，其他工业占 15%。近年来，机器人应用领域呈现迅速扩大的趋势。

我国是世界上最大的工业机器人市场，且增速远超行业平均水平。根据国家统计局数据，2022 年 1—12 月全国规模以上工业企业的工业机器人累计完成生产量 44.3 万套；2022 年 1—12 月全国规模以上工业企业的服务机器人累计完成生产量 645.8 万套。我国连续九年稳居第一大工业机器人市场，全球销量占比超 50%。另据统计：截

至2021年，我国每万名产业工人所拥有的工业机器人数量仅为187台，远落后于德国、日本和韩国，未来仍有较大提升空间。

2. 工业机器人发展趋势

机器人是先进制造技术和自动化装备的典型代表，是人造机器的"终极"形式。它涉及机械、电子、自动控制、计算机、人工智能、传感器、通信与网络等多个学科和领域，是多种高新技术发展成果的综合集成，因此，它的发展与众多学科发展密切相关。

机器人技术发展的总体趋势是：从狭义的机器人概念向广义的机器人技术概念转移，从工业机器人产业向解决方案业务的机器人技术产业发展。机器人技术的内涵已变为灵活应用机器人技术的、具有实际动作功能的智能化系统。机器人结构越来越灵巧，控制系统越来越精密，其智能化程度也越来越高，正朝着一体化方向发展。

从近几年世界机器人推出的产品来看，工业机器人技术正在向智能化、模块化和系统化的方向发展，其发展趋势主要为：结构的模块化和可重构化；控制技术的开放化、PC化和网络化；伺服驱动技术的数字化和分散化；多传感器融合技术的实用化；工作环境设计的优化和作业的柔性化以及系统的网络化和智能化等方面。

综上所述，当今工业机器人的发展趋势主要体现在以下几个方面：

1）工业机器人性能不断提高（高速度、高精度、高可靠性、便于操作和维修），而单机价格逐年下降。

2）机械结构向模块化和可重构化发展。例如：关节模块中的伺服电动机、减速器、检测系统三位一体化；由关节模块、连杆模块重组方式构造机器人。

3）工业机器人控制系统向基于PC机的开放型控制器方向发展，便于标准化、网络化；器件集成度提高，控制柜日渐小巧，采用模块化结构，大大提高了系统的可靠性、易操作性和可维修性。

4）机器人中的传感器作用日益重要，除采用传统的位置、速度、加速度等传感器外，视觉、力觉、听觉、触觉等多传感器的融合技术在产品化系统中已有成熟应用。

5）机器人化生产开始兴起。相对独立的机器人工作站逐步发展成为由各种机器人协同作业组成的自动化柔性生产线，例如在焊接系统中使用RGV、AGV（自动行走小车）自动配送等先进技术，可视化、网络化、仿真技术逐渐在工厂得以应用，极大地提高了生产效率和生产水平。

▶ 项目 4　工业机器人组成与结构型式

第四讲：工业机器人组成与结构型式

【知识目标】

了解机器人各关节的名称及功能。

【能力目标】

能够理解机器人拟人化设计及关节（自由度或轴）的概念及各

轴的定义。

【职业素养】

正确描述工业机器人模仿人的手臂结构和动作特征。

工业机器人通常按结构坐标系、驱动方式、受控运动方式等进行分类。

1. 按结构坐标系分类

(1) **直角坐标型** 这类机器人的结构和控制方案与机床类似，其到达空间位置的三个运动（x，y，z）由直线运动构成，运动方向互相垂直，其末端操作器的姿态调节由附加的旋转机构实现，如图 4-1a 所示。

(2) **圆柱坐标型** 这类机器人在基座水平转台上装有立柱，水平臂可沿立柱做上下运动并可在水平方向伸缩，如图 4-1b 所示。

(3) **极坐标型** 与圆柱坐标结构相比较，这种结构型式更为灵活。采用同一分辨率的码盘检测角位移时，伸缩关节的线

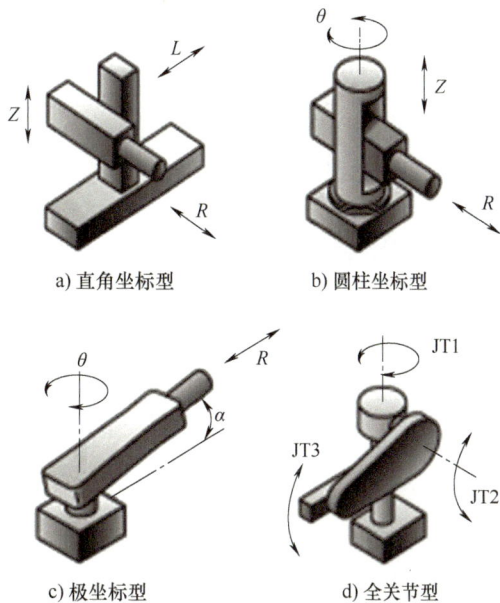

a) 直角坐标型　　b) 圆柱坐标型

c) 极坐标型　　d) 全关节型

图 4-1　机器人按结构坐标系分类

位移分辨率恒定，但转动关节反映在末端操作器上的线位移分辨率则是个变量，增加了控制系统的复杂性，如图 4-1c 所示。

(4) **全关节型** 全关节型机器人的结构类似人的腰部和身部，其位置和姿态全部由垂直旋转运动实现，如图 4-1d 所示。目前，焊接机器人大多采用全关节型的结构型式。

2. 按驱动方式分类

(1) **气压驱动** 大多数气压驱动机器人采用压缩空气作为动力源，具有速度快、系统结构简单、维修方便、价格低等特点，适用于中、小负荷的机器人。但因难于实现伺服控制，多用于程序控制的机器人中，如在上、下料和冲压机器人中应用较多。另外，它的工业环境适应性好，特别适合在易燃、易爆、多尘埃、强磁、强辐射、振动等恶劣条件下工作。气压驱动多应用于点位控制机器人。

(2) **液压驱动** 液压驱动技术是一种比较成熟的技术。它具有动力大、力（或力矩）与惯量比大、快速响应速度高、易于实现直接驱动等特点，适于在承载能力大，惯量大以及在防焊环境中工作的机器人中应用。但液压系统需进行能量转换（电能转换成液压能），速度控制多数情况下采用节流调速，效率比电动驱动系统低，液压系统的液体泄漏会对环境产生污染。由于这些不足，近年来，在负荷为 100kg 以下的机器人中液压驱动往往被电动驱动所取代。

(3) **电动驱动** 电动驱动是利用各种电动机产生力和力矩，直接或经过减速器去

驱动机器人关节，从而控制机器人的位置、速度和加速度，具有易于控制、运动精度高等优点。

由于电动驱动的低惯量，随着大转矩交、直流伺服电动机及其配套的伺服驱动器（交流变频器、直流脉冲宽度调制器）的广泛采用，这类驱动系统在机器人中被大量选用。这类系统不需能量转换，使用方便，控制灵活。大多数电动机后面需安装精密的传动机构。虽然电动驱动成本较气压驱动和液压驱动高，但由于这类驱动系统优点比较突出，因此在机器人系统中被广泛选用。

3. 按受控运动方式分类

（1）点位控制（PTP）型　机器人受控运动方式为一个点位目标移动到另一个点位目标，只在目标点上完成操作。要求机器人在目标点上有足够的定位精度，相邻目标点间的运动方式是关节驱动机以最快的速度趋近终点，各关节视其转角大小不同而到达终点有先有后；另一种运动方式是各关节同时趋近终点，由于各关节运动时间相同，所以角位移的运动速度较高。

（2）连续轨迹控制（CP）型　机器人各关节做连续受控运动，机器人运行终端按预期的轨迹和速度运动，为此各关节控制系统需要实时获取驱动机构的角位移和角速度信号。

▶ 项目5　工业机器人分类及应用

【知识目标】

掌握工业机器人分类及应用知识。

【能力目标】

掌握工业机器人的应用特点及受控运动方式分类。

【职业素养】

能够判断工业机器人的类别及应用领域。

第五讲：工业机器人分类及应用

工业机器人的用途主要有焊接、装配、搬运、涂胶、喷漆、打磨等领域，其中，焊接用途的机器人是指从事焊接（包括切割）工作的工业机器人。目前焊接机器人已成为工业机器人家族中的主力军，约占工业机器人数量的40%，它能在恶劣环境下连续工作并能保证稳定的焊接质量，提高了工作效率，减轻了工人的劳动强度。

1. 焊接机器人

（1）点焊机器人　点焊机器人通常是指电阻点焊机器人，它是基于电阻焊原理，利用电阻热熔化金属，工作时焊接电极和焊件触碰，因此，电极和焊件的准确定位是非常重要的。通常对点焊机器人的移动轨迹没有严格规定，但是要求它的承载能力强，而且在点与点之间移位时速度要快捷，动作要平稳，定位要准确，以减少移位的时间，提高工作效率。汽车工业是点焊机器人系统典型的应用领域，例如：每台轿车车身有3000~5000 个焊点，其中 60% 以上的焊点由点焊机器人完成，从而实现了汽车焊装生产自动化。点焊机器人设备主要由工业机器人（含机器人本体、机器人控制柜和示教器）、一体式焊钳（含焊接变压器、焊接电极和电极驱动装置）以及焊接控制器（含编程器）等组成，如图 5-1 所示。

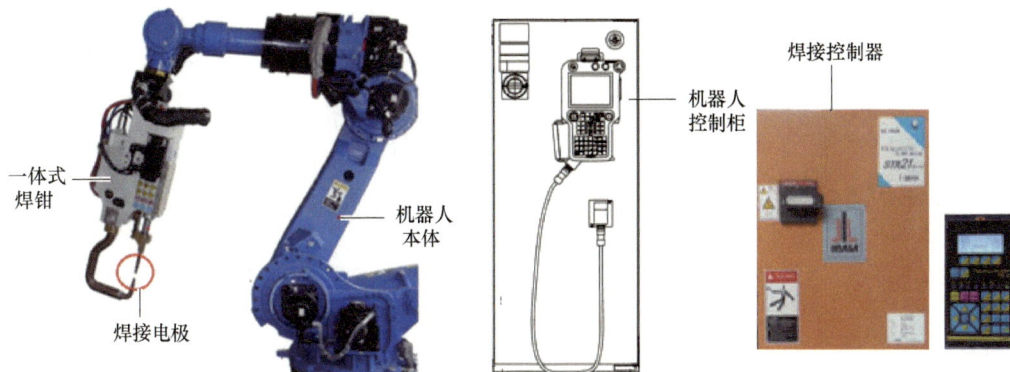

图 5-1　点焊机器人设备

（2）CO$_2$/MAG/MIG 弧焊机器人　弧焊机器人主要包括熔化极焊接和非熔化极焊接两种类型。熔化极焊接主要有 CO$_2$/MAG/MIG 等焊接方法，其中，CO$_2$ 气体保护焊是用纯二氧化碳作为保护气体，可用于焊接碳钢、低合金钢等黑色金属；MAG 焊是熔化极活性气体保护焊，它是采用在惰性气体（Ar 或 He）中加入一定量的活性气体，如 O$_2$、CO$_2$ 等作为保护气体的一种电弧焊方法，可以获得高品质焊接；MIG 焊是熔化极惰性气体保护焊，它是采用惰性气体（Ar 或 He）作为保护气体的一种电弧焊方法，用于焊接不锈钢、铝、镁等金属。

由于弧焊机器人是以电弧热作为热源熔化金属的熔化极焊接机器人，应用最为普遍，焊接工艺也较为复杂，对焊枪的运动轨迹、姿态、焊接参数都要求精确控制，因此，弧焊机器人除具有运行平稳的功能外，还必须具备一些适合弧焊要求的功能。例如，弧焊机器人在进行拐角焊或小直径圆焊缝焊接时，其轨迹应能够贴近示教的轨迹；在焊接厚板和较宽焊缝时，系统还应具备摆动的功能，可以设置摆幅点停留时间等功能，以满足工艺要求。此外，对于中厚板的多层多道焊接，还应有传感功能，补偿焊件组对精度不高和焊接热变形的影响等。

CO$_2$/MAG/MIG 弧焊机器人设备主要由工业机器人（含机器人本体、控制柜、示教器）、焊接设备（含焊接电源、送丝机构、焊枪）和焊接相关辅机具等构成，如图 5-2 所示。

（3）激光焊机器人　激光焊机器人以高性能的激光作为热源，其光束斑点小，加工精度高。激光焊接热影响区极小，焊缝质量高，不易产生收缩、变形、脆化及热裂等热副作用，激光焊接熔池净化效应能净化焊缝金属，焊缝力学性能相当或优于母材，常用于焊接精密的焊件。激光焊机器人主要由工业机器人（含机器人本体、机器人控制柜和示教器）、激光发生器、激光头、光缆以及冷却系统和相关辅机具等构成，如图 5-3 所示。

（4）**TIG 弧焊机器人**　TIG 弧焊机器人是一种搭载 TIG 焊枪的非熔化极焊接机器人，根据焊接工艺要求，有填丝焊和不填丝焊之分，电弧温度高且十分稳定，焊接质量好，成形美观，适用于各类薄壁金属的焊接。TIG 弧焊机器人主要由工业机器人（含机器人本体、机器人控制柜和示教器）、氩弧焊电源、TIG 焊枪、送丝装置（选配）以及焊接相关辅机具等构成，如图 5-4 所示。

图 5-2　CO_2/MAG/MIG 弧焊机器人

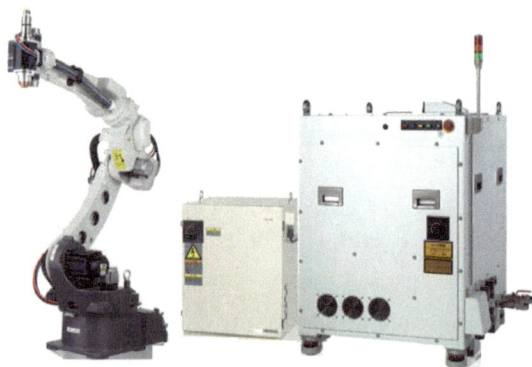

图 5-3　激光焊机器人

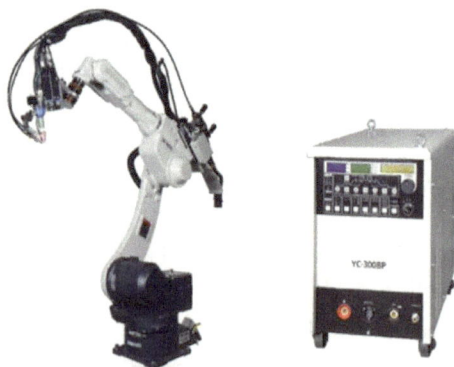

图 5-4　TIG 弧焊机器人

（5）**等离子弧切割机器人**　等离子弧切割机器人是借助等离子弧切割技术对金属材料进行加工的机械，它是让机器人搭载等离子割炬，利用高温等离子电弧的热量使焊件切口处的金属部分或局部熔化（和蒸发），并借助高速等离子的动量排除熔融金属以形成切口的一种加工方法，适用于切割中薄板碳钢、不锈钢、铸铁、铜、铝等金属。等离子弧切割机器人主要由工业机器人（含机器人本体、机器人控制柜和示教器）、等离子切割电源、等离子割炬以及相关辅机具等构成，如图 5-5 所示。

2. 码垛机器人

码垛机器人可按照要求的编组方式和层数，完成对料袋、胶块、箱体等各种产品的码垛，其垛形紧密、整齐。根据码垛需要，机器人可选择 3~6 轴，通常可以搬运 1000kg 以下的重物。

码垛机器人可以集成在任何生产线中，为生产现场提供智能化、机器人化、网络化的服务，可以实现多种多样作业的码垛物流。码垛机器人可完成自动进箱、转箱、分排、成堆、移堆、提堆、进托、下堆、出垛等任务。码垛机器人如图 5-6 所示。

图 5-5　等离子弧切割机器人

图 5-6　码垛机器人

3. 上、下料机器人

上、下料机器人可以实现对圆盘类、长轴类、不规则形状、板类等工件的自动上料 / 下料以及工件翻转、工件转序等工作，能满足快速 / 大批量加工节拍、危险环境作业、无人化自动生产等生产要求，具有高效率和高稳定性，结构简单，更易于维护，可以满足不同种类产品生产的特点。上、下料机器人如图 5-7 所示。

4. 打磨、抛光机器人

机器人抛光打磨系统主要由三大部分构成：六轴机械臂、砂带机和布轮机。通过六轴机械臂和砂带机完成工件的打磨过程。砂带机中设计有一个力反馈系统和力反馈控制算法，在打磨过程中，机械臂和砂带之间保证以恒力完成打磨的整个过程，通过传感器将压力数据传给控制系统，控制系统快速响应变化，通过调节气缸快速调整砂带和工件之间的打磨压力，保证打磨之间的恒力，提高工件的打磨质量，降低打磨的废品率。

完成打磨过程后，通过机械臂将工件转运到布轮机中，完成工件的抛光、去毛刺工艺。布轮机的设计，是通过粗调和细调的进给运动，进行精确定位和补给过程，这是布轮机的设计特色。通过整个机器人抛光打磨系统，完成工件的打磨、抛光、去毛刺等工艺，大大节省了人力、物力，提高了生产效率。打磨抛光机器人如图 5-8 所示。

图 5-7　上、下料机器人

图 5-8　打磨抛光机器人

5. 装配机器人

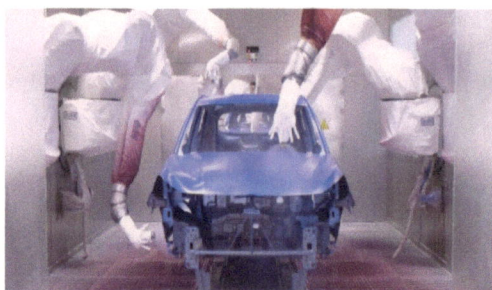

装配机器人是柔性自动化装配系统的核心设备，由机器人操作机、控制器、末端执行器和传感系统组成。其中操作机的结构类型有水平关节型、直角坐标型、多关节型和圆柱坐标型等；控制器一般采用多 CPU 或多级计算机系统，实现运动控制和运动编程；末端执行器为适应不同的装配对象而设计成各种手爪和手腕等；传感系统用来获取装配机器人与环境和装配对象之间相互作用的信息。装配机器人如图 5-9 所示。

6. 喷涂机器人

目前，生产线喷涂工序的工作环境中包含大量易燃易爆的蒸气，并且喷涂的工件复杂多样，手工喷涂费时费力，危险性极大，工作环境恶劣，而喷涂机器人具有喷涂准确、人员远离作业区、安全无毒、喷涂质量好、喷涂稳定等特点，因此越来越受到企业的青睐。汽车车身喷涂机器人如图 5-10 所示。

图 5-9　装配机器人　　　　图 5-10　汽车车身喷涂机器人

▶ 项目6　工业机器人系统运维岗位职业能力分析

第六讲：工业机器人系统运维岗位职业能力分析

【知识目标】

"工业机器人系统运维"岗位职业能力分析的要义。

【能力目标】

充分了解"工业机器人系统运维"国家职业技能标准能力层次及内容。

【职业素养】

针对"工业机器人系统运维"三项基本技能制定学习目标和规划。

"工业机器人系统运维"岗位人员所需的人才结构呈金字塔型，分为四个层级：操作人员、编程调试人员、方案设计与应用工程师和研发人员，如图 6-1 所示。

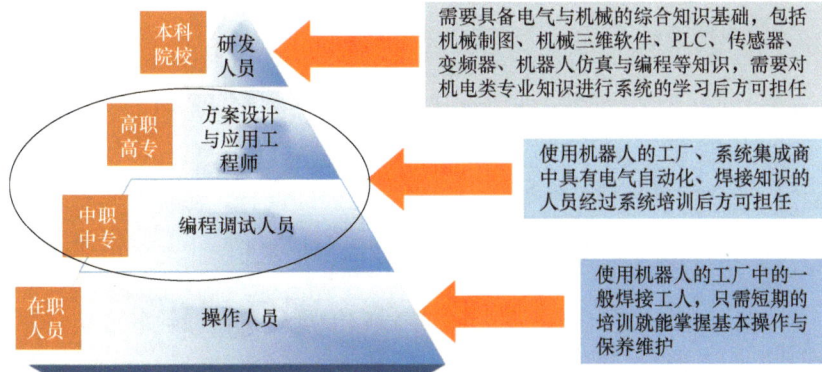

图 6-1 工业机器人系统运维人才需求结构

针对加工制造领域的应用，工业机器人系统运维岗位需要具备示教编程能力、工艺应用能力、工业机器人系统安装调试能力和工业机器人设备维护能力。由于工业机器人系统作业与传统的人工作业工艺流程和参数明显不同，本书着重介绍焊接机器人系统应用人员能力的训练与培养。

1. 工业机器人系统操作与运维岗位的技术特点及能力要求

以焊接机器人示教编程为例，其操作人员岗位技术特点及能力要求如下：

（1）工艺应用能力 焊接机器人的应用体现出很强的工艺性，要求操作人员既要懂机器人操作，又要懂机器人焊接工艺，懂得如何匹配好机器人的轨迹、姿态、速度、焊接参数，以获得合格焊缝。

（2）示教编程能力 焊接机器人虽然是一种自动化程度很高的智能装备，但在现阶段的技术条件下，还是要操作者通过眼、脑、手的熟练配合进行示教和编程，这就需要从业者不仅要掌握正确的操作方法和技巧，而且要有精益求精的工作责任感，培养具有"精准、快速、协同、规范"的职业素养。

（3）工业机器人系统安装调试能力 能根据工业机器人系统应用方案要求，安装、调试工业机器人及应用系统，了解工业机器人的分类、特点、组成、工作原理等基本理论和技术，掌握工业机器人系统安装与调试的一般方法与流程，具备工业机器人系统的安装、调试、故障检测与维修，设备管理等解决实际问题的基本技能，培养学生善于观察、独立思考的习惯，强化学生职业道德和职业素养意识。

（4）工业机器人系统设备维护能力 能维护、保养工业机器人系统设备，能排除简单电器设备及机械故障，能识读工业机器人系统的结构安装图和电气原理图，正确理解工业机器人系统方案的设计思路。掌握机械原理与典型机构拆装、公差配合与测量、机械零件加工、电工电子技术、液压与气动、电气控制、电气安装、可编程序控制器、电动机驱动与调试、单片机应用和工控组态等技术的专业知识及应用技能。

2. 工业机器人系统操作岗位主要工作任务

"工业机器人系统操作员"的国家职业技能标准的职业定义是：使用示教器、操作面板等人机交互设备及相关机械工具，对工业机器人、工业机器人工作站或系统进行装配、编程、调试、工艺参数更改、工装夹具更换及其他辅助作业。工业机器人操作岗位主要工作任务如下：

1）按照工艺辅导文件等相关文件的要求完成作业准备。

2）按照安装图、电气图、工艺文件等相关文件的要求，运用设备、仪器等进行工业机器人工作站或体系安装。

3）运用示教器、计算机、组态软件等相关软硬件设备，对工业机器人、可编程逻辑控制器、人机交互界面、电机等设备和视觉、位置等传感器进行程序编制、单元功用调试和生产联调。

4）运用人机交互设备，进行生产，生产过程中需要进行参数的设定与修改、功能的使用与配置、程序选择与切换等。

5）进行工业机器人体系工装夹具等设备的检查、确认、替换与复位。

6）观察工业机器人工作站或体系的状态改变并做相应操作，遇到异常情况执行急停操作等。

7）填写设备装调、操作等工作记录。

以某职业院校机器人焊接人才培养为例，焊接机器人操作技能人才培养目标如图 6-2 所示。

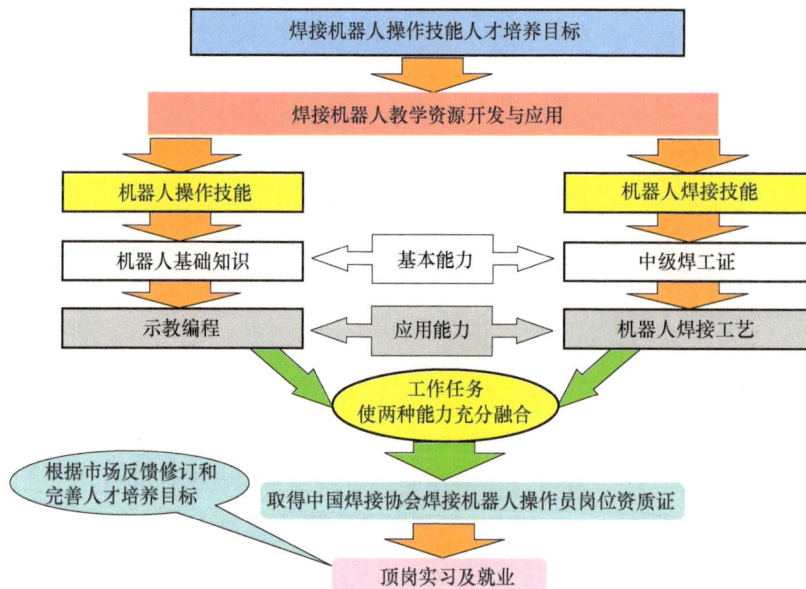

图 6-2 焊接机器人操作技能人才培养目标

3. 工业机器人系统运维岗位主要工作任务

"工业机器人系统运维员"的国家职业技能标准的职业定义是：使用工具、量具、检测仪器及设备，对工业机器人、工业机器人工作站或系统进行数据采集、状态监测、故障分析与诊断、维修及预防性维护与保养作业。其主要工作任务如下：

1）对工业机器人本体、末端执行器、周边装置等机械系统进行常规性检查、诊断。

2）对工业机器人电控系统、驱动系统、电源及线路等电气系统进行常规性检查、诊断。

3）根据维护保养手册，对工业机器人、工业机器人工作站或系统进行零位校准、防尘、更换电池、更换润滑油等维护保养。

4）使用测量设备采集工业机器人、工业机器人工作站或系统运行参数、工作状态等数据，进行监测。

5）对工业机器人工作站或系统的故障进行分析、诊断与维修。

6）编制工业机器人系统运行维护、维修报告。

4. 工业机器人系统操作及运维人才评价模式

在我国"新型工业化战略"的大背景下，国内某职业院校依托中国焊接协会机器人焊接培训基地建设机制，构建起"工业机器人系统操作及运维"职业教育"1（基础知识）+1（职业技能）+1（顶岗实习）"的四星人才评价模式，培养"素质高、专业技术全面、技能熟练的大国工匠、高技能人才"。四星人才评价模式构建图如图6-3所示。

教学过程中，遵循以市场需求和促进就业为导向，充分发挥行业和学校两方面的人才培养优势，学校与对口企业紧密合作，共同培养，先取得《焊工》电焊工（中级）职业资格等级证书后，通过一定课时的学习，

```
┌──────────────────────┐◄──┐
│   人才培养模式的构建    │   │
└──────────┬───────────┘   │
           ▼               │
第一学年 ┌──────────────────────┐   │
      │ ☆(基础知识)基本素养    │   │
      └──────────┬───────────┘   │
                 ▼               │
      ┌──────────────────────┐   │
      │     (职业技能)        │   │
第二学年 │ ☆☆取得中级焊工证      │   │
      │ ☆☆☆取得焊接机器人操作证 │   │
      └──────────┬───────────┘   │
                 ▼               │
第三学年 ┌──────────────────────┐   │
      │(顶岗实习)参与企业生产实践│   │
      │      ☆☆☆☆          │   │
      └──────────┬───────────┘   │
                 ▼               │
      ┌──────────────────────┐   │
      │    就业及社会评价       │───┘
      └──────────────────────┘
```

图6-3 四星人才评价模式构建图

再取得"弧焊机器人操作员"岗位资格证，在顶岗实习中，获得四星的学员优先推荐升学和就业，根据社会评价（企业、行业），对人才培养模式进行修订。

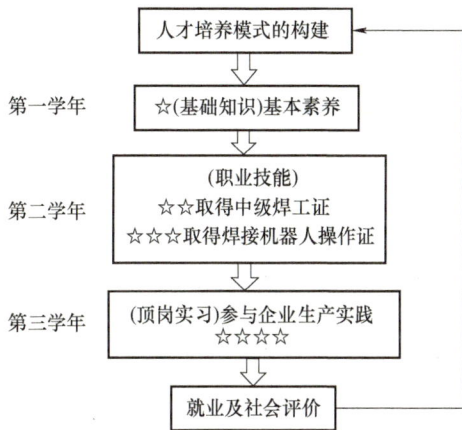

▶ **项目7** **机器人控制原理**

【知识目标】

了解机器人运动学、机器人动力学概念，了解机器人控制原理和动作过程。

【能力目标】

能够正确描述机器人的控制原理和示教再现原理。

【职业素养】

实地观察机器人操作控制及动作过程。

第七讲：机器人控制原理

1. 机器人运动学简述

机器人运动学的研究内容：一般可以将机器人看作是一个开链式多连杆机构，始端连杆就是机器人的机座，末端连杆与工具相连，相邻连杆之间用一个关节连接在一起。机器人运动学主要解决以下两方面问题：

（1）运动学正运算　已知各关节角值，求工具在空间的位置和姿态。

（2）运动学逆运算　已知工具的位姿，求各关节角值。关节轴及连杆参数标识示意图如图 7-1 所示。

2. 机器人动力学简述

机器人动力学主要研究机器人运动和受力之间的关系。动力学的正、逆问题如下：

（1）正问题　已知机器人各关节的作用力或力矩，求机器人各关节的位移、速度和加速度（即运动轨迹）。

（2）逆问题　已知机器人各关节的位移、速度和加速度，求解所需要的关节作用力或力矩。机器人手臂关节链示意图如图 7-2 所示。

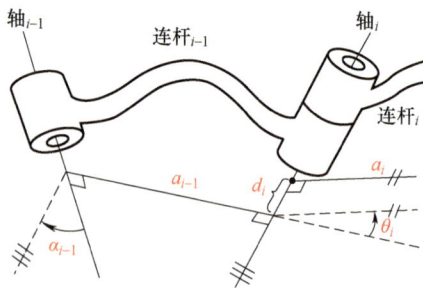

图 7-1　关节轴及连杆参数标识示意图

α_{i-1}、θ_i 为关节角；a_{i-1}、d_i、a_i 为相邻连杆间的轴心距

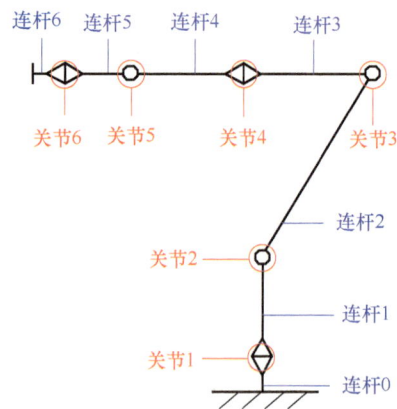

图 7-2　机器人手臂关节链示意图

3. 机器人控制原理

在机器人运动学中，已知机器人末端欲到达的位姿，通过运动方程的求解可求出各关节需转过的角度，称为逆运动学运算。其运动过程中，各个关节的运动并不是相互独立的，而是各轴相互关联、协调地运动。机器人运动的控制实际上是通过各轴伺服系统分别控制来实现的，所以机器人末端执行器的运动必须分解到各个轴的分运动，即执行器运动的速度、加速度和力或力矩必须分解为各个轴的速度等，由各轴伺服系统的独立控制来完成。

依据机器人运动学理论，机器人手臂关节在空间进行运动规划时，需进行的大量工作是对关节变量的插值计算（又称插补，英文及读音 Interpolation，即已知曲线上的某些数据，按照某种算法计算已知点之间的中间点的方法，也称为"轨迹起点和终点之间的数据密化"），它是一种算法，对于有规律的轨迹，仅示教几个特征点。例如：对直线轨迹，仅示教两个端点（起点、终点）；对圆弧轨迹，需示教三个点（起点、中间点、终点），轨迹上其他中间点的坐标通过插补方法获得。

机器人控制系统采用分级控制的系统结构，一般分为两级：上级具有存储单元，可实现重复编程、存储多种操作程序，负责管理、坐标变换、轨迹生成等；下级由若干组伺服驱动器组成，每一组伺服驱动器负责一个关节的动作控制及状态检测，实现伺服电动机的位移、速度、加速度及力矩的闭环控制，要求实时性好，易于实现高速、高精度控制，并通过编码器将关节角位置反馈给控制计算机，如图7-3所示。

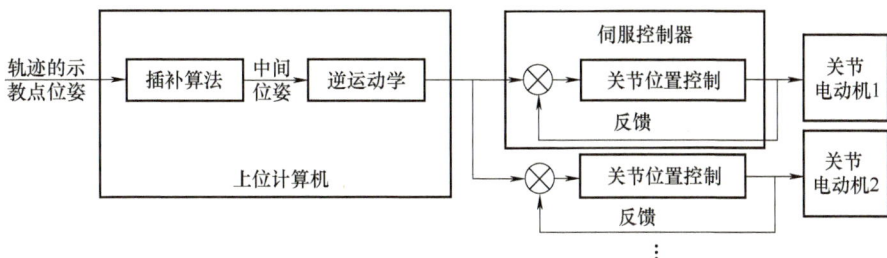

图7-3 机器人控制系统框图

对于焊接机器人周边设备的控制，如焊件定位夹紧、变位、保护气体供断等调控均设有单独的控制装置。例如，PLC可编程序控制器，它可以单独编程，同时又能与机器人控制装置进行信息交换，由机器人控制系统实现全部作业的协调控制。

4. 示教再现原理

（1）示教（TEACH） 焊接机器人示教是通过示教器移动机器人焊枪焊丝末端TCP（Tool Center Point，工具中心点），按照工作顺序确定焊枪姿态并存储焊丝端部轨迹点坐标，同时插入各种指令和设定机器人运行参数，生成一个机器人焊接作业程序。机器人程序示教和编辑的过程统称为编程。

（2）示教再现（AUTO） 操作人员根据机器人作业任务需要，通过示教器向机器人输入动作程序，将采集的机械臂姿态所对应的关节角储存起来，变成指令序列，然后运行这些程序，工具末端所在轨迹上示教点的位置及姿态的插补指令，通过机器人逆向运动学算法，由这些点的坐标求出机器人各关节本体的位置和角度，然后由位置伺服闭环控制系统实现要求的轨迹。有些机器人品牌把"再现"称作"再生"。

▶ **项目8** **焊接机器人设备基本构成及主要参数**

【知识目标】

掌握焊接机器人的组成、焊接机器人的名称及技术规格。

【能力目标】

能够正确辨识焊接机器人系统各部位的名称及功能。

第八讲：焊接机器人设备基本构成及主要参数

【职业素养】

实地观察机器人及部件构成，掌握其规格和技术参数。

1. 全关节型工业机器人结构

由于工业机器人是模仿人的手臂结构和动作特征，所以，人们通常把工业机器人俗称为机械手或机械臂。以松下 TM 全关节型焊接机器人为例，各轴的位置与名称如图 8-1 所示。

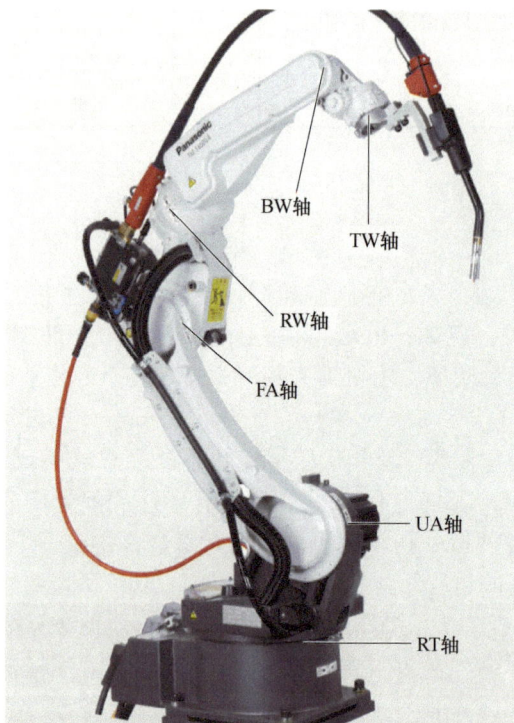

图 8-1 松下 TM 全关节型焊接机器人各轴的位置与名称

松下机器人各轴（关节）的名称和定义见表 8-1。

表 8-1 松下机器人各轴（关节）的名称和定义

轴的名称和定义		轴的名称和定义	
RT 轴	手臂回转 Rotate Turn	RW 轴	手腕旋转 Rotate Wrist
UA 轴	手臂上举 Upper Arm	BW 轴	手腕弯曲 Bent Wrist
FA 轴	手臂前伸 Front Arm	TW 轴	手腕扭转 Twist Wrist

2. 焊接机器人设备构成

以弧焊机器人系统为例，其基本构成如图 8-2 所示。

下面主要介绍工业机器人和焊接设备的技术参数。

（1）工业机器人技术参数 以松下工业机器人为例，TM 系列工业机器人本体、控制柜及示教器的技术参数如下：

1）机器人本体技术参数详见表8-2。

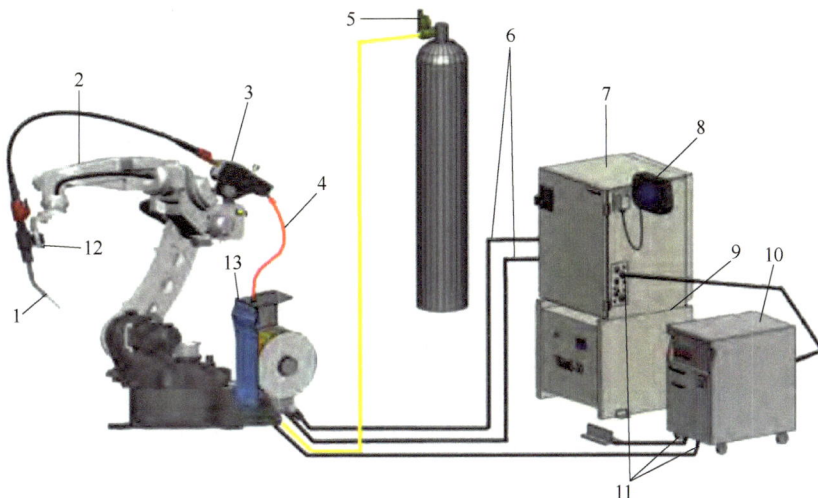

图8-2 弧焊机器人系统基本构成

1—焊枪 2—机器人本体 3—送丝机 4—后送丝管 5—气体流量计
6—机器人连接电缆 7—机器人控制器 8—示教器 9—变压器（380V/200V）
10—焊接电源 11—电缆单元 12—安全支架 13—焊丝盘（焊接量较大时多选用桶装焊丝）

表8-2 TM系列工业机器人本体技术参数

项目				规格	
本体型号				TM-1400	TM-1800
结构				6轴 独立多关节型	
动作范围	手臂 /（°）	RT（转动）	正面基准	±170	±170
		UA（上臂）	垂直基准	−90~+155	−90~+165
		FA（前臂）	水平基准	−195~+240	−205~+240
			上臂基准	−85~+180	−85~+180
	手腕 /（°）	RW（回转）		±190	±190
		BW（弯曲）	前臂基准	−130~+110	
		TW（扭转）		焊枪电缆外置型：±400（出厂默认设定）焊枪电缆内置型：±220；电缆分离型：±220	
动作领域	手臂动作断面积 /m²		P点	3.80	6.10
			O点	3.52	6.47
	手臂前后动作距离（转动轴中心基准）/mm		P点	−1117~+1437	−1489~+1809
			O点	−1093~+1413	−1465~+1785
	手臂上下动作距离（机器人上下面基准）/mm		P点	−803~+1697	−1204~+2069
			O点	−779~+1673	−1180~+2045

（续）

项目			规格	
瞬时最大速度	手臂 /{(rad/s)/[(°)/s]}	RT（转动）	3.93/225	3.40/194
		UA（上臂）	3.93/225	3.43/196
		FA（前臂）	3.93/225	3.57/204
	手腕 /{(rad/s)/[(°)/s]}	RW（回转）	7.42/425	
		BW（弯曲）	7.42/425	
		TW（扭转）	10.98/629	
最大可搬质量 /kg			6	
手腕部最大负荷	转矩 /（N·m/kgf·m）	RT（转动）	12.2/1.24	
		UA（上臂）	12.2/1.24	
		FA（前臂）	5.29/0.54	
	惯量 /（N·m²/kgf·m·s²）	RT（转动）	0.283（0.028）	
		UA（上臂）	0.283（0.028）	
		FA（前臂）	0.057（0.0058）	
重复定位精度 /mm			±0.08 以内	
位置检出器			带多旋转数据备份	
驱动动力 /W	手臂	RT（转动）	750（AC 伺服电动机）	1600（AC 伺服电动机）
		UA（上臂）	1600（AC 伺服电动机）	2000（AC 伺服电动机）
		FA（前臂）	750（AC 伺服电动机）	750（AC 伺服电动机）
	手腕	RT（转动）	100（AC 伺服电动机）	150（AC 伺服电动机）
		UA（上臂）	100（AC 伺服电动机）	100（AC 伺服电动机）
		FA（前臂）	100（AC 伺服电动机）	100（AC 伺服电动机）
制动			带全轴制动	
安全姿态			普通（天吊）	
搬运及保存温度 /℃			−25~60	
本体质量 /kg			170	215

2）机器人手臂动作范围。机器人臂伸长通常以 P 点水平方向的最大伸展距离为指标，TM-1400 工业机器人的最大伸展距离是 1437mm，动作范围如图 8-3 所示。阴影部分为有效区域动作范围。

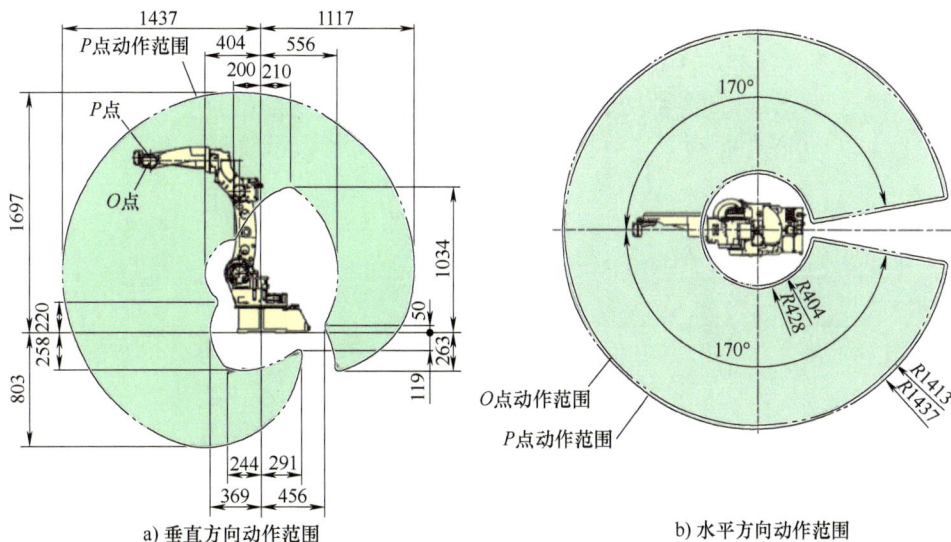

a) 垂直方向动作范围　　b) 水平方向动作范围

图 8-3　TM-1400 工业机器人动作范围

3）机器人控制器技术参数。机器人控制装置是机器人系统的核心部分，它包括控制柜和示教器两部分。控制柜的小型化，更加节省空间。TM-GⅢ系列工业机器人使用 64 位 CPU，处理速度更快，通过选装最多可控制 27 轴，标准存储量达 40000 点。根据安全标准设计，可以同先进的数字焊机通信，数字化设定焊接条件。采用 Windows CE 系统的控制器，使操作性能大幅度提高，符合国际标准的安全性，具有自动停止功能。配备 IT 通信接口，可与互联网连接。TM-GⅢ控制器的技术规格见表 8-3。

表 8-3　TM-GⅢ控制器的技术规格

项目	规格
名称	GⅢ控制器
外形尺寸 /mm（宽 × 深 × 高）	$553 \times 550 \times 681$
质量 /kg	60
冷却方式	间接风冷（内部循环方式）
存储容量	标准 40000 点（可无限扩容）
控制轴数	同时 6 轴（最多 27 轴）
位置控制方式	软件伺服控制
输入电源	3 相 AC200V ± 20V、3kV·A、50Hz/60Hz 通用
输入输出信号	专用信号：输入 6/ 输出 8 通用信号：输入 40/ 输出 40 最大输入输出：输入 2048/ 输出 2048
适用焊接电源	CO_2/MAG：350/500GS6； 脉冲 MAG/MIG：350/500GP5； TIG：400/500TX4；350/500WX5； 等离子弧切割：60/80/100PF3；60/100PS2

4）机器人示教器技术参数。示教器 TP（Teach Pendant）是进行机器人操作、程序编写、参数设置及监控的手持装置，是人机交互的终端设备，采用功能键操作，菜单式结构，窗口显示，方便各种功能的示教操作，可根据需要设定为中文、英文或日文。USB/SD 接口，方便数据存取，可扩展应用。TM-G$_{\mathrm{III}}$ 机器人示教器技术规格见表 8-4。

表 8-4　TM-G$_{\mathrm{III}}$ 机器人示教器技术规格

项目	规格
名称	G$_{\mathrm{III}}$ 机器人示教器 TP
外形尺寸 /mm（宽 × 深 × 高）	290 × 76 × 178
操作系统	Windows CE 系统
屏幕显示	7in LCD 屏彩显，工业级防护设计
外部存储接口	TP：SD 卡插槽 ×1；　USB ×2
示教器质量 /kg	约 0.98（不含电缆）

（2）焊接设备技术参数

1）焊接电源。机器人只有配上执行机构才具有使用价值，工业机器人与不同的焊接电源组合可构成不同功能的焊接机器人，如图 8-4 所示。

对与机器人焊接配套的焊接电源，主要有以下几方面的要求：

① 焊接电源的工艺性能优良、动态特性好。

② 工作的高可靠性、起弧成功率 100%。

③ 具有与机器人之间进行数据通信，并符合相关标准的通信接口。

④ 需采用数字信号传输的全数字焊机，以便能够在示教器上设定和修改焊接参数。

以唐山松下生产的 CO_2/MAG/MIG 焊接电源 YD-350GS6 为例，其外观如图 8-5 所示。

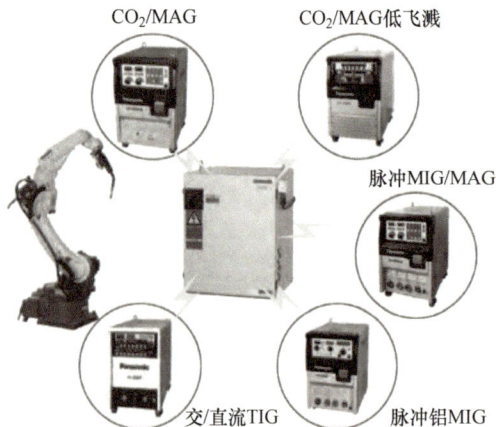

CO₂/MAG

CO₂/MAG低飞溅

脉冲MIG/MAG

交/直流TIG

脉冲铝MIG

图 8-4　工业机器人与不同的焊接电源组合

图 8-5　焊接电源 YD-350GS6 外观

YD-350GS6 焊接电源主要技术参数见表 8-5。

表 8-5　YD-350GS6 焊接电源主要技术参数

焊接电源型号	YD-350GS6
输入相数、电压、频率	三相，AC380V，50Hz/60Hz
额定输入	17.6kV·A（13.5kW）
输出电流范围 /A	30~350
输出电压范围 /V	16~35.5
控制方式	IGBT 逆变方式
焊接法	CO_2/MAG/ 脉冲 MAG/ 不锈钢 MIG/ 不锈钢脉冲 MIG
焊丝直径 ϕ/mm	0.8/0.9/1.0/1.2
焊接材料	碳钢 / 碳钢药芯 / 不锈钢 / 不锈钢药芯
额定负载持续率（%）	60
外壳防护等级	IP23
绝缘等级 /℃	200（主变 155）

2）送丝机构。弧焊机器人对送丝机构主要有以下几方面的要求：

① 送丝平稳、精确度高，保证电弧及焊接过程的稳定性。一般配套带编码器的送丝机构，当送丝阻力增加时能够自动补偿送丝力矩，保持送丝速度不变。

② 送丝力矩大。机器人焊接时，送丝路径一般都比较长，送丝阻力较大，一般采用双驱动四轮送丝机构。必要时增设助力的推、拉丝机构。

3）机器人焊枪。焊枪是弧焊机器人的焊接任务执行工具，针对不同的机器人焊接工艺，应选配不同形式的焊枪。例如，对于中、低碳钢焊接而言，如果采用 CO_2 作为保护气，工作电流在 300A 以下，可采配熔化极空冷焊枪，负载持续率为 60%；如果工作电流较大，并采用混合气（CO_2 20%+Ar 80%）（体积分数）焊接，或焊接铝或不锈钢时，应选配熔化极 MAG/MIG 水冷焊枪或负载持续率为 100% 的焊枪；如果焊接薄板类有色金属材料，应选配非熔化极 TIG 氩弧焊枪（有空冷和水冷以及填丝和不填丝之分）。需要说明的是，不同的焊枪配置需要有与之相配套的焊接电源、送丝（填丝）装置以及相应的保护气。弧焊机器人焊枪类别如图 8-6 所示。

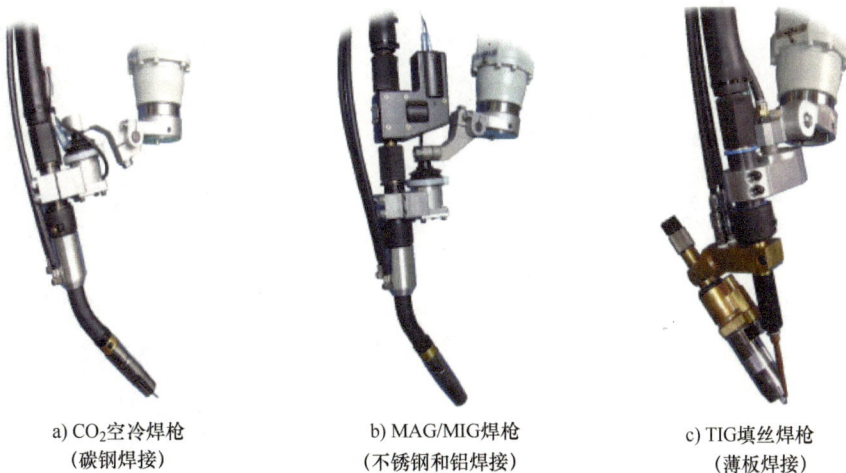

a) CO_2空冷焊枪　　　　b) MAG/MIG焊枪　　　　c) TIG填丝焊枪
（碳钢焊接）　　　　（不锈钢和铝焊接）　　　　（薄板焊接）

图 8-6　弧焊机器人焊枪类别

▶ 项目9　机器人示教器

【知识目标】

掌握示教器各键的功能、示教器上各个开关的功能、菜单图标及功能。

【能力目标】

1. 能正确辨识示教器按钮的位置和功能。

2. 能掌握紧急停止按钮、暂停按钮、启动按钮、安全开关等的正确使用。

3. 练习正确的手持示教器姿势，养成正确的操作习惯。

【职业素养】

培养学生仔细观察的工作习惯，熟练掌握示教器的操作。

机器人示教器（又称示教器或TP）是控制系统和操作者的人机交互的终端设备，具备机器人操作、轨迹示教、编程、控制、显示等功能。通过示教器可以对机器人进行编程和操作，以及监视机器人运行情况和进行系统设定等操作。

1. 机器人示教器的类别

由于机器人品牌众多，示教器的操作与持握方法有所不同，有双手持握和单手持握，有横屏和竖屏，有触摸屏和非触摸屏等区别，不同机器人品牌示教器持握方法见表9-1。

表9-1　不同机器人品牌示教器持握方法

机器人品牌	示教器正面持握	示教器背面及持握方法
ABB		
KUKA（库卡）		

（续）

机器人品牌	示教器正面持握	示教器背面及持握方法
OTC（欧地希）		

2. 示教器的功能及使用

（1）示教器各功能键名称　在使用示教器之前，必须了解其功能，以及如何操作示教器面板上的每个键。下面以松下 TM-G$_\mathrm{III}$ 型示教器为例，示教器正面按键（按钮）、开关及功能如图 9-1 所示。

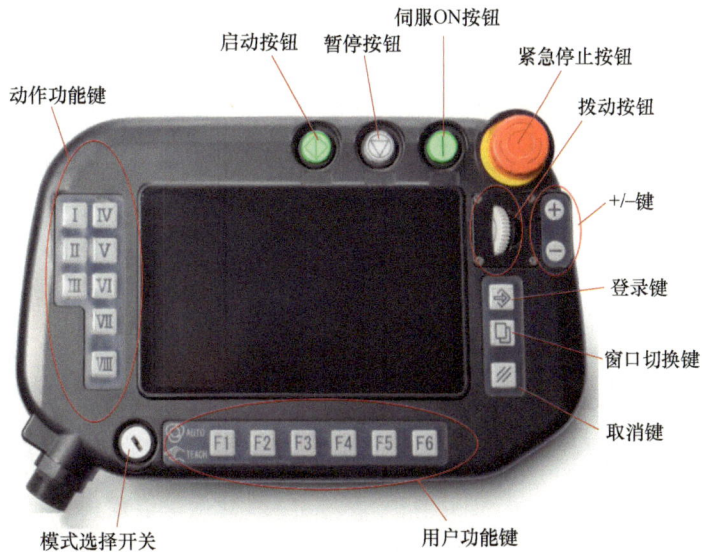

动作功能键　启动按钮　暂停按钮　伺服ON按钮　紧急停止按钮　拨动按钮　+/-键　登录键　窗口切换键　取消键　模式选择开关　用户功能键

图 9-1　TM-G$_\mathrm{III}$ 型示教器正面按键（按钮）、开关及功能

TM-G$_\mathrm{III}$ 型示教器背面按键（按钮）、开关及功能如图 9-2 所示。

TM-G$_\mathrm{III}$ 型示教器的底部有外部存储器插口，为两个 USB 接口和一个 SD 卡插槽，便于数据的导入和导出，如图 9-3 所示。

（2）显示窗口及菜单图标　松下 TM-G$_\mathrm{III}$ 机器人控制器采用 Windows CE 操作系统，示教器各窗口位置名称如图 9-4 所示。

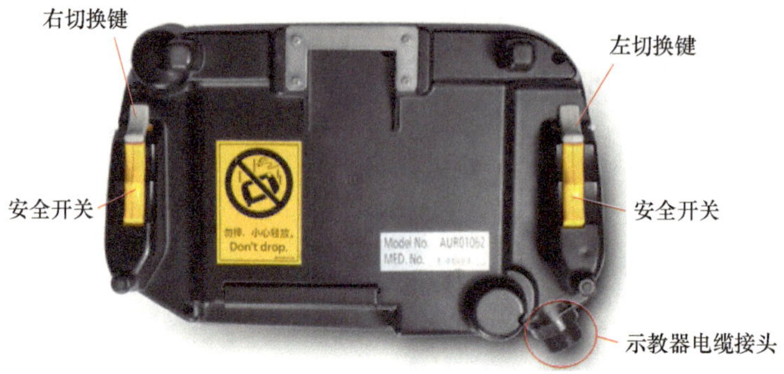

图9-2　TM-G∭型示教器背面按键（按钮）、开关及功能

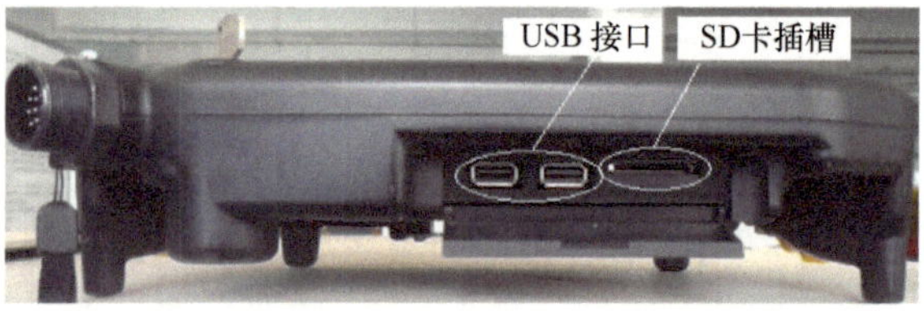

图9-3　TM-G∭型示教器外部存储器插口

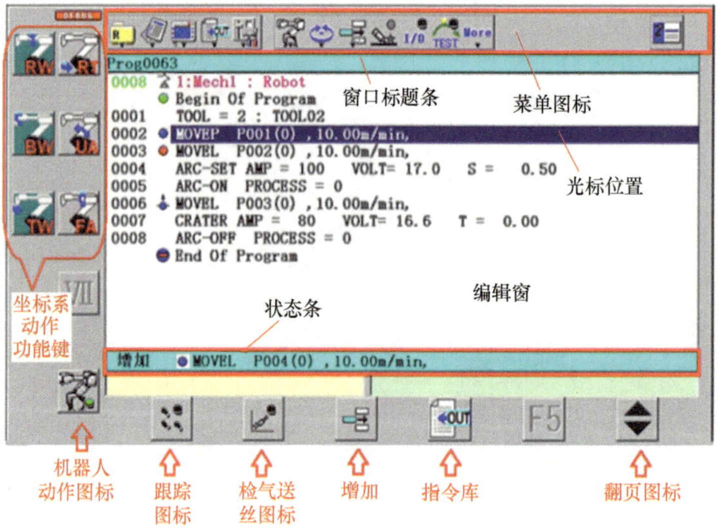

图9-4　示教器各窗口位置名称

　　示教器提供了一系列图标来定义屏幕上的各种功能，易于辨识和操作。但是，当示教器屏幕显示处于初始界面、示教界面、编辑界面、运行界面时，有些图标无法显示和使用，必须切换到相应的界面才能进入图标子菜单。下面以"文件菜单"为例进行介绍。

　　1）文件菜单（图标 - R ）的各子菜单图标如图9-5所示。

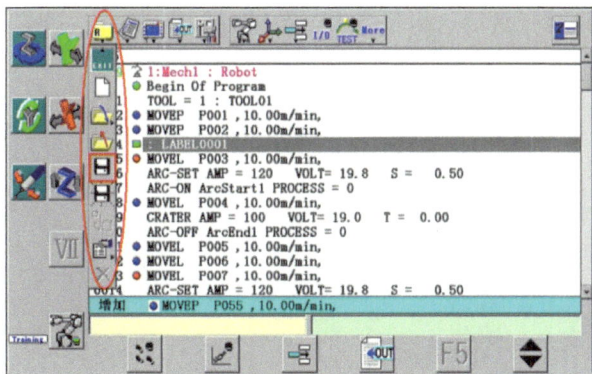

图 9-5 文件菜单的各子菜单图标

2）文件菜单下各子菜单图标及说明见表 9-2。

表 9-2 文件菜单下各子菜单图标及说明

子菜单图标	说明	子菜单图标	说明
新建	创建一个新的文件	发送	从控制器到示教器（TP）发送文件
打开	打开一个文件	属性	显示文件属性
关闭	关闭一个当前打开的文件	删除	删除文件
保存	保存数据	重命名	重新给文件命名
另存为	将当前文件另存为其他文件名保存		

3. 示教器持握及示教姿势

（1）示教器的正确持握　示教器的正确持握非常重要，一是保证示教器的安全，二是便于拿握和操作使用。松下机器人示教器通常采用双手持握，其正确持握方法是：首先，将挂带套在左手上，以防止示教器脱落损坏。左、右手分别握住示教器的两侧，拇指在上，其余四指呈拿握状在示教器两侧。示教器的显示屏位置应便于眼睛观看，根据示教器正面按钮所在位置，使用左、右手的拇指来进行操作。背面的左、右切换键由左、右手食指进行操作，左、右手的中指、无名指和小手指自然按在安全开关的位置上。

（2）示教姿势　操作人员的正确示教姿势：将示教器水平持握在靠近眼睛下方易于观察的地方，眼睛距离示教点的最佳位置在 100~500mm 之间。注意：不要将示教器顶靠在工作台上，或置于工作台下方，以免造成示教器损坏，如图 9-6 所示。

4. 示教器屏幕上的操作

（1）移动光标　通过窗口切换键或拨动

图 9-6 示教的正确姿势

按钮可以改变光标位置，这样，示教器上的按键就可对光标所在的窗口位置进行操作，如图9-7所示。

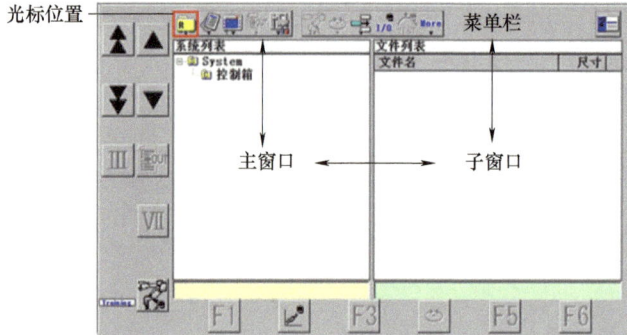

图9-7 菜单与窗口之间的切换示意

1）旋转拨动按钮向上或向下轻微移动光标。光标的位置由红色粗线轮廓或选黑表示。

2）在光标所在位置，如果单击拨动按钮，则可进入子菜单或数据编辑界面。如果按动切换键，则每按动一下，光标在菜单和窗口间移动一个位置。

3）在数据编辑界面，旋转拨动按钮移动光标到所需的修改位置，然后单击拨动按钮进行数据修改，最后确认保存或退出。

（2）选择菜单 移动光标到菜单图标位置后单击拨动按钮，可显示子菜单图标，由菜单进入子菜单如图9-8所示。

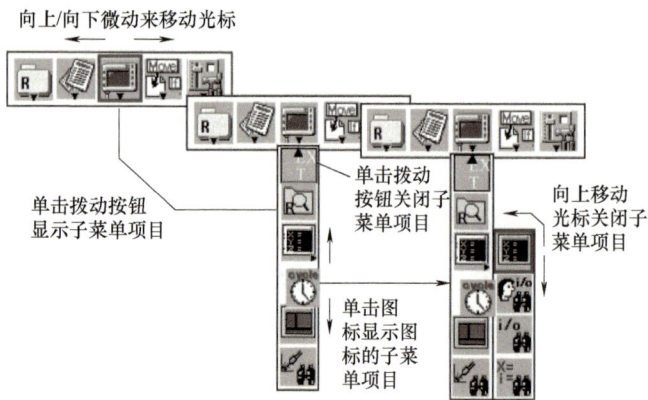

图9-8 由菜单进入子菜单示意

（3）输入数值 若要显示数字输入框，输入数值，可按照以下步骤进行操作：

1）单击数字所在的行，显示数字输入框后，使用左切换键或右切换键切换数值位。如图9-9所示。

2）使用拨动按钮修改数值。

3）按确认键，则关闭窗口并保存所修改的数值。

4）按取消键，则不保存所修改的数值直接关闭窗口。

（4）输入字母　新文件命名时，通过输入框来输入字母或数字，以利查找和辨识。大、小写字母和数字输入图标显示在左侧，按下对应的图标键即可输入大、小写字母或数字，如图9-10所示。

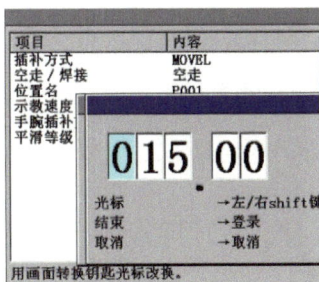

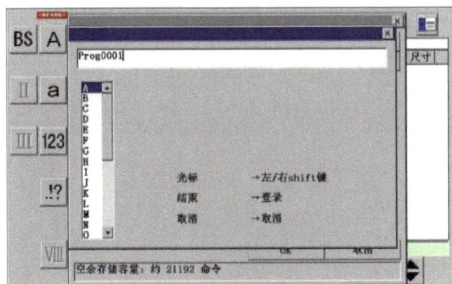

图 9-9　输入数值　　　　　　　图 9-10　输入字母

输入字母时的动作功能键图标及功能见表9-3。

表 9-3　动作功能键图标及功能

功能键图标	功能
Ⅰ	显示大写字母
Ⅱ	显示小写字母
Ⅲ	显示数字
▲▼	显示符号
输入字母键操作：	
拨动按钮	旋动或单击，将选择的内容输入框内
左、右切换键（L/R）	通过左（L）、右（R）切换键移动光标
确认键	确定（与拨动按钮单击"OK"键的作用一样）
取消键	取消并关闭对话框

（5）创建新程序文件　在开始示教操作之前，必须新建一个文件保存示教数据。在生成的文件中存储由示教或者编辑文件时生成的示教点数据或机器人指令。

1）在"文件"菜单中 [R]，选择新建文件，如图9-11所示，弹出文件属性编辑界面，如图9-12所示。

2）对话框中有一个顺序文件名 Prog****，如需重新命名，通过功能键编辑另一个文件名，然后，单击"OK"按钮作为一个新的文件保存。

5. 使用示教器移动机器人

闭合伺服电源是机器人进行工作的必要条件，这项操作需要"开机送电""握住安全开关"以及"按下伺服 ON 按钮"三个动作，具体操作步骤如下：

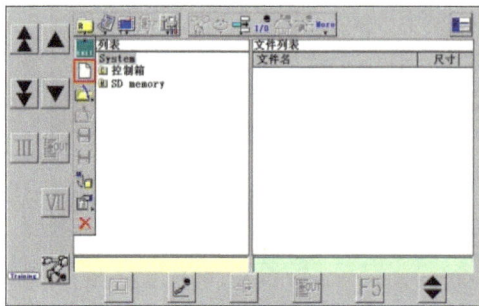

图 9-11　进入新建文件图标

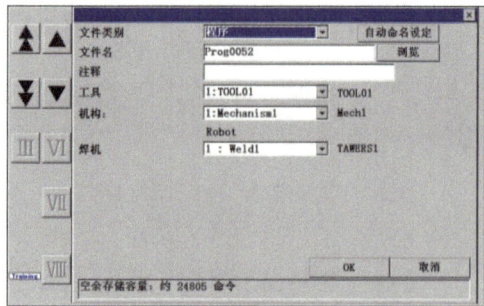

图 9-12　程序文件属性编辑界面

（1）旋开机器人控制器开关　旋开机器人控制器电源开关（开机）后，示教器要读取控制柜中的系统数据，约需 30s 左右时间。示教器读取数据后，出现操作界面。

（2）握住安全开关　安全开关为三段式，松开或用力握住安全开关都将关闭伺服电源。示教器启用时，将左手（或右手）的中指和无名指用自然力握住其中任何一个安全开关，如图 9-13 所示。

（3）按下伺服 ON 按钮　当伺服电源启动开关灯出现闪烁时，按下伺服 ON 按钮，此时，伺服电源启动开关灯保持常亮，如图 9-14 所示。

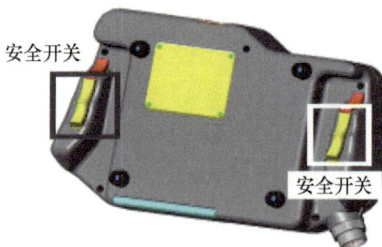

图 9-13　安全开关位置

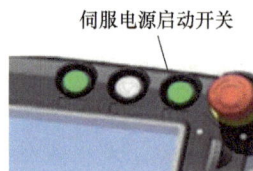

图 9-14　伺服 ON 电源启动开关

操作移动机器人过程中，背面的手指应一直握住安全开关，当不慎松开或握紧力过大造成伺服电源关断时，应再次轻握安全开关；当伺服电源灯闪亮时，按下伺服 ON 按钮。

（4）移动机器人　手动模式使用示教器移动机器人的操作步骤如下：

1）首先，点亮机器人动作图标 进入示教状态。使用条件见表 9-4。

表 9-4　机器人运动图标状态及使用条件

动作图标状态	机器人所处状态	可进行的操作
（图标亮）	示教状态	能移动机器人，增加示教点，但不能在程序间移动光标编辑程序
（图标灭）	编辑状态	能在程序间移动光标编辑程序，但不能移动机器人及增加示教点

2）用左手拇指按住动作功能键，然后，右手拇指上、下旋动拨动按钮，对应的机器人手臂随之运动。

3）当左手拇指松开动作功能键或停止旋转拨动按钮时，机器人停止运动。机器人运动图标和移动速度的显示如图 9-15 所示。

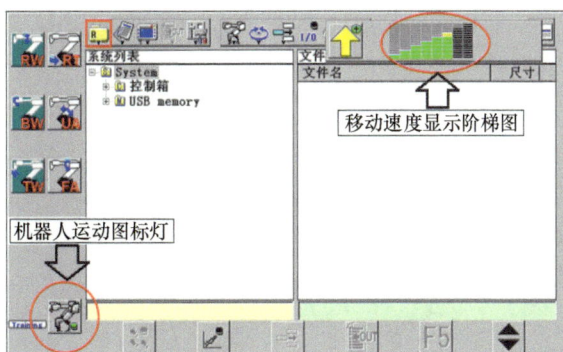

图 9-15　机器人运动图标和移动速度显示

当小幅度移动机器人或微调焊枪姿态时，用右手拇指上、下旋动拨动按钮缓慢移动机器人。需要大幅度移动机器人时，用右手拇指侧压拨动按钮的同时，再上、下旋动拨动按钮时可进行高速、低速移动机器人，如图 9-16 所示。

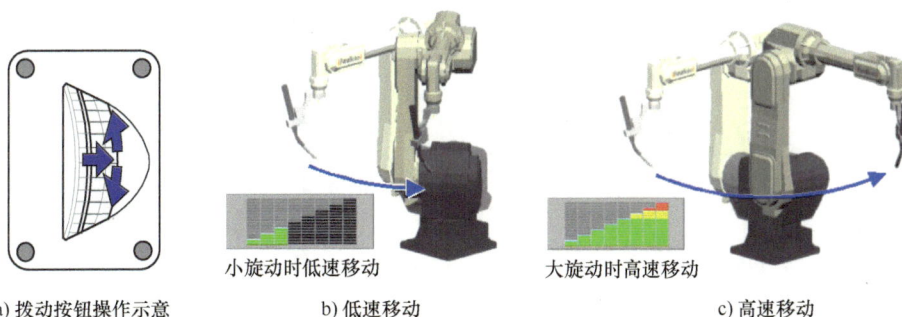

a) 拨动按钮操作示意　　　　b) 低速移动　　　　c) 高速移动

图 9-16　用拨动按钮移动机器人组图

▶ 项目 10　机器人坐标系

【知识目标】

理解常用坐标系及各坐标轴方向，以及坐标系的选择及使用方法。

【能力目标】

能够熟练使用各坐标系。掌握关节坐标、直角坐标、工具坐标、用户坐标使用及切换方法。

第十讲：机器人坐标系

【职业素养】

根据特定的位置选择一种合适的坐标系示教，以提高编程效率为目的进行练习。

1. 机器人坐标系类别

（1）**机器人坐标系类型**　以 KUKA 机器人为例，其在机器人控制系统中给出了以下几种坐标系：

1）JOINT 轴坐标系（有些品牌称之为关节坐标系），如图 10-1a 所示。

2）WORLD 世界坐标系（有些品牌称之为直角坐标系），如图 10-1b 所示。

3）ROBROOT 机器人足部坐标系。

4）BASE 基坐标系（有些品牌称之为工件坐标系或用户坐标系）。

5）TOOL 工具坐标系。

a）KUKA机器人JOINT轴坐标系定义　　　　b）KUKA机器人其他坐标系定义

图 10-1　KUKA 机器人坐标系定义

（2）**坐标系应用与特点**　KUKA 机器人上的坐标系名称、应用与特点见表 10-1。

表 10-1　KUKA 机器人上的坐标系名称、应用与特点

名称	位置	应用	特点
JOINT 轴坐标系	各个关节轴零位	回零点	各个轴单独动作
WORLD 世界坐标系	可自由定义	ROBROOT 和 BASE 的原点	大多数情况下位于机器人足部
BASE 基坐标系	可自由定义	工件，工装	说明基坐标在世界坐标系中的位置
TOOL 工具坐标系	可自由定义	工具（这里指焊接机器人的焊枪）	TOOL 工具坐标系的原点被称为"TCP"（Tool Center Point，即工具中心点）

2. 常用坐标系

（1）**关节坐标系**　机器人各轴进行单独动作，称为关节坐标系，如图 10-2 所示。

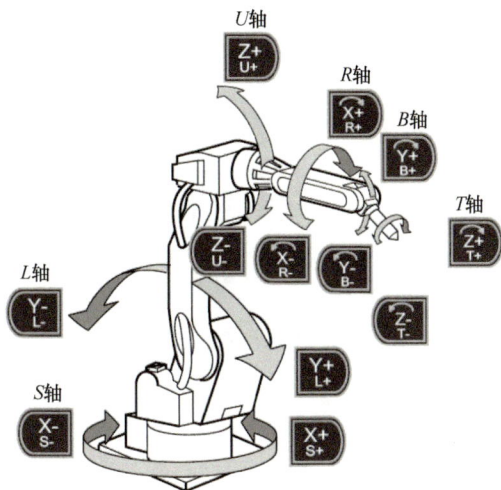

图 10-2 *S、L、U、R、B、T* 各轴运动图示

设定关节坐标系时，机器人的 *S、L、U、R、B、T* 各轴分别运动，按轴操作键时各轴的动作情况见表 10-2。

表 10-2 关节坐标系的轴动作

轴名称		轴操作键	动作
基本轴	*S* 轴	[X-/S-] [X+/S+]	本体左右回旋
	L 轴	[Y-/L-] [Y+/L+]	下臂前后运动
	U 轴	[Z-/U-] [Z+/U+]	上臂上下运动
腕部轴	*R* 轴	[X-/R-] [X+/R+]	上臂带手腕回旋
	B 轴	[Y-/B-] [Y+/B+]	手腕上下运动
	T 轴	[Z-/T-] [Z+/T+]	手臂回旋

注：1. 同时按下两个以上轴操作键时，机器人按合成动作运动，但如果象 [S-]+[S+] 这样，同轴反方向两键同时按下时，则全轴不动。
2. 在使用机器人外部轴 7 轴或 8 轴时，同时按 [转换]+[S-] 或 [转换]+[S+]，移动 *C* 轴 (第 7 轴)；同时按 [转换]+[L-] 或 [转换]+[L+]，移动 *W* 轴 (第 8 轴)。

（2）直角坐标系 不管机器人处于什么位置，均可沿设定的 *X* 轴、*Y* 轴、*Z* 轴平行移动，如图 10-3 所示。

设定为直角坐标系时，机器人控制点沿 *X* 轴、*Y* 轴、*Z* 轴平行移动，按住轴操作键时，各轴的动作见表 10-3。

表 10-3　直角坐标系的轴动作

轴名称		轴操作键	动作
基本轴	X 轴	X- S- / X+ S+	沿 X 轴平行移动
	Y 轴	Y- L- / Y+ L+	沿 Y 轴平行移动
	Z 轴	Z- U- / Z+ U+	沿 Z 轴平行移动
腕部轴		腕部轴控制点不变动作，以机器人的 X 轴、Y 轴、Z 轴为基准进行回转	

注：同时按下两个以上轴操作键时，机器人按合成动作运动。但如果象［X-］+［X+］这样，同轴反方向两键同时按下时，则全轴不动。

a) 直角坐标系

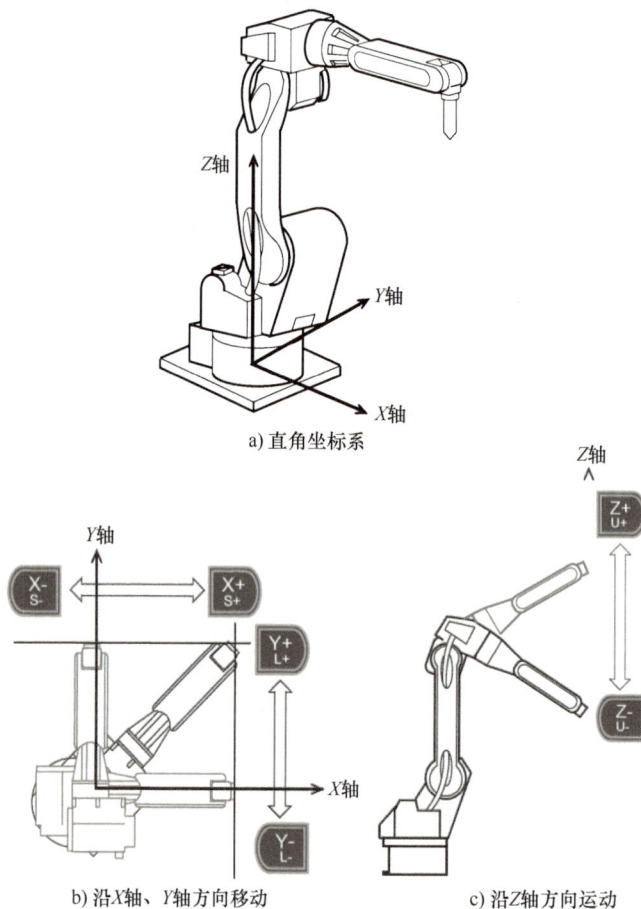

b) 沿 X 轴、Y 轴方向移动　　　　c) 沿 Z 轴方向运动

图 10-3　机器人直角坐标系和各轴运动方向

（3）圆柱坐标系　θ 轴绕 S 轴运动，R 轴沿 L 轴臂、U 轴臂轴线的投影方向运动，Z 轴运动方向与直角坐标完全相同，如图 10-4 所示。

设定为圆柱坐标系时，机器人控制点以本体轴 S 轴为中心回旋运动，或与 Z 轴成直角平行移动。按住轴操作键时，各轴的动作见表 10-4。

a) 圆柱坐标系

b) 沿θ轴回转

c) 沿r轴方向移动

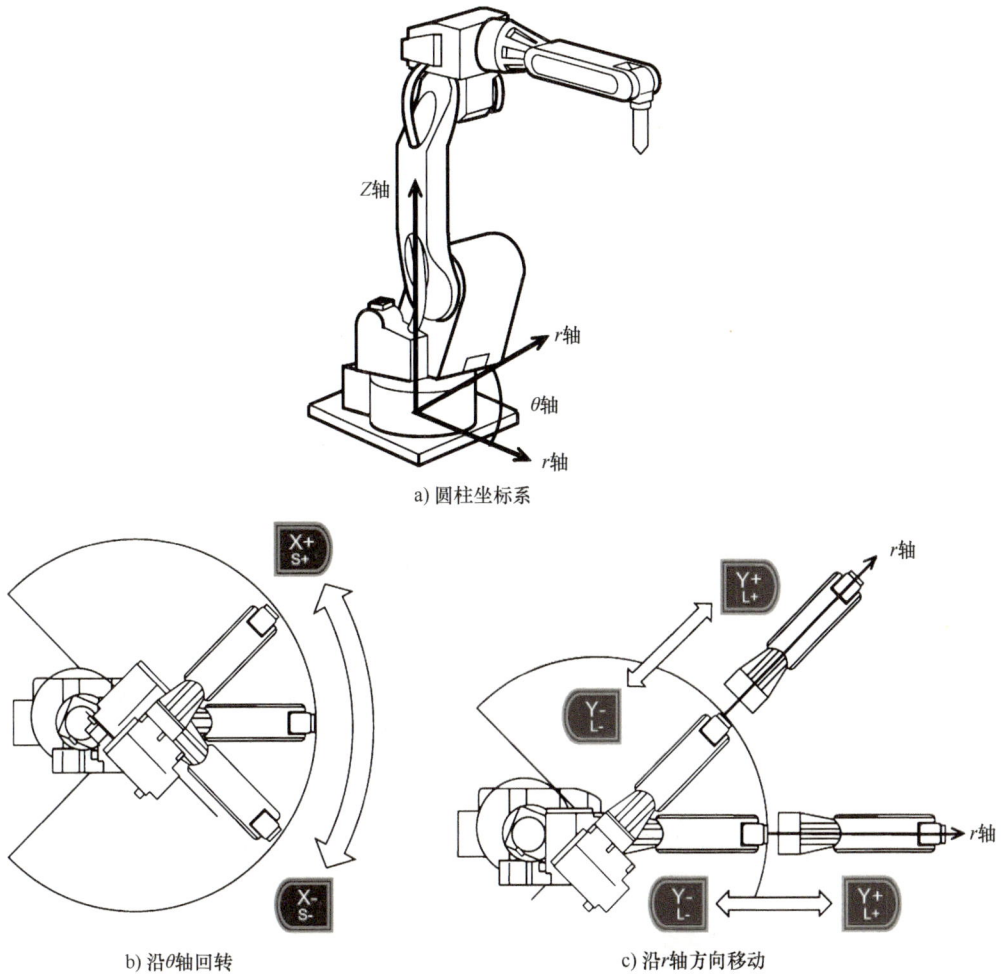

图 10-4　机器人圆柱坐标系的各轴移动

表 10-4　圆柱坐标系的轴动作

轴名称		轴操作键	动作
基本轴	θ轴	X-/S-　X+/S+	本体绕 S 轴旋转
	r轴	Y-/L-　Y+/L+	垂直于 Z 轴移动
	Z轴	Z-/U-　Z+/U+	沿 Z 轴平行移动
腕部轴		腕部轴控制点不变动作，以机器人的 X 轴、Y 轴、Z 轴为基准进行回转	

注：同时按下两个以上轴操作键时，机器人按合成动作运动。但如果象 [X–] + [X+] 这样，同轴反方向两
　　键同时按下时，则全轴不动。

（4）工具坐标系 工具坐标系把机器人腕部法兰盘所持工具的有效方向作为 Z 轴，并把坐标定义在工具的尖端点，如图 10-5 所示。

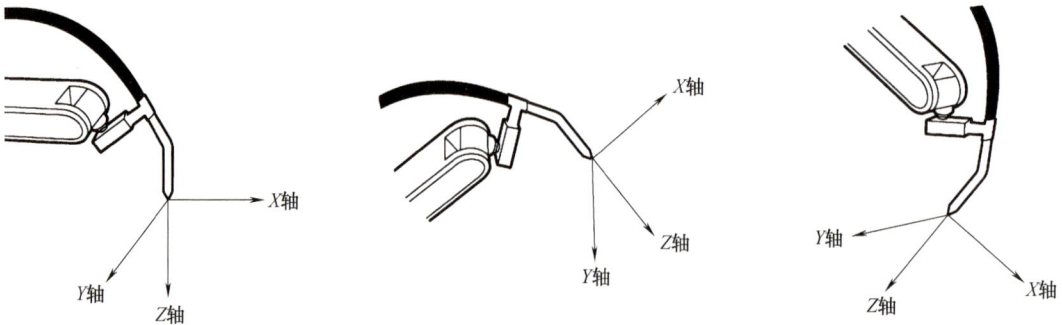

图 10-5 工具坐标系

工具坐标系把机器人腕部法兰盘所握工具的有效方向定为 Z 轴，把坐标定义在工具尖端点，所以工具坐标的方向随腕部的移动而发生变化。

工具坐标的移动，以工具的有效方向为基准，与机器人的位置、姿势无关，所以进行相对于工件不改变工具姿势的平行移动操作时最为适宜，如图 10-6 所示。

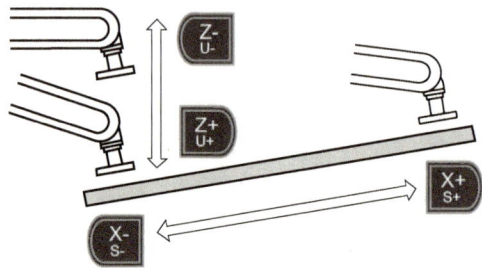

图 10-6 工具坐标的移动

> 注意：使用工具坐标系要预先登录相应的工具文件。

设定为工具坐标系时，机器人控制点沿设定在工具尖端点的 X 轴、Y 轴、Z 轴做平行移动，按住轴操作键时，各轴的动作见表 10-5。

表 10-5 工具坐标系的轴动作

轴名称		轴操作键	动作
基本轴	X 轴	X- S- X+ S+	沿 X 轴平行移动
	Y 轴	Y- L- Y+ L+	沿 Y 轴平行移动
	Z 轴	Z- U- Z+ U+	沿 Z 轴平行移动
腕部轴		腕部轴控制点不变动作，以机器人的 X 轴、Y 轴、Z 轴为基准进行回转	

注：同时按下两个以上轴操作键时，机器人按合成动作运动。但如果象 [X−]+[X+] 这样，同轴反方向两键同时按下时，则全轴不动。

（5）用户坐标系 在机器人动作允许范围内的任意位置，设定任意角度的 X 轴、Y 轴、Z 轴，机器人均可沿所设各轴平行移动，此坐标系称作用户坐标系，如图 10-7 所示。

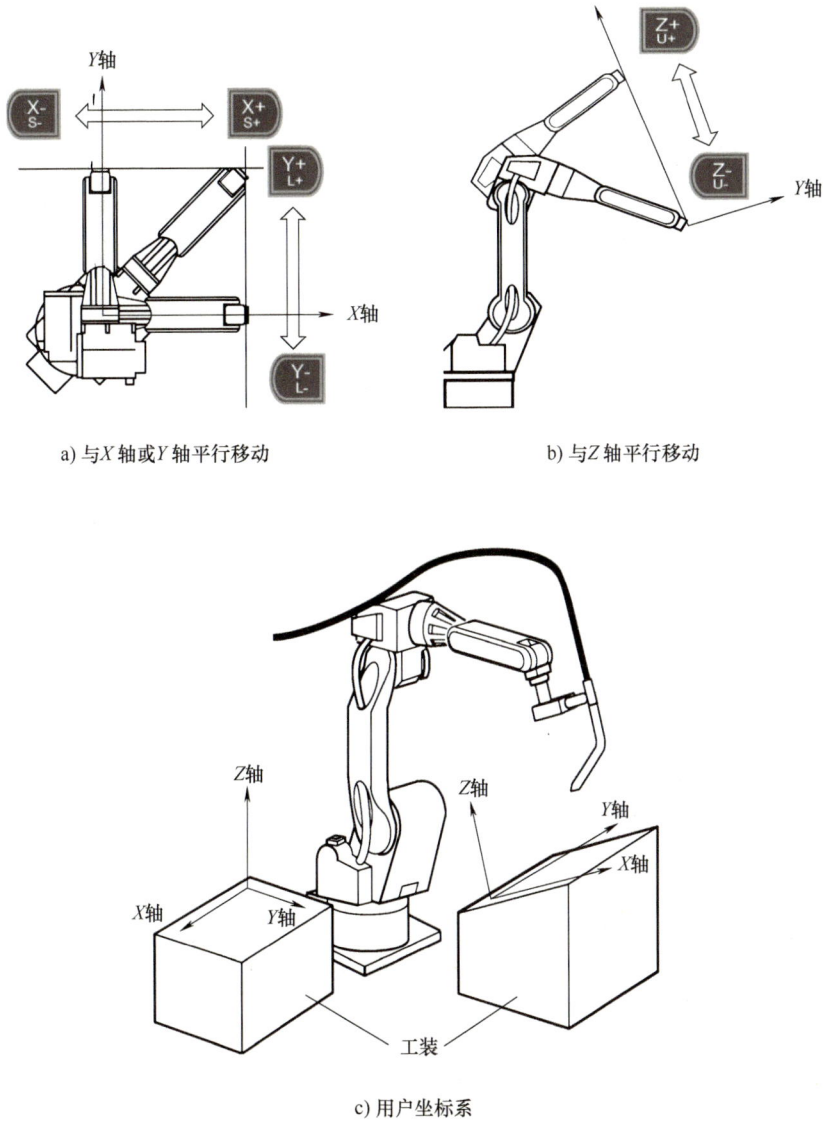

a) 与 X 轴或 Y 轴平行移动   b) 与 Z 轴平行移动

c) 用户坐标系

图 10-7 用户坐标系与各轴平行移动

用户最多可登录 24 个用户坐标系，与之对应的数字 1 至 24 为用户坐标号码，每个坐标成为一个用户坐标文件。

按住轴操作键时，用户坐标系各轴的动作见表 10-6。

表 10-6　用户坐标系的轴动作

轴名称		轴操作键	动作
基本轴	X 轴	 X- S- | X+ S+	沿 X 轴平行移动
	Y 轴	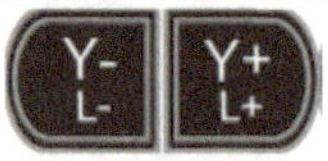 Y- L- | Y+ L+	沿 Y 轴平行移动
	Z 轴	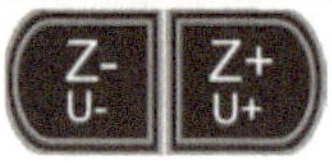 Z- U- | Z+ U+	沿 Z 轴平行移动
腕部轴		腕部轴控制点不变动作，以工具坐标的 X 轴、Y 轴、Z 轴为基准进行回转	

注：同时按下两个以上轴操作键时，机器人按合成动作运动。但如果象［X-］+［X+］这样，同轴反方向两键同时按下时，则全轴不动。

注意：1. 在除关节坐标系以外的其他坐标系中，均可只改变工具姿态而不改变工具尖端点（控制点）位置，称作控制点不变动作。

2. 安川机器人将"工具尖端点"称为"工具控制点"，而其他品牌的机器人称其为"工具中心点"，二者含义相同，均指机器人"TCP 点"。

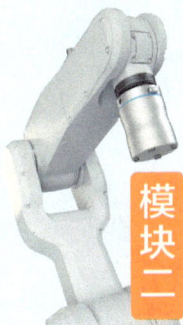

▶ 项目 11　移动机器人找点

【知识目标】

熟悉示教器按钮功能，掌握使用拨动按钮移动机器人焊枪找点的方法。

【能力目标】

1. 能够使用示教器熟练控制机器人各轴运动。
2. 能够使用各种坐标系移动机器人。

【职业素养】

培养积极主动的学习态度。

第十一讲：移动机器人找点

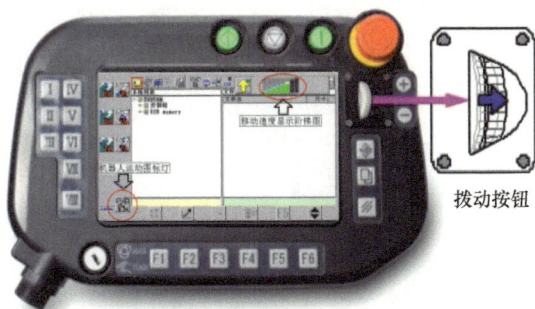

1. 示教器拨动按钮的使用

以松下机器人为例，示教器拨动按钮用来控制机器人手臂和外部轴的运动，以及对示教器屏幕上的光标选项进行确认。拨动按钮如图 11-1 所示。

图 11-1　拨动按钮

拨动按钮有三种不同的操作方式：①向上 / 向下轻微拨动；②侧压；③侧压的同时

向上 / 向下轻微拨动，见表 11-1。

表 11-1　拨动按钮的操作方式

操作方式	图示	作用
① 向上 / 向下轻微拨动		○ 移动机器人手臂或外部轴 ○ 向上微移动：向（＋）方向移动 ○ 向下微移动：向（－）方向移动 ○ 移动荧屏上的光标 ○ 改变数据或选择一个选项
② 侧压		○ 选定光标所在的项目并确认
③ 侧压的同时向上 / 向下轻微拨动		○ 保持机器人手臂的当前操作 ○ 侧压后的拨动按钮旋转量决定变化量 ○ 停止轻微旋转，然后保持按压状态，使机器人匀速运动 ○ 运动的方向与"向上 / 向下轻微拨动"方向相同

　　熟练掌握使用右手拇指旋动拨动按钮是机器人操作的一项重要技巧，需要反复练习直至能熟练操作，以避免示教过程中的撞枪情况发生。具体的使用方法如下所述：

　　1）小幅度移动机器人或微调焊枪姿态时，用右手拇指上下旋动拨动按钮移动机器人。

　　2）大幅度移动机器人时，用右手拇指侧压拨动按钮的同时，再上下旋动拨动按钮时可进行快速、中速、慢速移动机器人。

2. 示教速度

　　示教速度是指机器人运行时工具中心点（焊丝伸出末端）的移动速度。使用菜单切换（或扣动右切换键）可改变示教速度为低速（L）、中速（M）或高速（H），如图 11-2 所示。

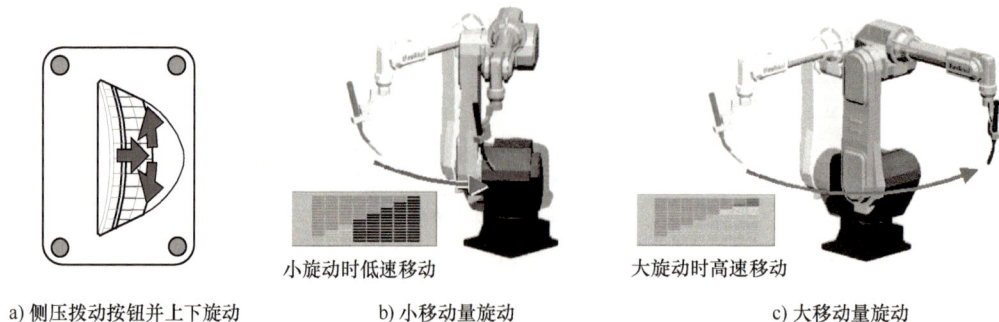

小旋动时低速移动　　　　大旋动时高速移动

a) 侧压拨动按钮并上下旋动　　b) 小移动量旋动　　c) 大移动量旋动

图 11-2　用拨动按钮移动机器人

3. 移动机器人找点

分别在关节坐标系、直角坐标系、工具坐标系中移动机器人焊枪，使焊丝末端与目标尖点轴向对准，如图 11-3 所示。

（1）**工具准备**　准备一个目标尖点，固定于工作台中央。

（2）**操作建议**　3~5 名学生为一组，要求在规定时间内，使焊枪的焊丝末端精确对准尖点且成一条直线。

（3）**操作方法**

1）正确持握示教器。注意示教器的正确持握姿势。

2）操作模式选择。将示教器模式转换开关旋至示教模式（TEACH）。

图 11-3　尖点与焊丝末端找点示意

3）移动机器人的操作：

① 左手（或右手）中指轻轻握压安全开关，待伺服 ON 按钮显示灯闪烁时，右手拇指按下伺服 ON 按钮，此时伺服电源接通，伺服 ON 按钮常亮。

② 按下动作功能键[Ⅷ]，点亮机器人图标灯 🦿。

③ 按住相应的动作功能键，同时侧压拨动或慢慢微调拨动按钮，使机器人相应进行连续或间断运动。

④ 按动右切换键调整机器人移动速度为高速、中速或慢速。

4）切换坐标系。用右手食指扣住右切换键，左手拇指按动功能键 Ⅳ，切换机器人运动坐标系。

在机器人操作过程中，通常选择在关节坐标系、直角坐标系和工具坐标系中不断切换进行示教。其中，关节坐标系用于调整机器人各手臂角度和位置，直角坐标系多用于进行直线移动和机器人姿态调整，工具坐标系多用于调整焊枪角度和 TCP 补偿。根据使用环境和操作习惯进行正确选择，可以提高示教效率。三种坐标系的机器人移动方式及图标见表 11-2。

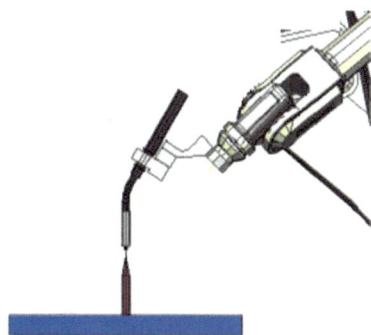

表 11-2　三种坐标系的机器人移动方式及图标

示教器动作功能键	关节坐标系		直角坐标系		工具坐标系	
	机器人各个关节轴单独转动		沿坐标轴方向平动	绕坐标轴方向转动	沿坐标轴方向平动	绕坐标轴方向转动
Ⅰ　Ⅳ	RW	RT				
Ⅱ　Ⅴ	BW	UA				
Ⅲ　Ⅵ	TW	FA				

（4）操作评价

1）切换至关节坐标系 ，通过关节坐标系的六个轴的动作，从原点开始移动机器人焊枪，使焊枪及焊丝末端轴向对准尖点，在 2min 内完成为合格。

2）切换至直角坐标系 ，通过直角坐标系的六种动作模式，从原点开始移动机器人焊枪，使焊枪及焊丝末端轴向对准尖点，在 1min 内完成为合格。

3）切换至工具坐标系 ，通过工具坐标系的六种动作模式，从原点开始移动机器人焊枪，使焊枪及焊丝末端轴向对准尖点，在 1min 内完成为合格。

▶ 项目 12　机器人 TCP 校准

第十二讲：机器人 TCP 校准

【知识目标】

1. 了解焊接机器人工具的含义；理解焊接机器人工具中心点 TCP 的概念。

2. 理解工具数据设定的原理、焊接机器人工具数据的原理及设定方法。

【能力目标】

掌握 TCP 工具补偿及标定方法。

【职业素养】

培养精雕细琢和精益求精的工匠精神。

1. TCP 的概念

工业机器人为完成各种作业任务，需要在机器人手臂末端法兰盘上安装各种不同的工具，如喷枪、抓手、焊枪等来进行作业。为了确定该工具的位姿，在工具上建立一个工具坐标系 TCS（Tool Coordinate System），TCS 的原点就是 TCP（Tool Center Point，工具中心点）。

例如焊接机器人应用时，通常把 TCP 定义到焊丝的尖端，那么程序里记录的示教点位置就是焊丝尖端的位置，记录的姿态就是焊枪围绕焊丝尖端转动的姿态。当工具变化后，只需重新标定工具坐标系的位姿，经过机器人存储和系统自动计算，即可使机器人重新投入使用。TCP 的类型有如下几种：

（1）**常规 TCP**　指 TCP 跟随机器人本体一起运动，多为焊接机器人应用。

（2）**固定 TCP**　指 TCP 为机器人本体以外静止的某个位置，如涂胶。

（3）**动态 TCP**　指 TCP 延伸到机器人本体轴外部，TCP 相对法兰盘做动态变化。

以松下焊接机器人为例，TCP 就是焊枪的焊丝尖端（焊丝伸出长度为 15mm）与机器人腕部末端 TW 轴法兰中心点的延长线相交的点。松下焊接机器人焊枪 TCP 位置如图 12-1 所示。

2. 校枪尺法工具标定

当更换工具以及撞枪或焊枪变形造成 TCP 偏移之后，机器人的实际工作点相对于标定的机器人末端位置 TCP 会发生变化，将造成机器人运动轨迹出现误差。因此，对于弧焊机器人，为保证 TCP 精度，要适时进行工具补偿，即工具标定（也称校枪），以保证焊接轨迹示教的准确性。

（1）工具数值设定　以松下机器人搭载的 CO_2/MAG 350A 标配焊枪为例，TCP 的工具标定为一组固定数值，设置方法是：在"设置"菜单上，单击"基本设定"→"工具"，再进入下一级的工具菜单，显示工具（TOOL 01）设置界面，进行设定 TCP 工具数值，如图 12-2 所示。如果是新焊枪，直接输入相应规格的标准工具数据即可。

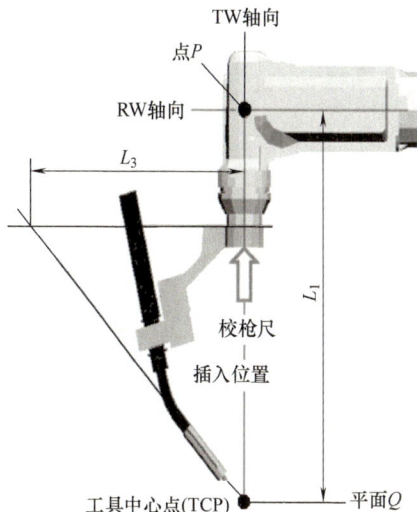

图 12-1　松下焊接机器人焊枪及 TCP 位置

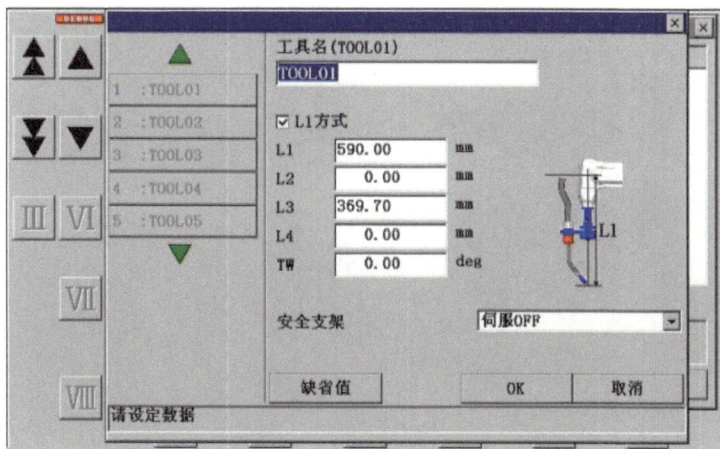

图 12-2　工具数值设定界面

（2）L_1 工具补偿

1）L_1 工具补偿基本原理。机器人焊接轨迹的再现，都是以工具尖端（弧焊机器人为导电嘴中伸出的焊丝尖端）和机器人控制点相重合为前提条件的。这种使工具尖端和机器人中心点相重合的设定被称为工具补偿，俗称"校枪"，如图 12-3 所示。

图中：L_1 是点 P 和平面 Q 之间的距离，单位为 mm；L_2 是控制点和 TW 旋转中心之间的距离，单位为 mm，L_2 设定为 0；L_3 是工具延长线与法兰平面（机器人与持枪器的连接处）交点和 TW 轴旋转中心间的距离，单位为 mm；L_4（TW）是根据 TW 回转中心所定的工具安装角度，单位为（°），L_4 设定为 0°。

松下标配焊枪有：长枪（通常指 CO_2/MAG 500A 焊枪），L_1=590mm，L_3=369.7mm；短枪（通常指 CO_2/MAG 350A 焊枪），L_1=550mm，L_3=350mm；TIG 钨极氩弧焊枪，L_1=500mm，L_3=625.6mm。

2）L_1 工具补偿方法。焊接机器人重复定位精度是以焊丝尖端和机器人焊枪工具中心点重合为基准的，因此，要经常确认工具中心点 TCP 是否偏离，并适时进行校枪。由于松下机器人型号升级，校枪方法有些变化，对于 TA 系列机器人搭载的松下标准焊枪，通常采用"L_1 校枪法"校枪，即使用"校枪尺"进行校正，如图 12-4 所示。

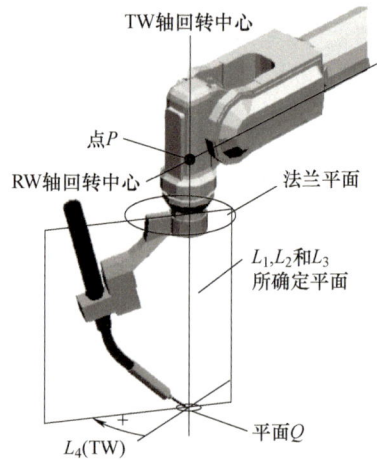

图 12-3 L_1 工具补偿

L_1 工具补偿（校枪）方法如下：

① 操作机器人使各关节调整到原点位置，然后关闭电源，旋开法兰平面下面圆形挡板的固定螺钉。

② 移开圆形挡板，将校枪尺圆柱一端垂直插进法兰中心凹孔至底部，使校枪尺基准点正对焊枪一侧，再用法兰侧边的固定螺钉将校枪尺锁紧。

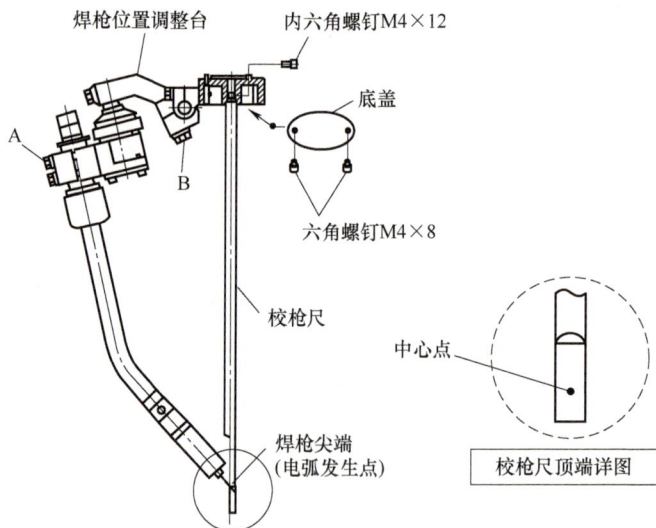

图 12-4 采用校枪尺校枪示意图

③ 松开夹枪器上的螺钉 A 和焊枪角度锁紧螺钉 B，调整焊枪的位置和角度，焊丝伸出长度为 15mm，使焊丝尖点正好对准在校枪尺的凹点（TCP）上。

④ 将夹枪器上的螺钉旋紧，圆形挡板复位锁紧，即完成 L_1 工具补偿（校枪）。

注意：新型 TM 系列机器人上自带 TCP 基准点（位于机器人腰部），需要校枪时，运行校枪程序至 TCP 基准点，再通过人工调整焊枪位置完成校枪，其原理和方法与 L_1 工具补偿（校枪）相近。

3. 计算法工具标定

目前，使用计算法进行焊接机器人工具标定最常用的方法有"三点法"示教、"四点法"示教和"六点法"示教。其中，"四点法"示教方法简单、实用，但只能用于工具标定 TCP，而"六点法"示教不但可以标定工具 TCP，还能标定工具末端相对于焊接机器人第六轴末端安装法兰面的姿态。下面介绍"六点法"示教并计算工具中心点 TCP 位置的方法和步骤。

（1）**任务描述**　还是以松下机器人为例，若配备宾采尔和 TBI 等非松下标配焊枪，其 L_1 长度不同，这时须采用"非 L_1 工具补偿"方式进行校正，又称计算补偿法，即：输入 6 组 TCP 及特定的示教姿势后，算出工具偏移值。在机器人的工作台上预先准备好 1 个尖点（圆锥体），如图 12-5 所示。操作机器人对该点做出 6 种工具姿势，即在"工具 X-Z"平面和"工具 X-Y"平面分别进行 3 种姿势的示教，如图 12-6 和图 12-7 所示。

图 12-5　尖点（圆锥体）

注意：1. 不计算工具的安装角度"TW"的值。调整工具偏移的 TW 值已经预先设定为正确值。

2. "工具 X-Z"平面第 1 点（中间位置）的示教姿势与"工具 X-Y"平面第 4 点（中间位置）的机器人姿态及焊枪角度完全一致，此时，TW 轴与尖点（圆锥体）呈轴向对中。

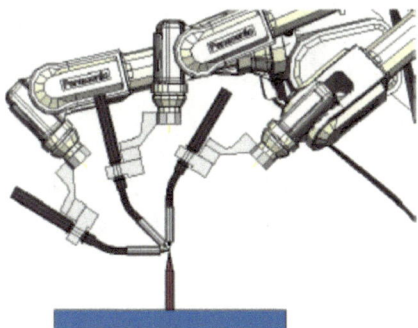

图 12-6　工具 X-Z 平面上 3 种姿势

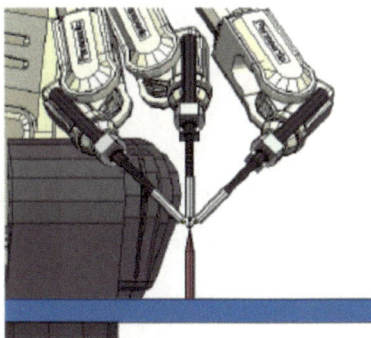

图 12-7　工具 X-Y 平面上 3 种姿势

（2）**TCP 数据的登录**

1）按照图 12-8 所示顺序，在示教器的菜单上选择编辑图标 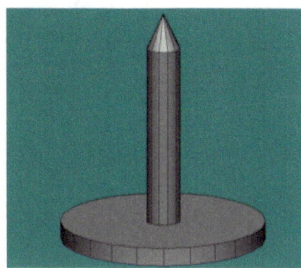，然后光标移至选

项图标 +α 选择。

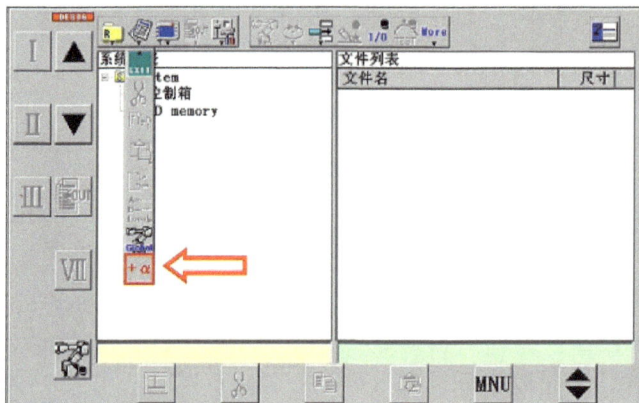

图 12-8　在示教器菜单下选择选项图标

2）单击 +α 选择 TCP 调整工具，登录"TCP 调整全局变量"，GⅢ示教器界面如图 12-9 所示。

3）出现机器人变量一览窗口，登录工具 X-Z 平面姿势的第 1 点，称为"初始姿势"，如图 12-8 所示。

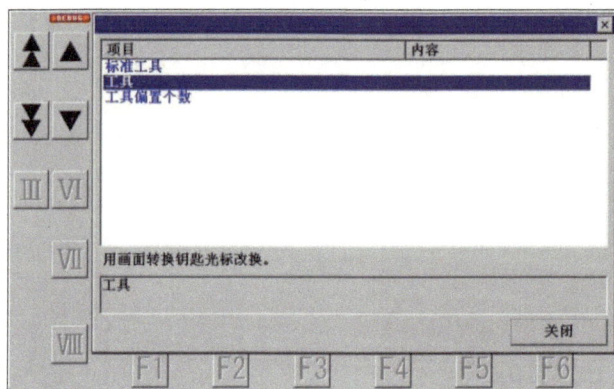

图 12-9　选择进入工具设定菜单

初始姿势：调整焊枪的焊丝伸出长度为 15mm，移动机器人焊枪使焊丝尖端与预设尖点无限接近，机器人姿态及焊枪角度如图 12-10 所示，其侧向和正向如图 12-11 所示。

4）将光标移到显示为"无效"的变量上，单击登录键。

5）将登录数据作为变量名加以识别，在光标闪烁处，输入"变量名"如：1：TOOL01，单击 OK 按钮。该点数值作为 1：TOOL01 被保存下来，如图 12-12 所示。

6）选择工具坐标系第 2 点登录。移动工具坐标系的 Y 轴，使尖点方向与 TW 轴回转中心轴平行的位置作为第 2 点登录，即 X-Z 平面姿势的第 2 点。注意：旋转动作只能使用工具坐标系的 Y 轴 ，角度应 ≥ 45°。使尖点与焊丝伸出端无限接近对准后，将光标移到登录第 2 点的变量上单击登录键，TCP2 点被保存。

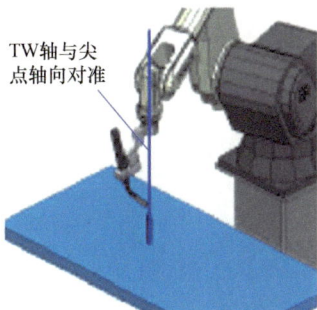

图 12-10　机器人姿态及焊枪角度

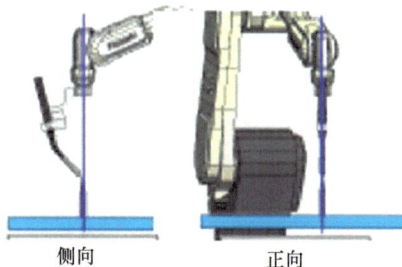

图 12-11　侧向视图及正向视图

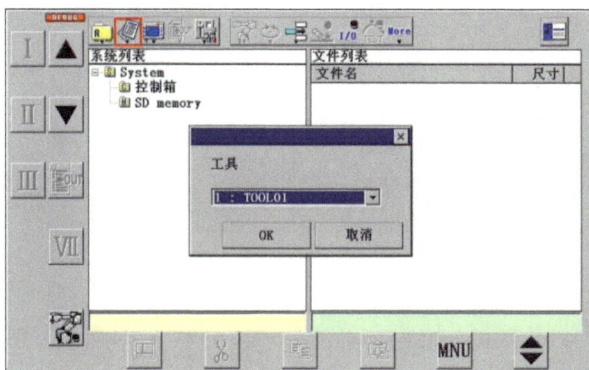

图 12-12　第一组工具原点设定对话框

7）在此状态下转动 Y 轴，示教第 3 点。角度应 ≥ 45°，使尖点与焊丝伸出端无限接近对准后，将光标移到登录第 3 点的变量上单击登录键，TCP3 点被保存。

8）按动跟踪图标对应示教器上的键"Ⅳ"，使机器人回到"初始姿势"的位置。将光标移到登录第 4 点的变量上单击登录键，作为第 4 点登录，TCP4 点被保存。

9）在工具 X-Y 平面姿势示教 5~6 点，旋转动作只能使用工具坐标系的 Z 轴 ，每次的变换角度应 ≥ 45°，设定变量名为"TCP5"~"TCP6"，并依次保存下来。

10）选择 ，关闭机器人变量一览窗口，出现"是否保存？"的界面后，必须保存。

（3）TCP 补偿值的计算

1）按照下列图标顺序 （由左至右：设定→机器人→TCP 调整），进入"TCP 调整"窗口，如图 12-13 所示。

如果前面经准确示教并完成后，在窗口中将会显示出 P1~P6 所登录的变量名，如图 12-14 所示。

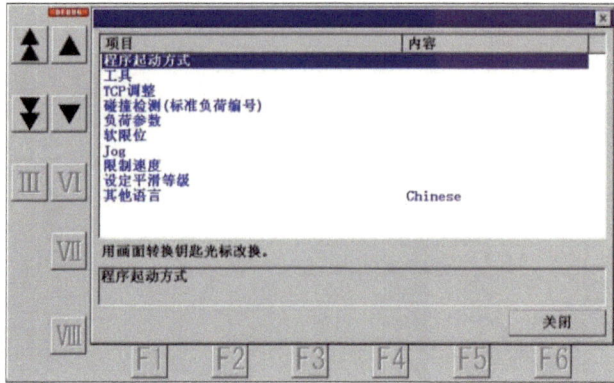

图 12-13　"TCP 调整"窗口选项界面

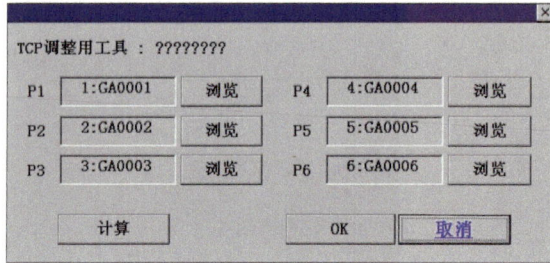

图 12-14　变量名登录的对话框

2）先在 P1~P6 设定机器人位置。单击 P1~P6 各个"浏览"按钮后，显示出登录的机器人的位置一览表，选择相应选项，如图 12-15 所示。

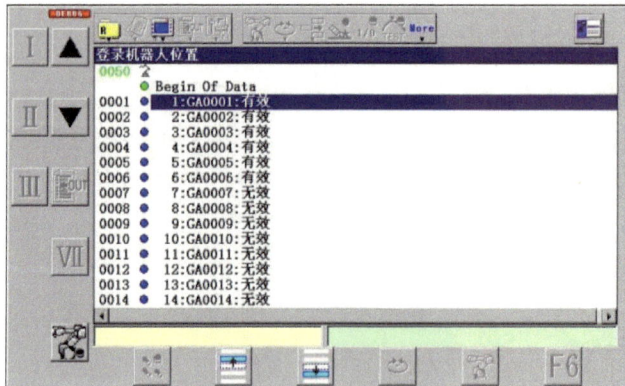

图 12-15　机器人工具位置点选项一览表

3）单击"计算"按钮。在计算中出现错误时，会显示出现错误的信息框，单击 OK 按钮，修改机器人位置登录，如图 12-16 所示。

> 注意：初次运行时，"TCP 调整使用工具"显示为"？"。运行"计算"后，自动正常显示出文件名。

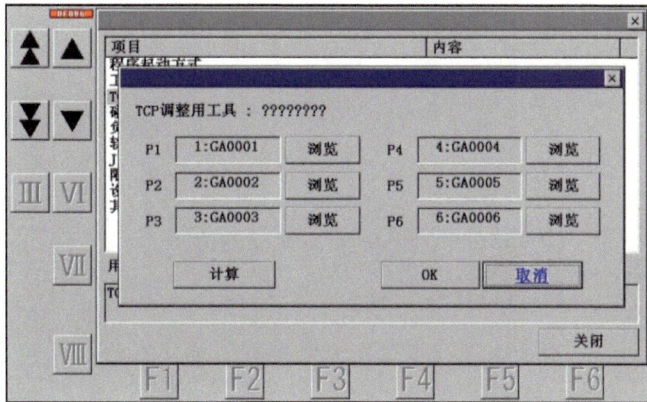

图 12-16　工具控制点工具计算对话框

4）单击 OK 按钮后，显示出确认界面，再单击"变更"按钮，如图 12-17 所示。

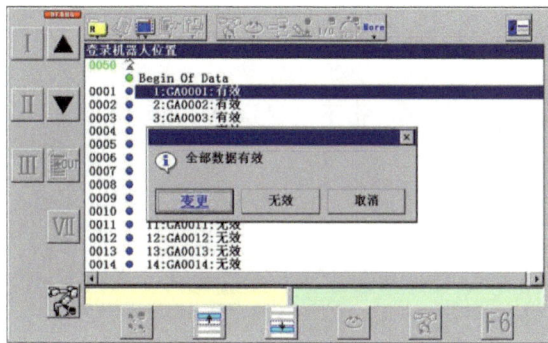

图 12-17　"TCP"点变更确认界面

5）按照下列图标顺序 （由左至右：设定→机器人→工具）进入显示界面，查看确认调整后的工具补偿值是否已被修改。通常在标定后，TCP 工具数据会发生变化，如图 12-18 所示。

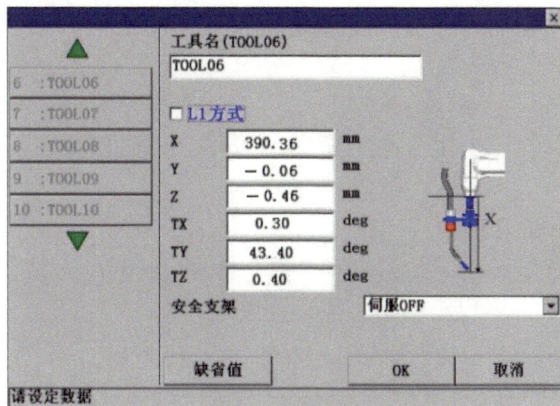

图 12-18　工具补偿参数值界面

▶ 项目 13　　弧焊机器人日常检查与维护

【知识目标】

熟悉弧焊机器人日常检查与维护内容。

【能力目标】

掌握弧焊机器人日常检查与维护方法。

【职业素养】

学习、理解并掌握 5S 管理的要义。

第十三讲：弧焊机器人日常检查与维护

1. 弧焊机器人安全操作规程

1）焊接机器人是生产的重点关键设备，操作员必须培训合格，持证上岗。

2）操作前必须进行设备点检，确认设备完好才能开机工作。

3）操作前先检查电压、气压、指示灯显示是否正常，模具是否正确，工件安装是否到位。

4）操作前检查和清理操作场地，确保无易燃物（如油抹布、废弃油手套、油漆、香蕉水等）。

5）操作前检查操作专场，确保遮光装置完好、到位；检查吸尘装置是运作正常。

6）操作时一定要穿戴工作服、工作手套、工作鞋、防护眼镜。

7）操作者必须精心操作，防止发生碰撞事故。

8）操作时严禁非专业人员进入机器人工作区域。

9）操作中发现设备异常或故障应立即停机，保护好现场，然后报修。

10）必须在停机后，才进入机器人操作区调整或修理。

11）严禁在机器人工作时进行调整、清理及抹擦等工作。

12）工作完毕，切断电源，确认设备已停下，才能进行清扫、保养。

2. 弧焊机器人维护与保养

（1）日检查及维护

1）检查送丝机构，包括送丝力矩是否正常，送丝导管是否损坏，有无异常报警。

2）检查气体流量是否正常。

3）检查焊枪安全保护系统是否正常（禁止关闭焊枪防碰撞安全保护进行工作）。

4）检查水循环系统工作是否正常。

5）测试 TCP 是否准确（固定一个尖点，编制一个测试程序，每班在工作前例行检查）。

（2）周检查及维护

1）擦洗机器人各轴。

2）检查程序点的精度。

3）检查润滑油注油孔油位，各关节轴是否有漏油情况。

4）检查机器人各轴零位是否准确。

5）清理焊机水箱后面的过滤网。

6）清理压缩空气进气口处的过滤网。

7）清理焊枪喷嘴处杂质，以免堵塞水循环。

8）清理送丝机构，包括送丝轮、压丝轮、导丝管。

9）检查软管束及导丝软管有无破损及断裂（建议取下整个软管束，用压缩空气清理）。

10）检查焊枪安全保护系统是否正常，以及外部急停按钮是否正常。

（3）一年检查及维护（包括日常\三个月）

1）检查控制箱内部各基板接头有无松动。

2）检查内部各线有无异常情况（如是否断裂，有无灰尘，各接点情况）。

3）检查本体内配线是否断线。

4）检查机器人的电池电压是否正常（ABB机器人正常为3.6V）。

5）检查机器人各轴的马达制动是否正常。

6）检查5轴的传动带松紧度是否正常。

7）为4轴、5轴、6轴（腕部）减速器更换机油（机器人专用油）。

8）检查各设备的电压是否正常。

（4）三年检查及维护（包括日常\三个月\一年）   以ABB机器人为例，检查及维护内容如下：

1）为1轴、2轴、3轴（基本）减速器更换机油（机器人专用油）。

2）进行机器人本体电池更换（机器人专用电池）。由于各品牌机器人更换电池步骤相似，现以ABB机器人本体电池更换步骤为例说明如下：

① 将机器人设置为"MOTORS OFF"（电动机关闭）操作模式（更换电池后不必进行粗校准）。

② 移除法兰盖。除了用于串行链路的信号接触件之外，法兰盖上的所有连接均可断开。

③ 卸除其中一个螺钉，并拧松固定串行测量电路板的其余两个螺钉。把装置推到一侧并向后卸除。所有电缆和触点必须保持完好无损。请注意ESD防护（ESD=静电放电）。

④ 拧松串行测量电路板上的电池接线端，断开固定电池单元位置的挂钩。

⑤ 使用两个挂钩安装新电池，并把接线端连接到串行测量电路板。

⑥ 重新安装法兰盖，并装配法兰盖上的所有连接。

⑦ 需将镍镉电池充电36h，在此期间主电源必须打开。

（5）机器人设备管理条例

1）每次保养必须填写保养记录，设备出现故障应及时汇报给维修部门，并详细描述故障出现前设备的情况和所进行的操作，积极配合维修人员检修，以便顺利恢复生产。主管对设备保养情况将进行不定期抽查。操作者在每班交接时仔细检查设备完好状况，记录好各班设备运行情况。

2）操作者必须严格按照保养计划书保养维护好设备，严格按照操作规程操作，设备发生故障时，应及时向维修部门反映设备情况，包括故障出现的时间、故障现象以及故障出现前后的情况，操作者都应如实地进行详细说明，以便维修人员正确、快速地排除故障。

▶ 项目 14　　ABB 弧焊机器人设备

第十四讲: ABB
弧焊机器人设备

【知识目标】

1. 熟悉示教器面板按钮的使用方法。
2. 了解示教器的基本构成。

【能力目标】

1. 掌握示教器各种按钮及操作界面的使用。
2. 能够使用示教器摇杆熟练控制机器人各轴运动。
3. 能够使用增量模式控制机器人的步进运动。

【职业素养】

培养学生对新知识新技术的兴趣，培养学生养成爱护设备的良好习惯。

1. ABB 机器人本体技术规格

（1）IRB1410 型机器人本体构造

1）机器人是由六个转轴组成的空间六杆开链机构，理论上可达到运动范围内任何一点。

2）每个转轴均带有一个齿轮箱，机械手定位精度（综合）达 ±(0.05~0.2) mm。

3）六个转轴均由 AC 伺服电动机驱动，每个电动机后均有编码器与制动。

4）机器人带有串口测量板（SMB），使用电池保存电动机数据。

5）机器人带有手动松闸按钮，用于维修时使用。非正常使用会造成设备损坏或人员伤害。

6）机器人带有平衡气缸或弹簧。

7）选择机器人时，首先要考虑机器人的最大承载能力，IRB1410 型机器人手腕的最大承载能力为 6kg。

IRB1410 型机器人本体及动作区域如图 14-1 和图 14-2 所示。

图 14-1　IRB1410 型机器人本体

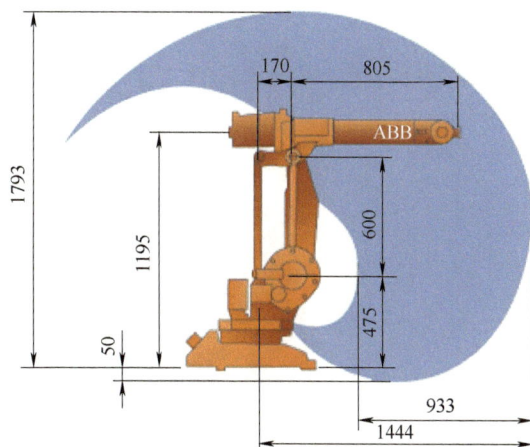

图 14-2　IRB1410 型机器人动作区域

（2）IRB1410 型机器人本体技术参数　IRB1410 型机器人本体技术参数见表 14-1。

表 14-1　IRB1410 型机器人本体技术参数

控制轴（关节）		6
腕部最大负荷能力 /kg		5
重复定位精度 /mm		± 0.05
单轴最大动作范围 /（°）	1 回转	± 180
	2 立臂	+110~−100
	3 横臂	+65~−60
	4 腕	± 185
	5 腕摆	± 115
	6 腕转	± 400
单轴最大速度 /（°/s）	1 回转	150
	2 立臂	150
	3 横臂	150
	4 腕	360
	5 腕摆	360
	6 腕转	450
本体重量 /kg		225
周围条件	温度 /℃	5~45
	最大湿度（%）	95
	最大噪声［dB（A）］	70
动作范围 /mm		最小 511；最大 1444
功率 /kV·A		4/7.8（带外部轴）

2. 焊接机器人示教器及使用

（1）示教器结构及功能　示教器是进行机器人的手动操纵、程序编写、参数配置以及监控用的手持装置。ABB 机器人示教器有时也称为 TPU 或教导器单元，如图 14-3 所示。

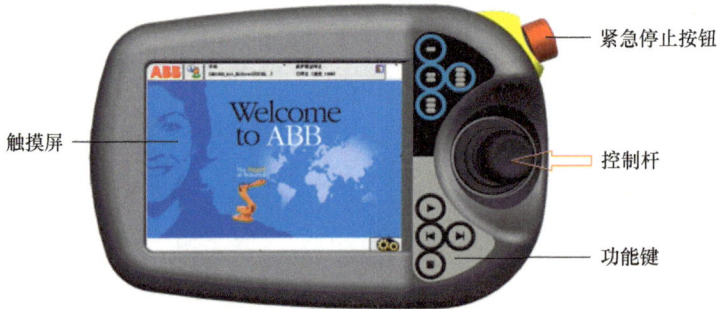

图 14-3　ABB 机器人示教器外形

ABB 机器人采用 6.7in 全彩色触摸屏示教器，特点是易于清洁，防水、防油、防溅；三方向控制杆可以上下、左右和旋动（功能类似于松下机器人示教器的拨动按钮）。示教器各部位的标识字母如图 14-4 所示。

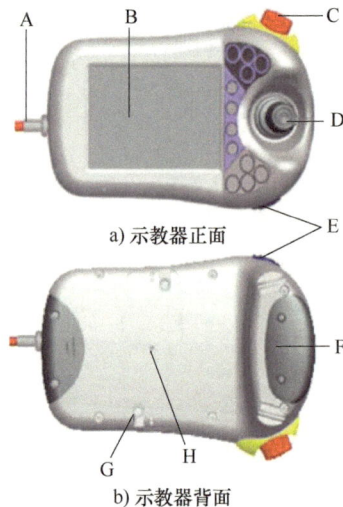

a) 示教器正面

b) 示教器背面

图 14-4　示教器各部位的标识字母

图 14-4 中，标识字母所对应的示教器各部位的名称及功能见表 14-2。

表 14-2　示教器各部位的名称及功能

标识字母	名称	功能
A	连接器	由电缆线和接头组成，连接控制柜，主要用于数据的输入
B	触摸屏	显示操作界面，用于点触摸操作

（续）

标识字母	名称	功能
C	紧急停止按钮	紧急停止，断开电动机电源
D	控制杆	手动控制机器人运动，又称三方向操纵摇杆
E	USB 端口	与外部移动存储器（U 盘）连接，施行数据交换
F	使动装置	手动电动机通电 / 断电按钮
G	触摸笔	专用于触摸屏触摸操作
H	重置按钮	重新启动示教器系统

（2）ABB 机器人示教器的持握姿势　示教器是人机对话的主要装置，操作者必须掌握如何正确持握示教器。通常习惯右手工作的人，以左手持握示教器，用右手操作。对于左右手不同习惯的操作者，持握示教器位置如图 14-5 所示。

右手操作者持握方法：将左手四指伸进挂带口至拇指虎口处，然后，四指自然弯曲按住示教器侧面的"使能装置"，用左手掌和小臂内侧托住示教器，使显示屏朝上处于水平位置，右手用来编程操作，如图 14-6 所示。

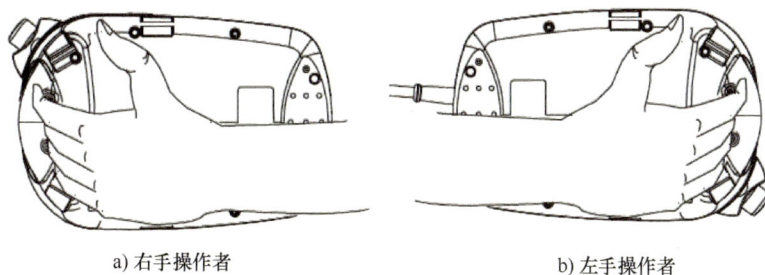

a) 右手操作者　　　　　　　　　　b) 左手操作者

图 14-5　ABB 示教器持握方法

图 14-6　ABB 示教器操作姿势

（3）示教器面板按键操作 示教器面板为操作者提供丰富的功能按键，目的就是使得机器人操作起来更加快捷简便。面板按键大致分为三个功能区域：自定义功能键区域、选择切换功能键区域与运行功能键区域，如图14-7所示。

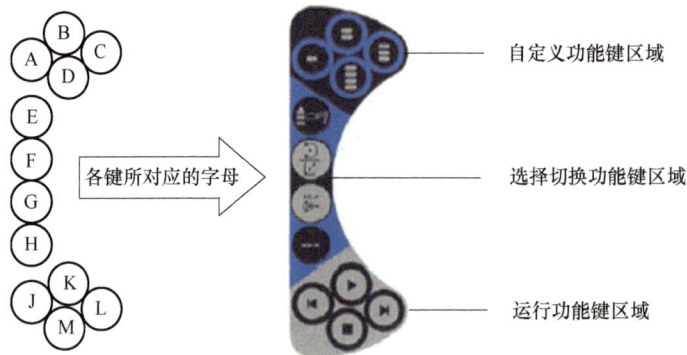

各键所对应的字母

自定义功能键区域

选择切换功能键区域

运行功能键区域

图 14-7 示教器面板按键功能

图14-7中功能键分为以下三类：

1）自定义功能键。这类按键是可以根据个人习惯或工种需要自行设定它们各自的功能，设置时需要进入控制面板的自定义键设定中操作。各功能键的用途如下：

A——手动出丝，检验送丝轮工作是否正常或者方便机器人编程时定点等。

B——手动送气，确认气瓶是否打开与调节送气流量。

C——手动焊接，手动点焊时使用（不常用）。

D——不进行设置，待需要某项手动功能时再进行设置。

2）选择切换功能键。这类按键可以根据图标提示知道它们的作用：

E——切换机械单元，通常情况下切换机器人本体与外部轴。

F——线性与重定位模式选择切换，按第一下按键会选择"线性"模式，再按一下会切换成"重定位"模式。

G——1~3轴与4~6轴模式选择切换，按第一下按键会选择1~3轴运动模式，再按一下会切换成4~6轴运动模式。

H——"增量"切换，按一下按键切换成有"增量"模式（增量大小在手动操纵中设置），再按一下切换成无"增量"模式。

3）运行功能键。运行功能键用于运行程序时使用，按下"使能装置"启动电动机后才能使用该区域按键。

J——（步退）按键，使程序后退一步的指令。

K——（启动）按键，开始执行程序。

L——（步进）按键，使程序前进一步的指令。

M——（停止）按键，停止程序执行。

（4）示教器触摸屏操作界面 示教器在没有进行任何操作之前，它的触摸屏界面大致有四部分组成：系统主菜单、状态栏、任务栏和快捷菜单，如图14-8所示。

系统主菜单　状态栏　快捷菜单　任务栏

图 14-8　示教器操作界面示意

1）系统主菜单。单击主菜单"ABB"，操作界面会弹出一个界面，这个界面就是机器人操作、调试、配置系统等各类功能的入口，如图 14-9 所示。

图 14-9　系统主菜单中的功能项目

图 14-9 中，系统主菜单中的项目图标及功能说明见表 14-3。

表 14-3　系统主菜单中的项目图标及功能说明

图标及名称	功能
HotEdit	在程序运行的情况下，坐标和方向均可调节
输入输出	查看输入、输出信号
手动操纵	手动移动机器人时，通过该项目选择需要控制的单元，如机器人或变位机等
自动生产窗口	由手动模式切换到自动模式时，此窗口自动跳出，用于在自动运行过程中观察程序运行状况

（续）

图标及名称	功能
程序编辑器	用于建立程序、修改指令及程序的复制、粘贴等操作
程序数据	设置数据类型，即设置应用程序中不同指令所需的不同类型数据
Production Manager	生产经理，显示当前的生产状态
RobotWare Arc	弧焊软件包，主要用于启动与锁定焊接等功能
注销	切换使用用户
备份与恢复	备份程序、系统参数等
校准	用于输入、偏移量及零位等校准
控制面板	参数设定、I/O 单元设定、弧焊设备设定、自定义键设定及语言选择等
事件日志	记录系统发生的事件，如电动机通电/断电、出现操作错误等
FlexPendant 资源管理器	新建、查看、删除文件夹或文件等
系统信息	查看整个控制器的型号、系统版本和内存等信息
重新启动	重新启动系统

2）状态栏。状态栏会显示当前状态的相关信息，例如操作模式、系统、活动机械单元，如图 14-10 所示。

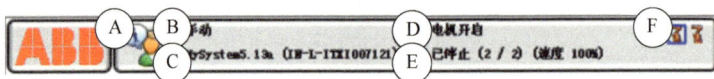

图 14-10　状态栏显示的当前状态相关信息

A—操作员窗口　B—操作模式　C—系统名称（和控制器名称）　D—控制器状态　E—程序状态　F—机械单元

选定单元（以及与选定单元协调的任何单元）以边框标记，活动单元显示状态栏为彩色，若未启动单元则呈灰色。

3）任务栏。用于存放已打开的窗口，最多能存放六个窗口，如图 14-11 所示。

4）快捷菜单。快捷菜单就是采用单击菜单按钮的方式进行操作，菜单上的每个按钮显示当前选择的属性值或设置。在手动模式中，快速设置菜单按钮显示当前选择的机械单元、运动模式和增量大小，如图 14-12 所示。

（5）使能装置及摇杆的正确使用

1）使能装置。使能装置是工业机器人为保证操作人员安全而设置的。只有在按下使能装置的装置按钮并保持在"电机开启"的状态，才可以对机器人进行手动的操作与程序的调试。当发生危险时，人会本能地将使能装置按钮松开或抓紧，机器人则会马上停下来，从而保证安全。使能装置按钮有三个位置：

① 不按（释放状态）：机器人关节电动机不通电，机器人不能动作。

② 轻轻按下：机器人电动机通电，机器人可以按指令或摇杆操纵方向移动。

③ 用力按下：机器人电动机断电，机器人停止运动。

2）摇杆。摇杆主要在手动操作机器人运动时使用，它属于三方向控制，摇杆扳动幅度越大，机器人移动的速度越快。摇杆的扳动方向与机器人的移动方向取决于选定的动作模式，动作模式中提示的方向为正向移动，反方向为负方向移动。

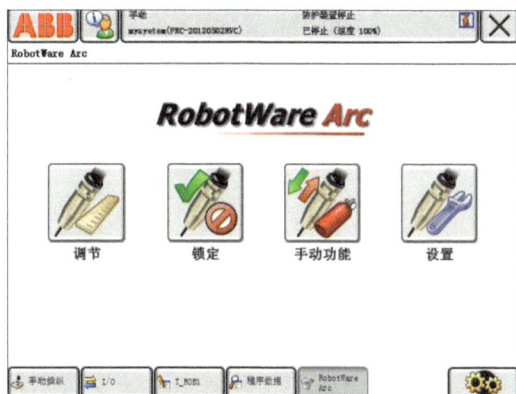

图 14-11　任务栏示意

图 14-12　快捷菜单上的按钮

A—机械单元，快速选择机械单元、动作模式、坐标系、工具、工件　B—增量，设置增量移动　C—运行模式，可以定义程序执行一次就停止，也可以定义程序持续运行　D—单步模式，可以定义逐步执行程序的方式　E—速度，速度设置适用于当前操作模式，但如果降低自动模式下的速度，则更改模式后该设置也适用于手动模式　F—任务，停止或启动机器人工作的任务

3. IRC5 控制器

控制器用于安装 IRC5 系统需要的各种控制单元，并进行数据处理及储存、执行程序等，它是机器人系统的大脑。控制器分控制模块和驱动模块，如系统中含多台机器人，需要 1 个控制模块及对应数量的驱动模块（现在单机器人系统一般使用整合型单柜控制器）。一个系统最多包含 36 个驱动单元（最多 4 台机器人），一个驱动模块最多包含 9 个驱动单元，可处理 6 个内轴及 2 个普通轴或附加轴（取决于机器人型号）。IRC5 系统控制器部品名称及功能见表 14-4。

表 14-4   IRC5 系统控制器部品名称及功能

部品位置	部品构成及标识
1. 控制开关及按钮	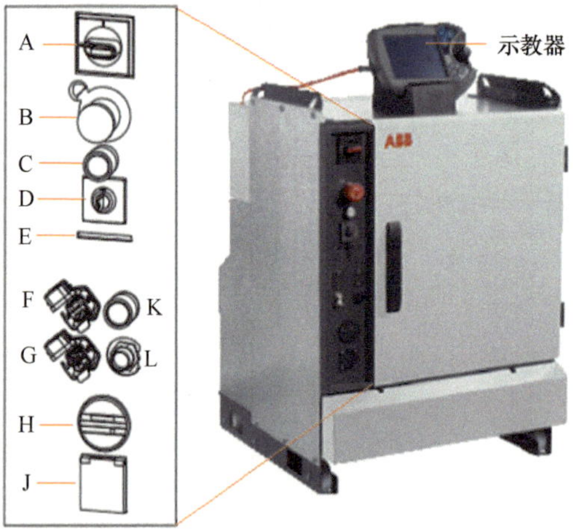 示教器 A—主电源开关 B—紧急停止按钮 C—电动机通电/断电按钮 D—模式选择开关 E—安全指示灯 F—USB 端口 G—服务端口（网线） H、J—备用端口 K、L—示教器连接端口
2. 控制器内部左侧45°视图	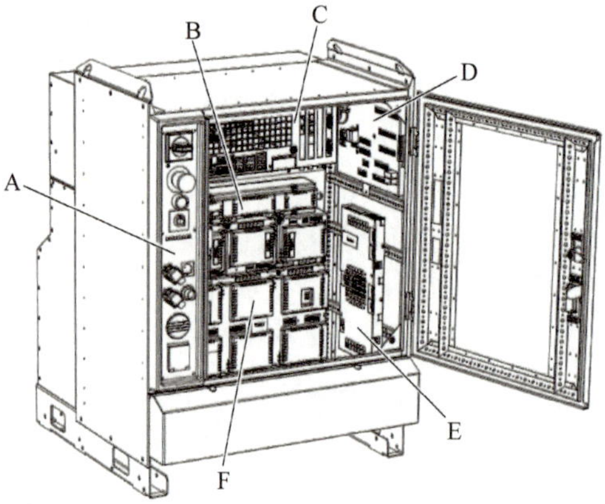 A—面板 B—电容（备份电源） C—主计算机 D—安全面板 E—轴计算机 F—驱动系统
3. 控制器内部右侧45°视图	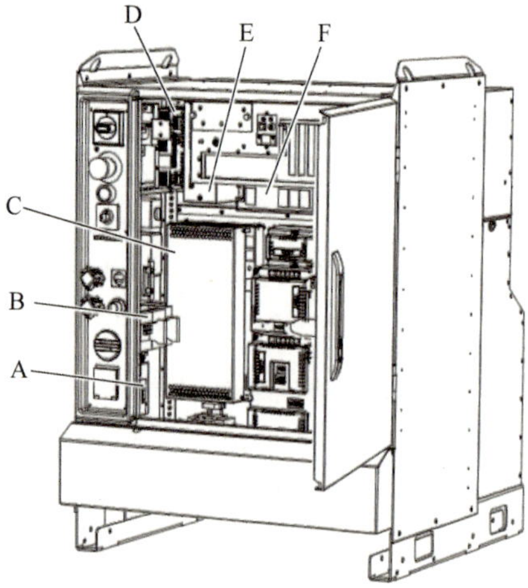 A—接触器接口板 B—接触器 C—驱动系统电源 D—用户 I/O 电源 E—控制电源 F—电容（备份电源）

▶ 项目 15　焊接机器人安全操作

【知识目标】

掌握焊接机器人操作的各项安全注意事项，熟练掌握紧急停止和再启动操作。

【能力目标】

能进行紧急停止的使用、操作及解除。

第十五讲：焊接机器人安全操作

【职业素养】

培养学生对焊接机器人操作的兴趣和树立安全意识以及严格按安全操作规程操作的意识。

1. 工业机器人系统安全设施

在现代化工厂里，人与机器协同工作，在一些具有潜在危险的机械设备上和区域中，如冲压机械、剪切设备、金属切削设备、自动化装配线、自动化焊接线、机械传送搬运设备、危险区域（有毒、高压、高温等），很容易造成作业人员的人身伤害。光电安全装置通过发射红外线，产生保护光幕，当光幕被遮挡时，装置发出遮光信号，控制具有潜在危险的机械设备停止工作，从而避免发生安全事故。

（1）防护围栏、安全门、遮光帘（板）　以水平回转台式双工位机器人焊接系统为例，这种机器人焊接系统与八字形双工位系统相比，装取焊件在同一地点，节省人力，避免了固定两工位装卸焊件不在一处带来的不便。机器人系统安全装置如图 15-1 所示。

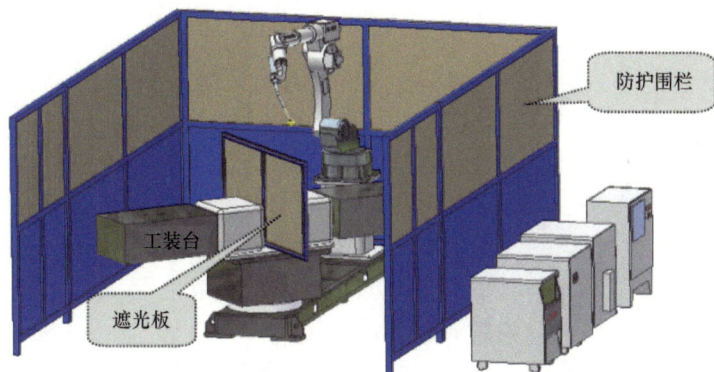

图 15-1　机器人系统安全装置

工作过程：机器人系统由两工位组成水平回转工作台，上面固定有工装夹具，工作台底部有一个回转电动机，根据操作信号，电动机带动工作台做 180° 回转。机器人在一个工位进行焊接时，操作人员把被焊焊件安装到另一个工位的夹具上，可采用气动夹具或手工夹紧焊件，然后按下焊接系统主操作盒的预约启动按钮；当机器人在第一工位完成焊接后，水平回转装置进行180°自动变位，机器人对第二工位的焊件进行焊接的同时，操作人员在第一工位进行焊件装卸；焊件装卸所需时间与装卸时间重合，不占用生产节拍。由于连续生产，安全围栏避免了机器人工作时有人员闯入的情况，工位间的遮光板起到了防护作用，保障了人员安全。

（2）安全光栅　安全光栅也就是光电安全保护装置（也称安全光幕、安全保护器、红外线安全保护装置等）。安全光栅安装在机器人工作站危险区域入口位置，如安全门两侧。由于机器人的高度自动化，当有人经过机器人工作站周围时需要特别注意，如果不小心进入机器人的工作区域，人身安全会受到威胁。因此，安全光栅可以在危险区域设置屏障，如果在机器人作业时有人进入安全光栅监测到的危险区域时，安全光栅将会发出信号，使机器人停止作业，以保证人员的生命安全。安全光栅组件及应用案例如图15-2和图15-3所示。

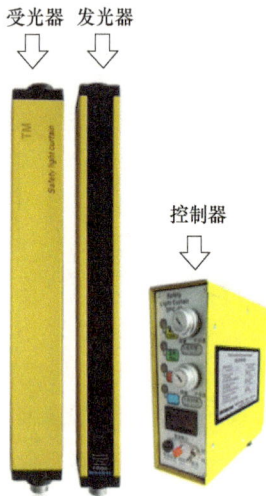

图15-2　安全光栅组件

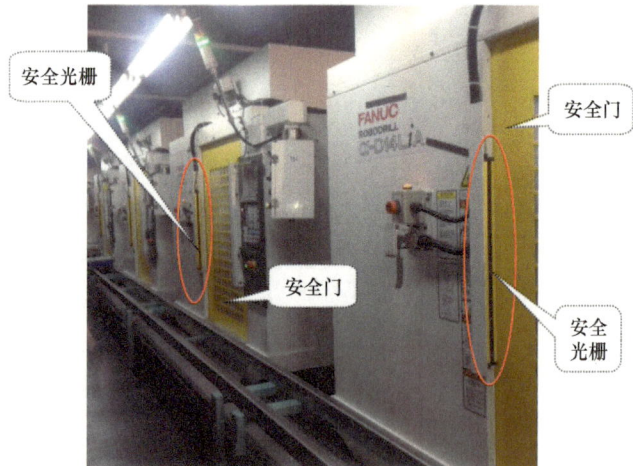

图15-3　机器人工作站安全光栅应用案例

安全光栅由发光器、受光器、控制器、信号电缆和控制电缆组成。各部分作用如下：

1）发光器。由若干发光单元组成，用于发射红外光线。

2）受光器。安全光栅的安全光幕由若干受光单元组成，用于接收红外光线，与发光器对应，形成保护光幕，产生通光、遮光信号，通过信号电缆传输到控制器。

3）控制器。为发光器、受光器供电，并处理受光器产生的通光、遮光信号，产生控制信号，控制机器人的电气控制回路或其他设备的报警装置，实现机器人紧急停止或安全报警。控制器又可分为内置式控制器（Q）和外置式控制器（W）。内置式控制器结构小巧紧凑，可安装在机器人工作站入口或其他设备的电气柜内；外置式控制器结构美观牢固，可直接安装在工作站入口门壁上或其他设备上。

4）信号电缆。用来传输控制器和发光器、受光器之间的信号。

5）控制电缆。用来连接控制器和机器人电气控制单元，以实现机器人设备的安全控制。

（3）**紧急停止装置**　示教器和操作盒上均配有紧急停止按钮。机器人系统急停装置的使用及说明如下：

1）内部紧急停止装置。工业机器人的紧急停止装置是位于示教编程器右上方的紧急停止按钮（通常为红色）。在出现危险情况或紧急情况时必须按下此按钮。按下紧急停止按钮后，若欲继续运行，则必须旋转紧急停止按钮以将其解锁，接着对停机信息进行确认。

2）外部紧急停止装置。在每个可能引发机器人运动或其他可能带来危险情况的工位上都必须有紧急停止装置可供使用。

机器人系统至少要安装一个外部紧急停止装置。外部紧急停止装置通过客户方的接口连接。外部紧急停止装置不包括在工业机器人的供货范围中。

3）操作人员防护装置。操作人员防护装置信号用于锁闭隔离性防护装置，如安全门触点、安全光栅等。没有此信号，就无法使用自动运行方式。如果在自动运行期间出现信号缺失的情况（例如安全门被打开），则机器人停止工作，保证人员安全。

2. 机器人安全条例

（1）**关闭总电源**（断路器）　在进行机器人的安装、维修和保养时，切记要将总电源关闭。带电作业可能会产生致命性后果。如不慎遭高压电击，可能会导致心跳停止、烧伤或其他严重伤害。

（2）**与机器人保持足够的安全距离**　严禁无关人员在机器人工作范围内活动，没有防护栏的机器人系统应设定安全警戒线，机器人工作时，所有人员应撤离到安全线以外。应时刻与机器人保持足够的安全距离。

（3）**静电放电的防范**　非专业人员禁止随意触碰控制器内线路板上的元器件。在有静电放电标识的情况下，要做好防静电工作（防静电服、防静电工具等）。

（4）**紧急停止**　紧急停止优先于机器人任何其他控制操作，它会断开机器人伺服电动机的电源，停止所有运行。出现下列情况时应立即按下任一紧急停止按钮（红色按钮）：

1）机器人运动中，工作区域内有工作人员。

2）机器人将要伤害工作人员或损伤机器设备。

（5）**灭火**　发生火灾时，应确保全体人员安全撤离后再行灭火。应首先处理受伤人员。当电气设备（如机器人或控制器）起火时，应使用二氧化碳灭火器，切勿使用水或泡沫灭火。

（6）**工作中的安全**

1）如果在机器人工作范围内有工作人员时，需停止操作机器人系统。

2）当人员必须进入通电的机器人工作范围时，另一个人需拿好示教器，以便随时控制机器人。

3）旋转或运动的工具不许接近机器人，如切削工具和锯等。

4）注意焊后焊件和机器人系统的高温表面，以免烫伤。

5）注意夹具并确保夹好焊件，以避免人员伤害或设备损坏。

6）注意液压、气压系统及带电部件。断电后，这些电路上残余的电量也很危险。

（7）示教器的安全

1）机器人的示教器在停止示教时，要将其放置在指定位置上，以防意外摔到地上造成损坏。

2）示教器的控制电缆应顺放在人踩踏不到的位置，并留有宽松的距离，使用时应避免用力拉拽和踩踏控制电缆。

3）切勿划伤或磨损显示屏，以防造成显示模糊不清。

4）定期清洁示教器屏幕，使其保持清洁。使用软布蘸少量水或中性清洁剂轻轻擦拭。切忌使用溶剂、洗涤剂或擦洗海绵清洁。

5）示教器没有连接 USB 设备时，务必盖上 USB 端口保护盖。端口长时间暴露在灰尘中会使它发生中断、接触不良等故障。

（8）手动模式下的安全　初学者在手动模式下，机器人的空走速度设定在中速（10m/min）移动，以确保安全。

（9）自动模式下的安全　自动模式运行机器人程序时，务必确认暂停和急停按钮都要处于可控状态。

（10）检查、维护及保养　机器人应定期检查、保养、清洁，发现异常问题要及时处理解决，以保证机器人在正常情况下使用。避免用潮湿的抹布擦拭机器人、示教器和控制柜。

（11）注意警示牌　装贴在机器人上的警示牌要遵照执行，以免造成人身伤害和设备损坏。安全注意事项分为"危险""注意""强制""禁止"四类警示，见表 15-1 和表 15-2。

表 15-1　警示标志

警示符号	符号名称	描述
⚠	危险	指不当的行为和操作可能带来的危险，将导致包括死亡或严重个人伤害的危险意外事件
⚠	警告	警告意味着如果操作不当，将导致潜在的包括死亡或严重个人伤害的危险意外事件
	小心	这个符号意味着如果操作不小心，将导致潜在的包括不同程度或轻微个人伤害的危险意外事件及对设备潜在的财产损坏
	注意	"注意"类事项，可能发生中等程度伤害、轻伤事故或物件损坏，也会因情况不同而产生严重后果，因此，任何一条"注意"事项都极为重要，要务必遵守

表 15-2　禁止行动标志

警示符号	符号名称	描述
❗	强制	必须执行的行为，如接地
🚫	禁止	不能执行的行为

3. 焊接机器人操作规程

1）将组对好的焊件固定在工作台适当位置，编程现场要做到光线充足，通风良好。操作机器人之前，须经指导教师同意。所有无关人员应退至安全区域（机器人动作范围以外）。

2）机器人送电程序：先闭合总开关电源，再闭合机器人变压器电源开关，接着闭合焊接电源开关，最后旋开机器人控制柜电源。

3）机器人断电程序：先关闭机器人控制柜电源，然后断开焊接电源开关，其后断开机器人变压器电源，最后关断总电源开关（断路器）。

4）机器人控制柜送电后，系统启动（数据传输）需要一定时间，要等待示教器的显示屏进入操作界面后再进行操作。

5）示教过程中，操作人员要佩戴安全帽，并要将示教器时刻拿在手上，不要随意乱放，左手套进示教器挂带里，避免失手掉落。电缆线顺放在不易踩踏的位置，使用中不要用力拉拽，应留出宽松的长度。

6）从操作者安全角度考虑，已预先设定好一些机器人运行数据和程序，初学者未经许可不要进入这些菜单进行更改设置，以免发生意外。不要盲目操作。

7）程序编好后，用跟踪操作逐点修改，检查行走轨迹和各种参数准确无误后，旋开（逆时针）保护气瓶阀门，然后，按亮示教器上的检气图标，调整流量计的悬浮小球至适当位置后，关闭检气，把示教器的光标移至程序的起始点。

8）进行焊接作业前，先将示教器挂好，模式转换钥匙开关旋转到"AUTO"侧，打开排烟除尘设备开关，穿戴好焊接防护服，手持面罩，退至安全线后，再按下机器人启动按钮。

9）机器人自动运行过程中如遇危险状况时，应及时按下紧急停止按钮，使伺服电动机断电，以免造成人员伤害或物品损坏。

10）结束操作后，不要用手触碰焊件，以免烫伤。先将模式开关旋转到"TEACH"侧，再放掉空气管内的残余气体，将机器人归为初始零位，退出示教程序，关断除尘器设备电源，关闭（顺时针）保护气瓶阀门。最后，把示教器的控制电缆线盘整好，将示教器挂在指定的位置，清理完作业现场、检查无安全隐患后，再观察焊缝情况及进行焊件焊后清理。

▶ 项目 16　机器人焊接安全生产及质量管理

【知识目标】

掌握机器人焊接安全生产及质量管理各项条例。

【能力目标】

能正确执行机器人焊接安全生产及质量管理相关条例。

第十六讲：机器人焊接安全生产及质量管理

【职业素养】

加强机器人焊接安全生产及质量管理意识。

焊接质量管理的五要素为：①人——优秀的操作者；②机——一流的焊接设备；③料——合格的焊接材料；④法——严密的焊接规范；⑤环——良好的施焊环境。焊接质量管理五要素所包含的内容如图 16-1 所示。

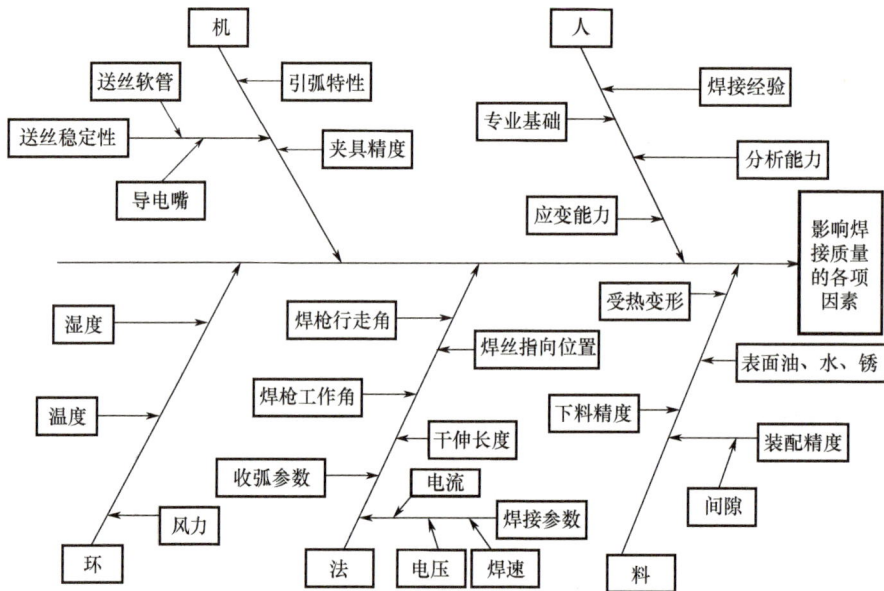

图 16-1　焊接质量管理五要素

1. 焊接机器人安全注意事项

1）由于机器人系统复杂而且危险性大，对机器人进行任何操作都必须注意安全。无论什么时候进入机器人工作范围都可能导致严重的伤害，只有经过培训认证的人员才可以进入该区域。

2）焊接安全注意事项：操作人员必须配备防火服和防火设备，如防火的防护手套、防护工作服、安全帽、防尘口罩、绝缘鞋以及带滤镜的护目镜等。

3）焊接防护：采取防灼伤、烫伤措施，在清理焊渣时应戴防护镜；进行焊接时，由于飞溅严重，应采取隔离防护措施；在搬运焊件时必须带帆布手套，并采用长柄钳子，避免直接用手拿；不能直接用嘴巴吹渣，必须采用敲渣锤和钢丝刷进行清渣。

4）所有导线、地线、焊接电源、焊丝、软管、仪表、割炬和气瓶在使用之前都要经过检查。

5）严禁使用接地线焊接。工件应可靠接地，使用保护良好的接地线。

6）电源供电的焊接电源、机器人本体及控制柜的金属结构与外壳应有可靠的接地。

2. 焊接机器人生产管理规定

1）焊接机器人是生产的重点关键设备，操作员必须培训合格，持证上岗。

2）操作前必须进行设备点检，确认设备完好才能开机工作。

3）操作前，先检查电压、气压、指示灯显示是否正常，模具是否正确，焊件安装是否到位。

4）操作前，检查和清理操作场地，确保无易燃物（如油抹布、废弃油手套、油漆、香蕉水等）。

5）操作前，检查操作专场，确保遮光装置完好、到位，吸尘装置是运作正常。

6）操作时一定要穿戴工作服、工作手套、工作鞋、防护眼镜。

7）操作者必须精心操作，防止发生碰撞事故。

8）操作时严禁非专业人员进入机器人工作区域。

9）操作中发现设备异常或故障应立即停机，保护好现场，然后报修。

10）必须在停机后，才进入机器人操作区调整或修理。

11）严禁在机器人工作时进行调整、清理及抹擦等工作。

12）工作完毕，切断电源，确认设备已停下，才能进行清扫、保养。

3. 焊接生产质量管理概念

质量管理的核心内涵是使人们确信某一产品（或服务）能满足规定的质量要求，并且使需方对供方能否提供符合要求的产品和是否提供了符合要求的产品掌握充分的证据，建立足够的信心，同时，也使本企业自己对能否提供满足质量要求的产品（或服务）有相当的把握而放心地组织生产。

4. 焊接生产企业的质量管理体系

企业为了实现质量管理，制订质量方针和质量目标，分析产品（工程）质量要素，设置必要的组织机构，明确责任制度，配备必要设备和人员，并采取适当的控制方法使影响产品（工程）质量的五大因素都得到控制，以减少、消除、特别是预防质量缺陷的产生，所有这些形成的一个有机整体就是质量管理体系。该体系的建立与运转，可向需方提供自己的质量体系满足合同要求的各种证据，包括质量手册、质量记录和质量计划等。

（1）质量控制点的设置　任何一个生产施工过程或活动总是有许多项的质量特性要求，这些质量特性的重要程度对产品（工程）使用的影响程度并不完全相同。为保证工序处于受控状态，在一定的时间和一定条件下，在产品制造过程中需要重点控制的质量特性、关键部件或薄弱环节就是质量控制点。

（2）焊接生产质量管理体系的主要控制系统与控制环节　焊接生产质量管理体系中控制系统主要包括：材料质量控制系统、工艺质量控制系统、焊接质量控制系统、无损检测质量控制系统和产品质量检验控制系统等。每个控制系统均有自己的控制环节和工作程序、检查点及责任人员。

（3）质量管理机构及工作方式　质量管理机构的设置和复杂程度，主要取决于产品质量管理控制系统、环节和点的划分情况。各级质量控制责任人，除应对本岗位、本环节和本系统工作质量负责外，还应对上一级质量控制责任人、质量管理总负责人、最后对企业厂长（经理）负责，形成一个完整的质量控制网络。

（4）建立"三检制度"　三检制度包括自检、互检、专检，是施行全员参与质量管理的具体表现。

（5）建立健全质量信息系统　建立健全质量信息系统主要应该由专职的质量管理人员、技术人员来执行，但是，生产工人在其中也应发挥积极的作用。生产现场中的质量缺陷预防、质量维持、质量改进，以及质量评定都离不开及时正确的质量动态信息、指令信息和质量反馈信息。对各种需要的数据进行收集、整理、传递和处理，形成一个高效率的信息闭环系统，是保证现场质量管理正常开展的基本条件之一。

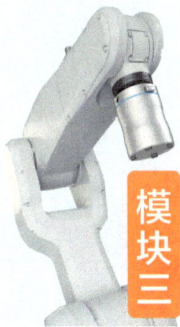

▶ 项目 17　机器人编程语言

【知识目标】

了解工业机器人编程类型和编程语言以及示教再现的概念及内容。

【能力目标】

能够描述示教再现型机器人的控制原理及机器人运动数据类型。

第十七讲：机器人编程语言

【职业素养】

提高编程人员的工作责任心，掌握正确的示教方法，避免示教误差的产生。

随着机器人作业动作的多样化和作业环境的复杂化，依靠固定的程序或示教方式已经满足不了要求，必须依靠能适应作业和环境随时变化的机器人编程语言来完成机器人工作。

1. 机器人编程语言

机器人语言可以按照其作业描述水平的程度分为动作级编程语言、对象级编程语言和任务级编程语言三类。示教再现机器人基本使用动作级编程语言。三种机器人语言中，动作级编程语言是最低一级的机器人语言，它以机器人的运动描述为主，通常一条指令对应机器人的一个动作，表示从机器人的一个位姿运动到另一个位姿。动作级编程语言的优点是比较简单，编程容易。其缺点是功能有限，无法进行繁复的数学运算，不接受浮点数和字符串，子程序不含有自变量；不能接受复杂的传感器信息，只能接受传感器开关信息；与计算机的通信能力较差。典型的动作级编程语言为 VAL 语言，如 VAL 语言语句"MOVE TO（destination）"的含义为机器人从当前位姿运动到目的位姿。

动作级编程语言编程时分为关节级编程和末端执行器级编程两种。其中，关节级

编程是以机器人的关节为对象，编程时给出机器人一系列各关节位置的时间序列，在关节坐标系中进行的一种编程方法。对于直角坐标型机器人和圆柱坐标型机器人，由于直角关节和圆柱关节的表示比较简单，这种方法编程较为适用；而对于具有回转关节的关节型机器人，由于关节位置的时间序列表示困难，即使一个简单的动作也要经过许多复杂的运算，故这一方法并不适用。关节级编程可以通过简单的编程指令来实现，也可以通过示教器示教和键入示教实现。

末端执行器级编程是在机器人作业空间的直角坐标系中进行，在此直角坐标系中给出机器人末端执行器一系列位姿组成的时间序列，连同其他一些辅助功能如力觉、触觉、视觉等的时间序列，同时确定作业量、作业工具等，协调地进行机器人动作的控制。这种编程方法允许有简单的条件分支，有感知功能，可以选择和设定工具，有时还有并行功能，数据实时处理能力强。

针对机器人编程常用的四大动作级编程语言简述如下：

（1）VAL 语言

1）VAL 语言及特点。VAL 语言是美国 Unimation 公司于 1979 年推出的一种机器人编程语言，它是一种专用的动作类描述语言。VAL 语言是在 BASIC 语言的基础上发展起来的，所以与 BASIC 语言的结构很相似。在 VAL 的基础上，Unimation 公司推出了 VAL Ⅱ语言。

VAL 语言可应用于上下两级计算机控制的机器人系统。上位机为 LSI-11/23，编程在上位机中进行，上位机进行系统的管理；下位机为 6503 微处理器，主要控制各关节的实时运动。编程时可以 VAL 语言和 6503 汇编语言混合编程。

VAL 语言命令简单、清晰易懂，描述机器人作业动作及与上位机的通信均较方便，实时功能强；可以在在线和离线两种状态下编程，适用于多种计算机控制的机器人；能够迅速地计算出不同坐标系下复杂运动的连续轨迹，能连续生成机器人的控制信号，可以与操作者交互地在线修改程序和生成程序；VAL 语言包含有一些子程序库，通过调用各种不同的子程序可很快组合成复杂操作控制；能与外部存储器进行快速数据传输以保存程序和数据。

VAL 语言系统包括文本编辑、系统命令和编程语言三个部分。

在文本编辑状态下，可以通过键盘输入文本程序，也可通过示教器在示教方式下输入程序。在输入过程中，可修改、编辑、生成程序，最后保存到存储器中。在此状态下也可以调用已存在的程序。

系统命令包括位置定义、程序和数据列表、程序和数据存储、系统状态设置和控制、系统开关控制、系统诊断和修改。

编程语言的作用是把一条条程序语句转换执行。

2）VAL 语言的指令。VAL 语言包括监控指令和程序指令两种。其中监控指令有六类，分别为位置及姿态定义指令、程序编辑指令、列表指令、存储指令、控制程序执行指令和系统状态控制指令。各类指令的具体形式及功能如下：

① 监控指令。

a. 位置及姿态定义指令。位置及姿态定义指令见表 17-1。

表 17-1　位置及姿态定义指令

序号	指令	定义	格式及说明
1	POINT	执行终端位置、姿态的齐次变换或以关节位置表示的精确点位赋值	其格式有两种： POINT ＜变量＞［＝＜变量 2＞…＜变量 n＞］或 POINT ＜精确点＞［＝＜精确点 2＞］ 例如：POINT PICK1=PICK2 指令的功能是置变量 PICK1 的值等于 PICK2 的值 又如： POINT#PARK 是准备定义或修改精确点 PARK
2	DPOINT	删除包括精确点或变量在内的任意数量的位置变量	—
3	HERE	此指令使变量或精确点的值等于当前机器人的位置	例如： HERE PLACK 是定义变量 PLACK 等于当前机器人的位置
4	WHERE	该指令用来显示机器人在直角坐标空间中的当前位置和关节变量值	—
5	BASE	用来设置参考坐标系，系统规定参考坐标系原点在关节 1 和 2 轴线的交点处，方向沿固定轴的方向	BASE［＜dX＞］,［＜dY＞］,［＜dZ＞］,［＜Z 向旋转方向＞］ 例如： BASE 300，–50，30 是重新定义基准坐标系的位置，它从初始位置向 X 方向移 300mm，沿 Z 的负方向移 50mm，再绕 Z 轴旋转了 30°
6	TOOLI	此指令的功能是对工具终端相对工具支承面的位置和姿态赋值	—

b. 程序编辑指令。程序编辑指令见表 17-2。

表 17-2　程序编辑指令

序号	指令	定义	格式及说明
1	EDIT		此指令允许用户建立或修改一个指定名字的程序，可以指定被编辑程序的起始行号	其格式为 EDIT［＜程序名＞］,［＜行号＞］ 如果没有指定行号，则从程序的第一行开始编辑；如果没有指定程序名，则上次最后编辑的程序被响应
2	用 EDIT 指令进入编辑状态后，可以用 C、D、E、I、L、P、T 等命令来进一步编辑	C 命令	改变编辑的程序，用一个新的程序代替
		D 命令	删除从当前行算起的 n 行程序，n 缺省时为删除当前行
		E 命令	退出编辑，返回监控模式
		I 命令	将当前指令下移一行，以便插入一条指令
		P 命令	显示从当前行往下 n 行的程序文本内容
		T 命令	初始化关节插值程序示教模式，在该模式下，按一次示教器上的 "RECODE" 按钮就将 MOVE 指令插到程序中

c. 列表指令。列表指令见表 17-3。

表 17-3　列表指令

序号	指令	定义
1	DIRECTORY	此指令的功能是显示存储器中的全部用户程序名
2	LISTL	此指令的功能是显示任意个位置变量值
3	LISTP	此指令的功能是显示任意个用户的全部程序

d. 存储指令。存储指令见表 17-4。

表 17-4　存储指令

序号	指令	定义
1	FORMAT	执行磁盘格式化
2	STOREP	此指令的功能是在指定的磁盘文件内存储指定的程序
3	STOREL	此指令存储用户程序中注明的全部位置变量名和变量值
4	LISTF	此指令的功能是显示磁盘中当前输入的文件目录
5	LOADP	此指令的功能是将文件中的程序送入内存
6	LOADL	此指令的功能是将文件中指定的位置变量送入系统内存
7	DELETE	此指令撤销磁盘中指定的文件
8	COMPRESS	只用来压缩磁盘空间
9	ERASE	擦除磁盘内容并初始化

e. 控制程序执行指令。控制程序执行指令见表 17-5。

表 17-5　控制程序执行指令

序号	指令	定义
1	ABORT	执行此指令后紧急停止（紧停）
2	DO	执行单步指令
3	EXECUTE	此指令执行用户指定的程序 n 次，n 可以从 −32768 到 32767，当 n 被省略时，程序执行一次
4	NEXT	此命令控制程序在单步方式下执行
5	PROCEED	此指令实现在某一步暂停、急停或运行错误后，自下一步起继续执行程序
6	RETRY	指令的功能是在某一步出现运行错误后，仍自那一步重新运行程序
7	SPEED	指令的功能是指定程序控制下机器人的运动速度，其值从 0.01 到 327.67，一般正常速度为 100

f. 系统状态控制指令。系统状态控制指令见表 17-6。

表 17-6　系统状态控制指令

序号	指令	定义
1	CALIB	此指令用于校准关节位置传感器
2	STATUS	用来显示用户程序的状态
3	FREE	用来显示当前未使用的存储容量
4	ENABL	用于开、关系统硬件
5	ZERO	此指令的功能是清除全部用户程序和定义的位置，重新初始化
6	DONE	此指令用于停止监控程序，进入硬件调试状态

② 程序指令。VAL 语言程序指令见表 17-7。

表 17-7　YAL 语言程序指令

序号	指令类型	指令	格式及说明
1	运动指令	GO、MOVE、MOVEI、MOVES、DRAW、APPRO、APPROS、DEPART、DRIVE、READY、OPEN、OPENI、CLOSE、CLOSEI、RELAX、GRASP、DELAY	这些指令大部分具有使机器人按照特定的方式从一个位姿运动到另一个位姿的功能，部分指令表示机器人手爪的开合。例如： MOVE#PICK！ 表示机器人由关节插值运动到精确 PICK 所定义的位置。"！"表示位置变量已有自己的值 MOVET＜位置＞，＜手开度＞ 功能是生成关节插值运动使机器人到达位置变量所给定的位姿，运动中若手为伺服控制，则手由闭合改变到手开度变量给定的值 又例如： OPEN［＜手开度＞］ 表示使机器人手爪打开到指定的开度
2	机器人位姿控制指令	RIGHTY、LEFTY、ABOVE、BELOW、FLIP 及 NOFLIP 等	—
3	赋值指令	SETI、TYPEI、HERE、SET、SHIFT、TOOL、INVERSE、FRAME	—
4	控制指令	GOTO、GOSUB、RETURN、IF、IFSIG、REACT、REACTI、IGNORE、SIGNAL、WAIT、PAUSE、STOP	控制指令中的 GOTO、GOSUB 实现程序的无条件转移，而 IF 指令执行有条件转移。IF 指令的格式为 IF＜整型变量 1＞＜关系式＞＜整型变量 2＞＜关系式＞THEN＜标识符＞ 该指令用于比较两个整型变量的值，如果关系状态为真，程序转到标识符指定的行去执行，否则接着下一行执行 关系表达式有 EQ（等于）、NE（不等于）、LT（小于）、GT（大于）、LE（小于或等于）及 GE（大于或等于）

（续）

序号	指令类型	指令	格式及说明
5	开关量赋值指令	SPEED、COARSE、FINE、NONULL、NULL、INTOFF、INTON	—
6	其他指令	REMARK、TYPE	—

（2）SIGLA 语言 SIGLA 语言是一种仅用于直角坐标式 SIGMA 装配型机器人运动控制时的编程语言，是 20 世纪 70 年代后期由意大利 Olivetti 公司研制的一种简单的非文本语言。

这种语言主要用于装配任务的控制，它可以把装配任务划分为一些装配子任务，如取螺钉旋具、在螺钉上料器上取螺钉 A、搬运螺钉 A、定位螺钉 A、装入螺钉 A、紧固螺钉等。编程时预先编制子程序，然后用子程序调用的方式来完成。

（3）IML 语言 IML 语言也是一种着眼于末端执行器的动作级语言，由日本九州大学开发而成。IML 语言的特点是编程简单，能人机对话，适合于现场操作，许多复杂动作可由简单的指令来实现，易被操作者掌握。

IML 语言用直角坐标系描述机器人和目标物的位置和姿态。坐标系分两种，一种是机座坐标系，一种是固连在机器人作业空间上的工作坐标系。语言以指令形式编程，可以表示机器人的工作点、运动轨迹、目标物的位置及姿态等信息，从而可以直接编程。往返作业可不用循环语句描述，示教的轨迹能定义成指令插到语句中，还能完成某些力的施加。

IML 语言的主要指令有：运动指令 MOVE、速度指令 SPEED、停止指令 STOP、手指开合指令 OPEN 及 CLOSE、坐标系定义指令 COORD、轨迹定义命令 TRAJ、位置定义命令 HERE、程序控制指令 IF…THEN、FOR EACH 语句、CASE 语句及 DEFINE 等。

（4）AL 语言

1）AL 语言概述。AL 语言是 20 世纪 70 年代中期美国斯坦福大学人工智能研究所开发研制的一种机器人语言，它是在 WAVE 语言的基础上开发出来的，也是一种动作级编程语言，但兼有对象级编程语言的某些特征，适用于装配作业。它的结构及特点类似于 PASCAL 语言，可以编译成机器语言，在实时控制机上运行，具有实时编译语言的结构和特征，如可以同步操作、条件操作等。AL 语言设计的原始目的是用于具有传感器信息反馈的多台机器人或机械手的并行或协调控制编程。

运行 AL 语言的系统硬件环境包括主、从两级计算机控制。主机为 PDP-10，主机内的管理器负责管理协调各部分的工作，编译器负责对 AL 语言的指令进行编译并检查程序，实时接口负责主、从机之间的接口连接，装载器负责分配程序。从机为 PDP-11/45。

主机的功能是对 AL 语言进行编译，对机器人的动作进行规划；从机接受主机发出的动作规划命令，进行轨迹及关节参数的实时计算，最后对机器人发出具体的动作指令。

2）AL 语言的编程格式。

① 程序从 BEGIN 开始，由 END 结束。

② 语句与语句之间用分号隔开。

③ 变量先定义说明其类型，后使用。变量名以英文字母开头，由字母、数字和下画线组成，字母大、小写不分。

④ 程序的注释用大括号括起来。

⑤ 变量赋值语句中如所赋的内容为表达式，则先计算表达式的值，再把该值赋给等式左边的变量。

3）AL 语言中数据的类型。

① 标量（scalar）——可以是时间、距离、角度及力等，可以进行加、减、乘、除和指数运算，也可以进行三角函数、自然对数和指数换算。

② 向量（vector）——与数学中的向量类似，可以由若干个量纲相同的标量来构造一个向量。

③ 旋转（rot）——用来描述一个轴的旋转或绕某个轴的旋转以表示姿态。用 ROT 变量表示旋转变量时带有两个参数，一个代表旋转轴的简单矢量，另一个表示旋转角度。

④ 坐标系（frame）——用来建立坐标系，变量的值表示物体固连坐标系与空间作业的参考坐标系之间的相对位置与姿态。

⑤ 变换（trans）——用来进行坐标变换，具有旋转和向量两个参数，执行时先旋转再平移。

4）AL 语言的语句介绍。AL 语言的语句见表 17-8。

表 17-8　AL 语言的语句

序号	语句	说明	格式
1	MOVE 语句	用来描述机器人手爪的运动，如手爪从一个位置运动到另一个位置	MOVE 语句的格式为 MOVE <HAND> TO < 目的地 >
2	手爪控制语句	OPEN：手爪打开语句	语句的格式为 OPEN <HAND> TO <SVAL>
		CLOSE：手爪闭合语句	CLOSE <HAND> TO <SVAL> 其中 SVAL 为开度距离值，在程序中已预先指定
3	控制语句	IF < 条件 > THEN < 语句 > ELSE < 语句 >	与 PASCAL 语言类似
		WHILE < 条件 > DO < 语句 >	
		CASE < 语句 >	
		DO < 语句 > UNTIL < 条件 >	
		FOR…STEP…UNTIL…	

（续）

序号	语句	说明	格式
4	AFFIX 和 UNFIX 语句	在装配过程中经常出现将一个物体粘到另一个物体上或将一个物体从另一个物体上剥离的操作。语句 AFFIX 为两物体结合的操作，语句 AFFIX 为两物体分离的操作	例如：BEAM_BORE 和 BEAM 分别为两个坐标系，执行语句 AFFIX BEAM_BORE TO BEAM 后两个坐标系就附着在一起了，即一个坐标系的运动也将引起另一个坐标系的同样运动。然后执行下面的语句 UNFIX BEAM_BORE FROM BEAM 两坐标系的附着关系被解除
5	力觉的处理	在 MOVE 语句中使用条件监控子语句可实现使用传感器信息来完成一定的动作	监控子语句如：ON < 条件 > DO < 动作 > 例如：MOVE BARM TO $\oplus$ −0.1*INCHES ON FORCE（Z）>10*OUNCES DO STOP 表示在当前位置沿 Z 轴向下移动 0.1in，如果感觉 Z 轴方向的力超过 10ozf（1ozf=0.278014N），则立即命令机械手停止运动

2. 弧焊机器人编程指令

伴随着机器人的发展，机器人语言也得到发展和完善。机器人语言已成为机器人技术的一个重要组成部分。机器人的功能除了依靠机器人硬件的支持外，相当一部分依赖机器人语言来完成。机器人语言种类繁多，而且新的语言层出不穷。这是因为机器人的功能不断拓展，需要新的语言来配合其工作。另一方面，机器人语言多是针对某种类型的具体机器人而开发的，所以机器人语言的通用性很差，几乎一种新的机器人问世，就有一种新的机器人语言与之配套。

（1）弧焊机器人插补指令 插补：机器人系统依照一定计算方法方法确定焊枪运动轨迹的过程；也可以这样说，已知曲线上的某些数据，按照机器人逆运动学算法计算已知点之间的中间点的方法，也称为"数据点的密化"；机器人控制器根据示教器输入的顺序指令的信息，将程序段所描述的曲线的起点、终点之间的空间进行数据密化，从而形成要求的轮廓轨迹，这种"数据密化"功能就称为"插补"。

1）点到点插补指令（MOVEP）。插补指令也可称作移动指令，点到点插补指令（MOVEP）在某些机器人品牌中称为关节插补指令（MOVEJ），机器人工具中心点 TCP 在两点之间以计算结果最短、最舒适的姿态移动，六个关节轴协同移动，因此移动速度快，但是无法准确预知机器人的轨迹。MOVEP 插补指令常应用于非焊接段。机器人点到点移动轨迹如图 17-1 所示。

2）直线插补指令（MOVEL）。直线插补也称线性插补，机器人工具中心点 TCP 沿着直线移动。直线轨迹通过起始点和结束点插补指令（MOVEL）来描述。机器人直线移动轨迹如图 17-2 所示。

3）圆弧插补指令（MOVEC）。圆弧插补也称圆周插补，机器人工具中心点 TCP 沿着一条圆弧移动。这条圆弧轨迹通过起始点、中间点和结束点插补指令（MOVEC）

来描述。机器人圆弧移动轨迹如图 17-3 所示。

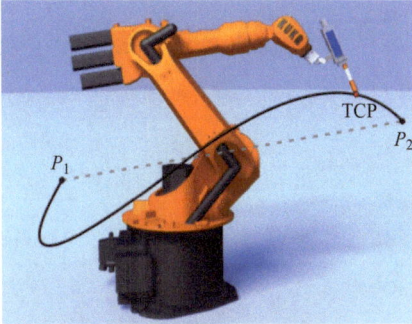

图 17-1　机器人点到点移动轨迹

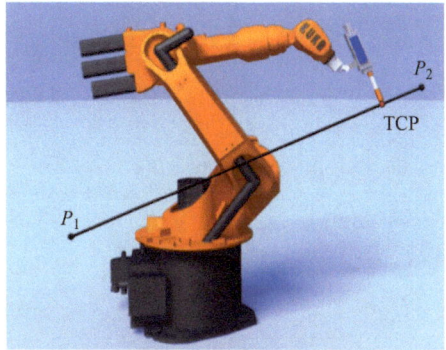

图 17-2　机器人直线移动轨迹

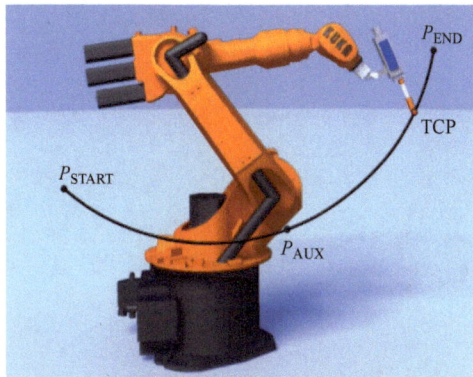

图 17-3　机器人圆弧移动轨迹

插补算法独立于机器人结构，直线插补和圆弧插补是机器人系统中不可缺少的插补算法，对于非直线、非圆弧的轨迹，都可以采用若干个直线、圆弧的组合逼近，以实现这些轨迹。

（2）机器人弧焊指令　机器人弧焊指令是执行焊接的程序，需要在焊接开始点和结束点分别插入起收弧指令。

各类机器人品牌插补指令和弧焊指令对照表见表 17-9。

表 17-9　各类机器人品牌插补指令和弧焊指令对照表

品牌	指令				
	关节插补（点到点）	直线插补	圆弧插补	焊接指令	
				焊接开始	焊接结束
ABB	MOVEJ	MOVEL	MOVEC	ArcStart	ArcEnd
KUKA	PTP	LIN	CIRC	ARC-ON	ARC-OFF
松下	MOVEP	MOVEL	MOVEC	ARC-ON	ARC-OFF
安川	MOVJ	MOVL	MOVC	ARCON	ARCOF

（续）

品牌	指令				
	关节插补（点到点）	直线插补	圆弧插补	焊接指令	
				焊接开始	焊接结束
FANUC	J	L	C	Arc Start	Arc End
OTC	JOINT	LIN	CIR	AS	AE
钱江机器人	MJ	ML	MC	ARCStart	ARCEnd
广州数控	MOVJ	MOVL	MOVC	ARCON	ARCOFF
安徽埃夫特	MOVJ	MOVL	MOVC	ARCON	ARCOFF
北京时代	MOVJ	MOVL	MOVC	ARCON	ARCOF
上海新时达	PTP	Lin	Circ	ARCON	ARCOFF
南京埃斯顿	PTP	LIN	CIRC	ARCON	ARCOFF

▶ 项目 18　机器人编程类型

【知识目标】

了解机器人编程类型。

【能力目标】

能够准确描述机器人编程类型的技术特点，能够辨识和区分不同编程类型的工业机器人。

第十八讲：机器人编程类型

【职业素养】

通过对示教再现型机器人定义的学习，掌握其工作特点和应用场合。

工业机器人按执行机构运动的控制机能，可分点位型和连续轨迹型。点位型只控制执行工业机器人机构由一点到另一点的准确定位，适用于机床上下料、点焊和一般搬运、装卸等作业；连续轨迹型可控制执行机构按给定轨迹运动，适用于连续焊接和涂装等作业。

工业机器人按编程类型分为以下几种：

1. 操作型机器人

操作型机器人能自动控制，可重复编程，用于相关自动化系统中。例如：排爆机器人可代替排爆人员对爆炸装置或武器实施侦察、转移、拆解和销毁；也可处置其他危险物品，或作为监视和攻击平台。排爆机器人整个系统由主体、操纵平台、线缆、附件等部分组成。主体采用履带或轮式车型结构，无线或光纤遥控，装配有多台彩色CCD摄像机和一个多自由度的机械手。根据任务需要，还可携带或安装爆炸物解拆器、小型武器、操纵器、化学武器和爆炸品侦测器、X光检测仪，以及热成像系统等，如图 18-1 所示。

又如美国开发的"达·芬奇"机器人是一种内窥镜手术操纵型机器人。它用操纵杆操纵机械手运动，位置分辨率达到 $0.1\mu m$ 左右，可以在扫描电子显微镜和原子力显微镜环境下进行微操作。

2. 程控型机器人

程控型机器人通过预先输入的程序，包括事件的顺序，有规律地产生机械动作，在不同的条件下，依次控制机器人产生不同的结果。这种机器人是机器人家族传统"机械化"特点的代表体现者，例如用单片机写入固定程序，由机器人重复执行动作程序，如图 18-2 所示。

图 18-1　排爆机器人

图 18-2　程控型机器人

3. 示教再现型机器人

此类机器人是由人工导引机器人末端工具（焊枪、喷枪等），或用示教器来使机器人完成预期的动作。"作业程序"为一组运动及辅助功能命令，用以进行机器人特定的作业任务。由于此类机器人的编程通过实时在线示教程序来实现，因此，目前的工业机器人大多属于示教再现型机器人，如图 18-3 所示。

图 18-3　示教再现型机器人

4. 数控型机器人

数控型机器人在使用中，操作人员不是手动示教，而是通过编程来执行指定任务，主要以专用或通用计算机来控制机械设备，使之进行自动化操作，生产出合格的产品。数控型机器人的使用可以降低机器人的使用成本，提高作业精度，省去人工示教的麻烦。我国在"七五""八五"期间也研制成功了数控型机器人，如图 18-4 所示。

图 18-4　数控型机器人

5. 感觉型机器人

此类机器人利用传感器获取的信息控制机器人动作。具有触觉、力觉或简单的视觉的工业机器人，能在较为复杂的环境下工作，如具有识别功能或更进一步增加自适应、自学习功能，即成为智能型工业机器人。它能按照人给的"宏命令"自选或自编程序去适应环境，并自动完成更为复杂的工作。图 18-5 所示为激光焊缝跟踪机器人，它通过激光检测到焊缝坐标的 X（左、右）偏移和 Z（高、低）偏移，并将信息实时传递到机器人控制单元，通过焊缝特征点比对和计算，修正焊接轨迹偏差，完成各种复杂焊接，实现无人化焊接。

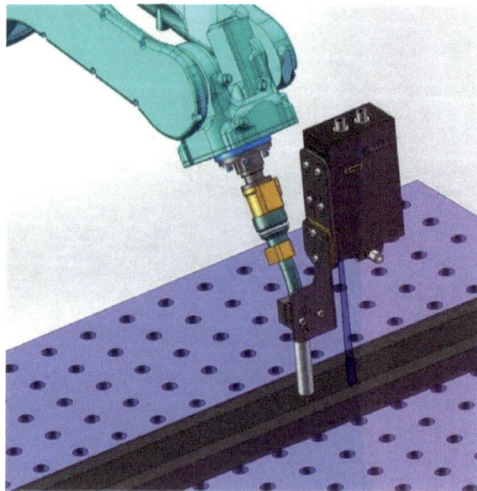

图 18-5　激光焊缝跟踪机器人

▸ 项目 19　松下焊接机器人直线示教与编程

【知识目标】

掌握直线插补及示教，掌握程序文件的编辑，掌握跟踪操作的作用和方法。

【能力目标】

能进行平面直线的示教编程，能进行跟踪操作验证并修改程序。

第十九讲：松下焊接机器人直线示教与编程

【职业素养】

能设计各种几何图形，在这些图形上作示教点的编程练习（包括示教点的插补方式、焊接点、空走点）。

1. 示教点信息

由于机器人行走轨迹是通过若干个"点"来描述的，因此示教过程就是示教"点"的过程，并要将这些示教点按顺序保存下来。示教点信息主要包括机器人坐标数据和运动方式等，如图 19-1 所示。

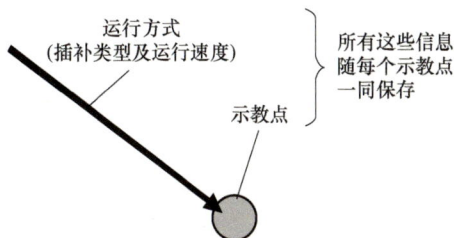

图 19-1　示教点信息

机器人程序的示教编程需在"示教模式"下进行，此时，要将示教器模式开关旋至"TEACH"一侧，在此模式下，可以使用示教器进行示教或编辑程序的操作。

2. 直线示教

以松下机器人为例，根据两点确定一条直线的原则，当示教直线焊接开始点时，插补指令为 MOVEL，属性设为"焊接"，将焊接结束点设为"空走"，如图 19-2 所示。

以图 19-2 为例，示教焊接开始点的步骤如下：

1）使用用户功能键将编辑类型切换为增加"⬛➡⬛"。

2）点亮机器人运动图标"🤖"。

图 19-2　直线插补图示及示教方法

3）将机器人移动到焊接开始点，按确认键，弹出示教点属性编辑界面。

4）设置示教点的插补指令为"MOVEL"，

5）将该点设为"焊接"点，按回车键或单击"OK"按钮保存示教点。

示教点存储步骤如图 19-3 所示。图中：【平滑等级】指机器人运行的平滑程度，有 1~10 个等级，系统默认为 6。【手腕差补方式（CL）】通常设置为"0"（自动计算），手腕计算时可以指定为 1~3，由于手腕的三个轴形成特定角度时［称为特殊姿态（RW 轴、BW 轴和 TW 轴成一条直线，为 0°)］，会发生 RW 轴的快速转动，这是由插补计算处理上的原因造成的。这时，如果指定关节计算处理方法（CL 号 1 或 3），可使反转动作解除。也可通过改变任一腕部轴的角度予以消除。

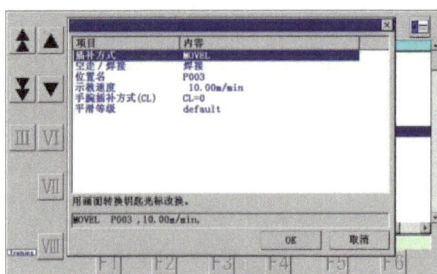

a) 示教点属性编辑界面

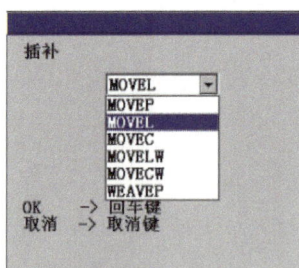

b) 插补方式选 MOVEL

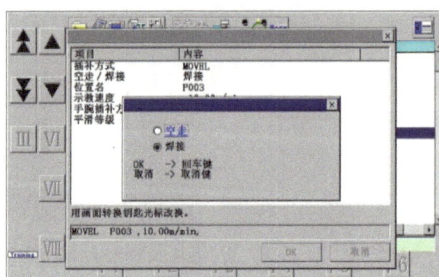

c) 焊接开始点选焊接

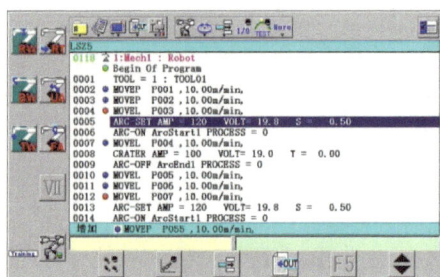

d) 焊接开始点存储完成

图 19-3　示教点存储步骤

3. 程序跟踪与编辑

跟踪操作（有些机器人品牌称为再现或再生）能够检查示教点是否偏离焊缝轨迹，以及机器人姿态和焊枪角度是否合理。通过此操作，可以找到示教点对应的程序指令，从而方便核对、查找、编辑、修改程序中示教点的位置和数据。

（1）跟踪方法　打开跟踪图标灯（即点亮跟踪图标），启动跟踪操作。结束跟踪操作时关闭图标灯。跟踪操作方法见表 19-1。

表 19-1　跟踪操作方法

图标	跟踪操作方法
	当跟踪图标上的跟踪图标灯亮时（绿色），可进行跟踪操作。按下功能键，使跟踪图标灯点亮
	当绿色跟踪图标灯关闭时，不能进行跟踪操作。按功能键即到下一个功能图标，也可结束跟踪操作
	顺序执行程序。左手按下该键的同时，右手一直按住拨动按钮，向前跟踪到示教点，机器人停止。右手不断侧压拨动按钮，机器人便逐条执行指令，如图 19-4 所示，跟踪速度可通过右切换键选择
	反向执行程序。左手按下该键的同时，右手一直拨动按钮，向后跟踪到示教点，机器人停止。右手不断侧压拨动按钮，机器人便逐条反向执行指令，跟踪操作界面如图 19-5 所示
	单击跟踪图标灯使绿灯关闭，结束跟踪操作

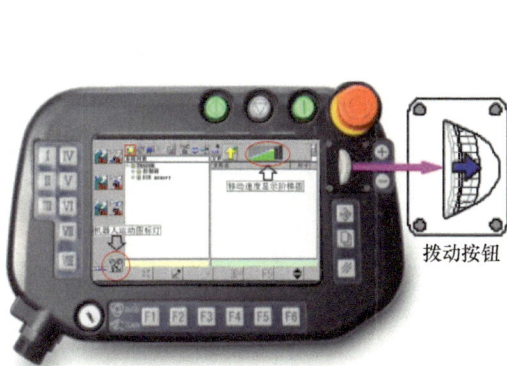

图 19-4　侧压拨动按钮示意

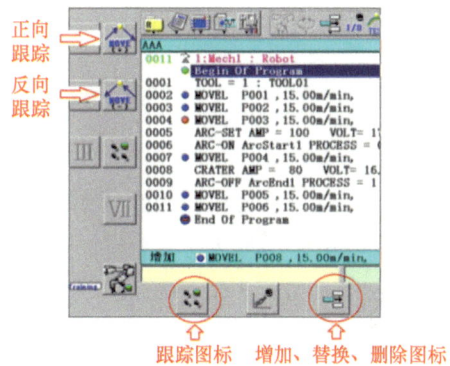

图 19-5　跟踪操作界面

（2）机器人位置和图标　在跟踪操作中，通过观察示教器屏幕上机器人位置的图标变化，能够判断出机器人工具中心点 TCP（焊枪的焊丝端部）所在位置，图 19-6 中所示（0002 所在行）的图标表示已跟踪到该示教点位置上，此时，可以进行示教点增加、替换和删除的操作。

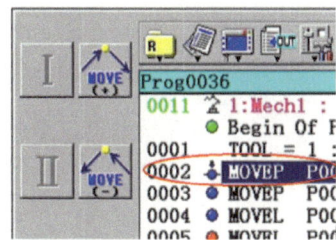

机器人位置图标及说明见表 19-2。

图 19-6　在示教点上

表 19-2　机器人位置图标及说明

图标	机器人位置	图标	机器人位置	图标	机器人位置
	在示教点上		在示教路径		以上都没有
	不在示教点上		不在示教路径		

（3）增加、替换和删除示教点的操作　对示教点跟踪和编辑过程中需要增加▣▶、替换▣、删除▶▣示教点时，用以下操作完成：

1）增加（示教点）。

① 需要手动操作机器人，按亮机器人运动图标灯🔧。

② 按亮跟踪图标灯🔳，按住跟踪操作功能键◆MOVE(+)◆或◆MOVE(-)◆，移动机器人到增加示教点位置。

③ 编辑类型切换为增加▣▶。

④ 按登录键显示增加示教点对话框，设置示教点属性，设置参数后单击"OK"按钮，作为新增示教点保存，如图19-7a所示。

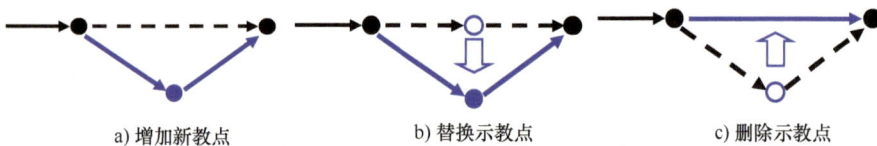

a) 增加新教点　　　　　b) 替换示教点　　　　　c) 删除示教点

图 19-7　增加、替换、删除示教点

2）替换（示教点）。

① 跟踪操作移动机器人到要更改的示教点的位置。

② 转换编辑类型为替换▣。

③ 移动机器人到新的位置。

④ 按登录键显示设置示教点参数界面。

⑤ 设置参数后单击"OK"按钮，替换示教点如图19-7b所示。

3）删除（示教点）。

① 跟踪操作移动机器人到想要删除的示教点。

② 编辑类型切换为删除▶▣。

③ 按登录键显示设定示教点对话框参数。

④ 按"OK"按钮，删除该点，如图19-7c所示。

（4）程序的编辑　在进行程序编辑前，首先要将机器人动作图标灯🔧熄灭（处于OFF状态），使光标可以上、下移动，对次序指令那一行进行编辑。

1）复制。复制编辑操作步骤如下。

① 在文件中移动光标选择想要复制的数据行，选择的行将会覆盖为蓝色。

② 在"编辑"菜单上，单击"复制"按钮📋。

③ 单击"拨动按钮"，出现确认复制对话框，如图19-8所示。

2）粘贴。把复制的内容，粘贴📋到想要插入的行。用同样的方法还可做"剪切✂"等操作。

图 19-8　复制编辑操作示意图

4. 运行程序操作方法

运行程序是指当示教器模式选择开关切换至自动模式位置（AUTO）时，机器人收到启动信号即开始自动运行任务程序。模式选择开关的切换方向如图 19-9 所示。

（1）机器人运行程序启动方式　有两种方法可以启动机器人运行程序，一种方法是使用示教器上的启动按钮，称为"手动启动"；另一种方法是"自动启动"，如：使用外部操作盒按钮，也称为"外部启动"。以上两种启动方法都是通过对机器人进行设定获得。通常情况下，培训教学中使用"手动启动"，而工业生产中大多使用"自动启动"，即外部操作按钮启动。

（2）手动启动操作步骤

1）打开要运行的文件，把光标移到程序首行。

2）将模式选择开关由示教"TEACH"切换到自动"AUTO"位置。准备运行的示教器界面如图 19-10 所示。图中：为焊接状态，为禁止焊接状态（只运行、不焊接）。

图 19-9　模式选择开关的切换方向

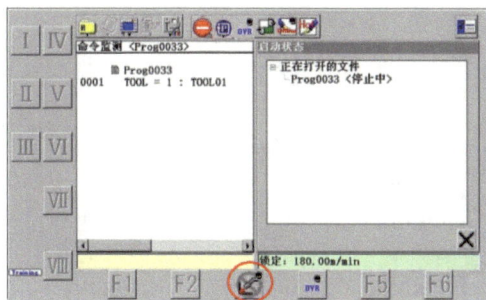

图 19-10　准备运行的示教器界面

3）按下伺服 ON 按钮。

注意：确认在启动前安全栏内无人操作员观察到危险，可以随时按紧急停止按钮

4）再按下启动开关，程序从光标所在行开始运行。

5. 实操项目

平面直线轨迹的示教编程的方法如下。

（1）示教平面直线轨迹的起始点　　将焊枪移至 P_1 点，设为焊接开始点，插补指令为 MOVEL，保存该示教点，如图 19-11 所示。

（2）示教平面直线轨迹的结束点　　将焊枪移至 P_2 点，设为焊接结束点（空走），插补指令为 MOVEL，保存该示教点，如图 19-12 所示。

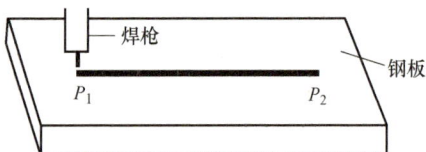

图 19-11　P_1 点焊接开始点示教　　　　　图 19-12　P_2 点焊接结束点示教

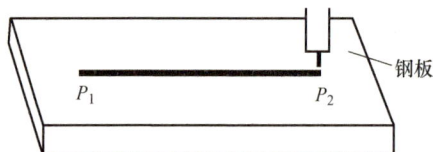

（3）对平面直线轨迹的跟踪　　正向跟踪：由 $P_1 \rightarrow P_2$ 方向移动，用于检查示教点与焊接轨迹的准确性，如图 19-13 所示。

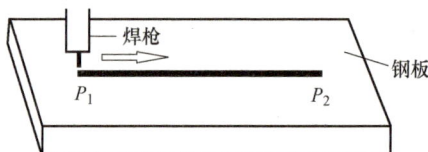

图 19-13　直线轨迹正向跟踪

逆向跟踪：由 $P_2 \rightarrow P_1$ 方向移动。

▶ 项目 20　时代弧焊机器人编程

第二十讲：时代弧焊机器人编程

【知识目标】

1. 时代机器人设备构成。
2. 时代机器人的几种坐标系及插补方式。
3. 示教器的操作界面及其键盘操作键。
4. 时代机器人示教编程方法。

【能力目标】

掌握示教过程和保存示教点，掌握起弧、收弧、插补指令使用。

【职业素养】

将各步骤熟记于心，反复练习直至熟练掌握。

1. 系统构成

（1）**时代机器人 TIME R6-1400 的本体和控制器** 时代机器人 TIME R6-1400 的本体和控制器组成，如图 20-1、图 20-2 所示。

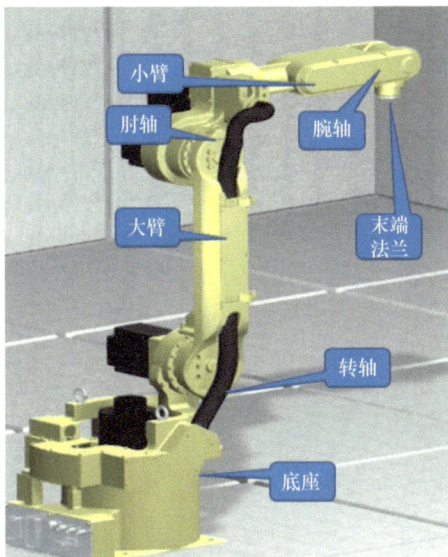

图 20-1 本体组成

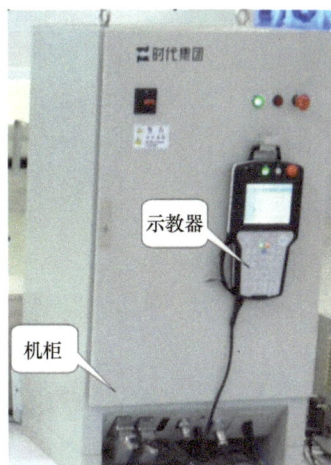

图 20-2 控制器组成

（2）**时代机器人 TIME R6-1400 示教器** 示教器是基于 Windows CE 操作系统的应用平台，是人机交互的连接器，可用于编程和发送控制命令给控制器以命令机器人动作。配备集成语言编程系统和图形示教软件，便于机器人的编程操作和应用。示教器具有 LED 触摸屏。示教器具有 3 段使能开关（也叫手扣开关）、急停、模式选择旋钮、暂停、在线运行等按钮及多个操作键。示教器正、背面如图 20-3 所示。

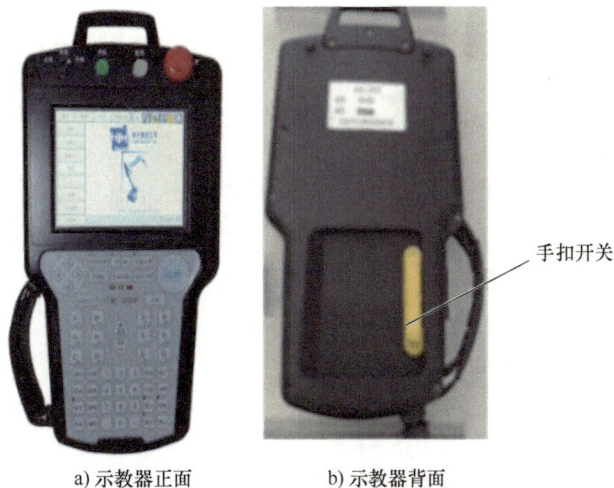

a) 示教器正面 b) 示教器背面

图 20-3 示教器正、背面

2. 机器人插补方式

机器人示教编程时使用的几种插补方式有：①MOVJ 指令，关节运动；②MOVP 指令，直线运动（对速度要求高而轨迹要求不严格时使用）；③MOVC 指令，圆弧运动；④MOVL 指令，直线运动（对速度要求不高而轨迹要求较高时使用）；⑤MOVS 指令，不规则圆弧运动。

时代机器人集中插补方式运动轨迹说明如下：

（1）**MOVJ**　MOVJ 是关节运动，运动模式为关节 PTP；以关节插补方式移动至目标位置。特性：轨迹不确定，各轴单独规划，一般按最短路径走，如图 20-4 所示。

（2）**MOVP**　MOVP 所属运动模式为笛卡尔 PTP（点到点），运动速度较快；两段 MOVP 之间可以增加 Blending 段（指圆滑过渡方式）；MOVP 可以精确到达目标点；MOVP 点到点直线插补方式移动至目标位置，对速度要求高而轨迹要求不严格时使用，如图 20-5 所示。注意：这里所讲的 MOVP 与部分其他品牌机器人对 MOVP 的描述和定义有所不同。

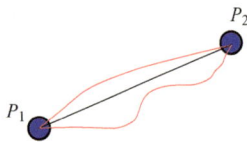

图 20-4　MOVJ 所属运动模式

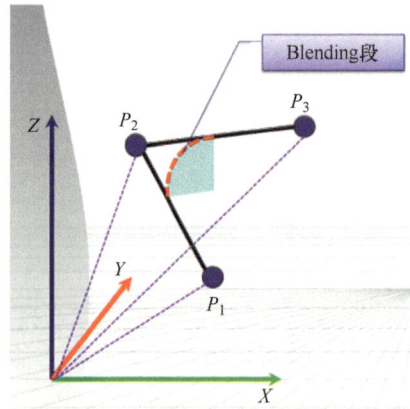

图 20-5　MOVP 所属运动模式

（3）**MOVL、MOVC**　MOVL、MOVC 所属运动模式为笛卡尔 CP；CP 模式包含 MOVL、MOVC；两段轨迹之间可以增加 Blending 段。

1）MOVL 可以精确到达目标点。直线插补方式移动至目标位置。对速度要求不高而轨迹要求较高时使用，例如：弧焊行业。

2）MOVC 圆弧插补方式移动至目标位置。采用三点圆弧法，圆弧前一点为第一点，两个 MOVC 为中间点和目标点，即三点确定一个圆弧。其中第一点可以用 MOVJ、MOVP 插补方式，中间点和目标点用 MOVC 插补方式。若为连续的圆弧，MOVC 个数必须是偶数（even）个，即 MOVC 必须成对出现，如图 20-6 所示。

图中：MOVJ　P=2　V=25　BL=0

　　　MOVC　P=3　V=25　BL=0

　　　MOVC　P=4　V=25　BL=0

3. 时代示教器的操作键及其常用运行操作键

时代示教器运行操作键如图 20-7 所示。时代示教器是 7in LED 触摸屏，示教器的操作键如图 20-8 所示。开机自动进入机器人控制程序界面，如图 20-9 所示。示教器功能区名称及功能见表 20-1。示教器的程序内容界面如图 20-10 所示。图中，地址区：显示行号的区域；显示区：显示程序名称，当前选中的文件行号；内容区：显示程序内容；命令编辑区：显示被选中的指令行，可以进行行编辑。

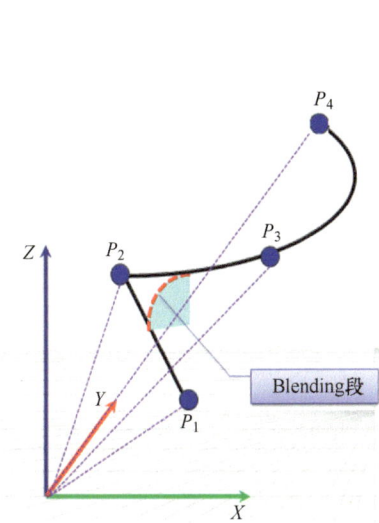

图 20-6　MOVC 圆弧插补方式

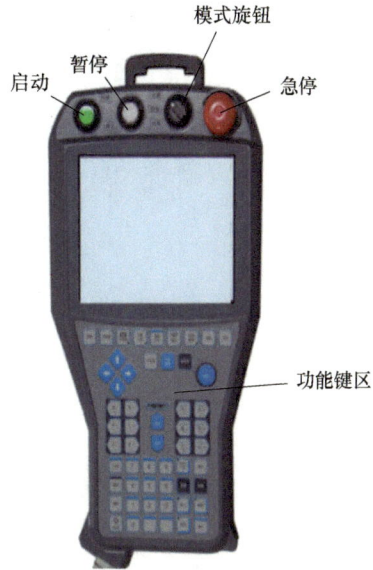

图 20-7　时代示教器运行操作键

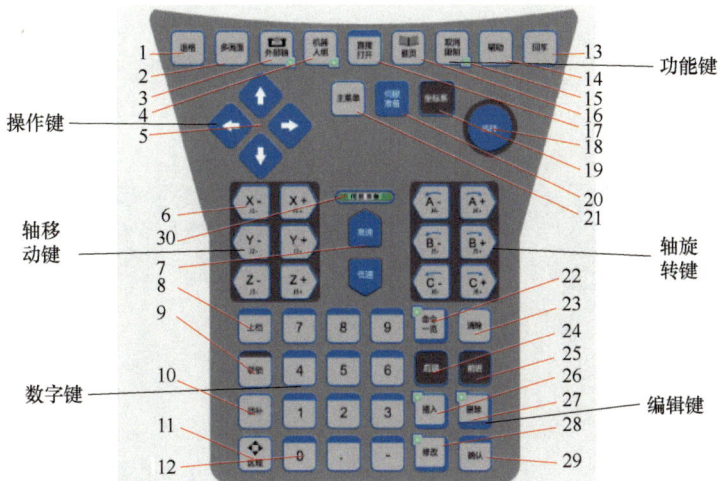

图 20-8　示教器的操作键

1—退格　2—多画面　3—外部轴　4—机器人组　5—操作键　6—坐标轴动作键　7—高速　8—上档　9—联锁
10—插补　11—区域　12—数字键　13—回车　14—辅助　15—取消限制　16—翻页　17—直接打开　18—选择
19—坐标系　20—伺服准备　21—主菜单　22—命令一览　23—清除　24—后退　25—前进　26—插入
27—删除　28—修改　29—确认　30—伺服准备指示灯

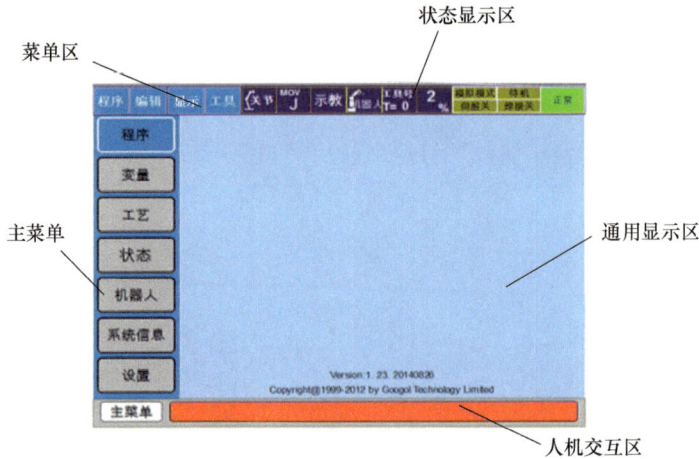

图 20-9　机器人控制程序界面

表 20-1　示教器功能区名称及功能

序号	功能区名称	功能
1	主菜单区	每个菜单和子菜单都显示在主菜单区，通过按下手持操作示教器上【主菜单】键，和点击界面左下角的{主菜单}按钮，显示主菜单
2	菜单区	快速进入程序内容、工具管理功能等操作界面
3	状态显示区	显示机器人控制柜当前状态，显示的信息根据机器人的状态不同而不同
4	通用显示区	可对程序文件进行显示和编辑
5	人机对话显示区	进行错误和操作提示或报警 机器人运动时实时显示机器人各轴关节和末端点的运动速度 常规状态时采用英文显示提示和报警，点击界面中人机对话显示区，可弹出中文对照说明

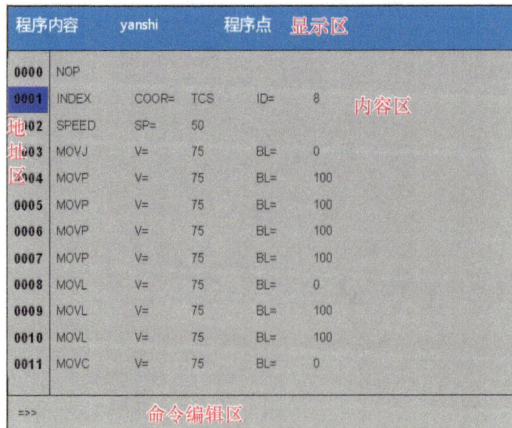

图 20-10　示教器的程序内容界面

4. 示教编程方法

1）实践中很难做到示教一遍就编出完美的程序，需要在初步示教后进行跟踪操作来修改和微调。

2）正确选择坐标系可以提高示教效率和质量；通常情况，点到点移动使用直角坐标系，示教接近点、退避点和变换焊枪角度采用工具坐标系；变换工位和圆周运动使用关节坐标系。

3）不设多余的空走点，如多余的待机点、过渡点和中间点等。

4）生成焊接点之后，焊枪后退设置接近点，为防止和夹具发生碰撞，应精确地靠近焊件。

5）熟练使用点动动作，掌握微动调整。固定焊丝伸出长度，增加示教准确度。

为了使机器人能够进行再现，就必须把机器人运动命令编成程序。控制机器人运动的命令就是移动命令，在移动命令中，记录有移动到的位置、插补方式、再现速度等。因为机器人所使用的语言主要的移动命令都以"MOV"开头，所以也把移动命令叫作"MOV"命令。

例如：MOVJ　P=1　V=100　BL=0
　　　　MOVL　P=2　V=10　BL=0

5. 示教编程实例

图 20-11 所示为 T 形接头水平角焊缝各程序点的位置，动作顺序由程序点 1 开始，至程序点 6 结束。根据机器人动作顺序逐点进行示教。

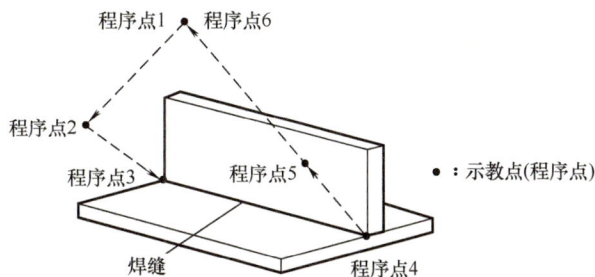

图 20-11　T 形接头水平角焊缝各程序点的位置

在示教焊接点时，还应根据 T 形接头的焊缝特点，使焊枪在焊接段的姿态为前进角 80°~90°（或称焊枪倾角 0°~10°）、焊枪工作角为 45°，如图 20-12 所示。

（1）示教前的准备　开始示教前，把动作模式设定为示教模式。

1）确认示教编程器上的模式按钮对准 TEACH，即设定为示教模式。

2）按伺服准备键，伺服电源接通的灯开始闪烁　。如果不按伺服准备键，

即使按住安全开关　，伺服电源也不会接通。

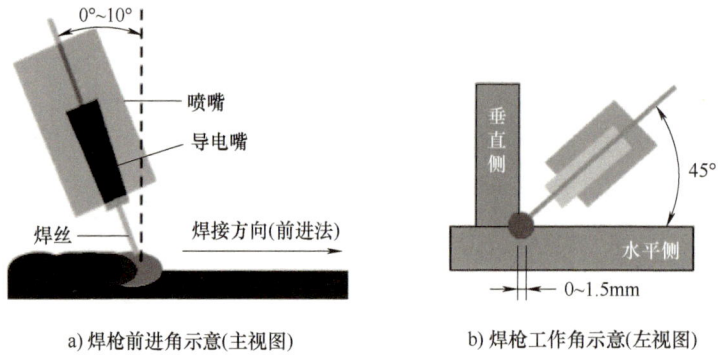

a) 焊枪前进角示意(主视图)　　　　b) 焊枪工作角示意(左视图)

图 20-12　T 形接头水平角焊缝焊枪姿态示意图

（2）新建一程序名

1）在主菜单选择"程序"，然后在子菜单选择"程序管理"，如图 20-13 所示。

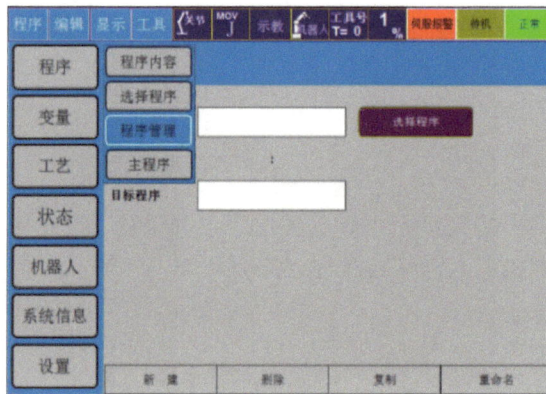

图 20-13　进入新建程序界面

2）在"程序管理"界面下，在"目标程序"中输入要新建程序的名字。"目标程序"不区分大小写，可以输入字符和数字的组合，最长允许 10 个字符，如图 20-14 所示。

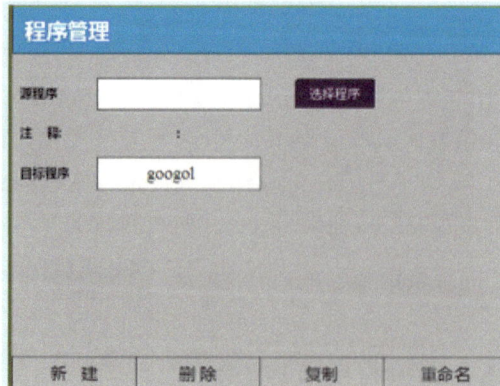

图 20-14　输入要新建程序的名字

3）显示字符输入画面后，输入程序名（例如 googol）按回车键 ![确认] ，也可以单击界面上的 Enter 键。单击界面上"新建"按钮，即操作成功。

4）在主菜单选择"程序"，在其子菜单里打开"选择程序"界面。选择刚刚建好的新程序 googol，按下手持操作示教器上的选择键 ![选择] ，即可打开选中程序文件，进入程序内容页面。

5）"NOP"和"END"命令自动生成，如图 20-15 所示。

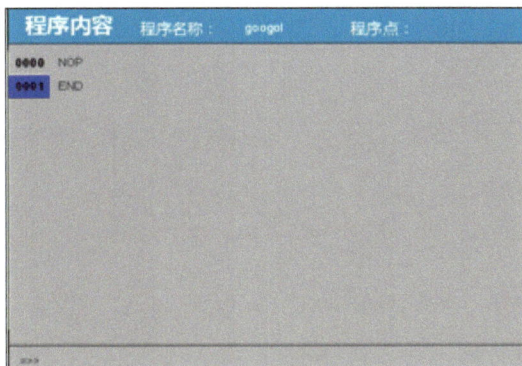

图 20-15 程序内容页面

6）轻握手持操作示教器背面的三段开关 ![三段开关] ，伺服电源接通。此时可以示教机器人运动并将程序插入刚刚建好的新程序 googol 中。

（3）按顺序逐点示教 按顺序逐点从程序点 1 到程序点 6 进行示教。

1）程序点 1 为待机位置（原点），作为机器人运行程序的第一点登录，设置"MOVJ"保存，如图 20-16a 所示。

2）程序点 2 为过渡点（又称接近点或进枪点），其作用是避免与焊件相撞，该点应设在焊接点斜上方，略高于焊件的位置，枪姿与焊接点一致（工作角 45°），并设置"MOVJ"保存，如图 20-16b 所示。

3）程序点 3 为焊接起始点，使用工具坐标系，沿工具方向由程序点 2 移至该点（焊接开始点的枪姿为工作角 45°，前进角 80°），设置"MOVJ"保存，如图 20-16c 所示。

4）程序点 4 为焊接结束点，设置"MOVL"后保存。注意：焊接段枪姿不能改变，如图 20-16d 所示。

5）程序点 5 为过渡点（退避点，又称退枪点），为避免与焊件相撞，使用工具坐标系，沿工具方向沿焊接结束点的斜上方向移动，略高于焊件的位置，该点的枪姿应与焊接时保持一致（工作角 45°），设置"MOVJ"保存，如图 20-16e 所示。

6）程序点 6 回到待机位置，与程序点 1（原点）重合。可以使用编辑功能，复制程序点 1 这条程序后，粘贴到程序最后，也可以移动到待机位置后设置"MOVJ"保存，如图 20-16f 所示。

a) 程序点1(原点)　　　　　　　　　　b) 程序点2(接近点)

c) 程序点3(焊接起始点)　　　　　　　d) 程序点4(焊接结束点)

e) 程序点5(退避点)　　　　　　　　　f) 程序点6(回到原点)

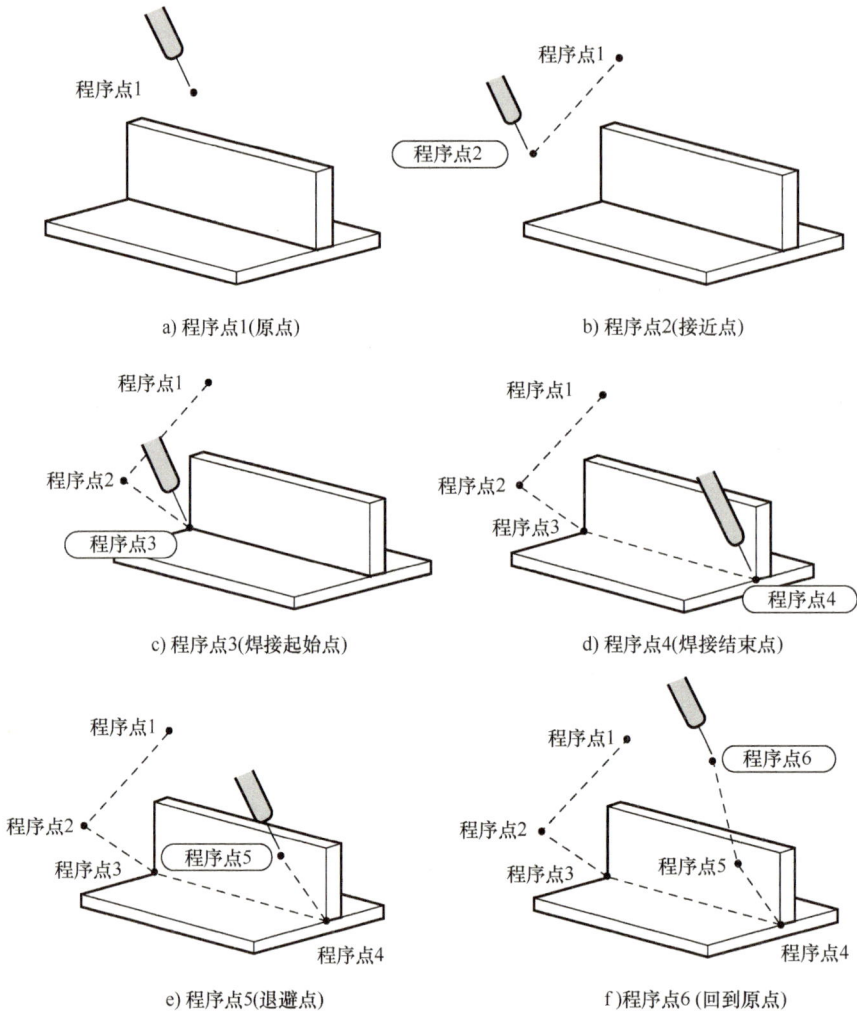

图 20-16　平角焊缝各程序点的示意

7）在"程序内容"界面，按示教器上的命令一览按钮，弹出命令一览表。对程序进行指令的添加和编辑，如图 20-17 所示。

图 20-17　命令一览表

完成编辑后的平角焊缝各示教点数值及焊接指令说明见表20-2。

表 20-2　平角焊缝各示教点数值及焊接指令说明

行	命令	内容说明	
0000	NOP	移到待机位置	（程序点 1）
0001	MOVJ　V=25.00	移到焊接开始位置附近（接近点）	（程序点 2）
0002	MOVJ　V=25.00	移到焊接开始位置	（程序点 3）
0003	MOVJ　V=12.00	焊接开始	
0004	ARCON　TYPE=FILE INDEX=1	移到焊接结束位置	（程序点 4）
0005	MOVL　V=0	焊接结束	
0006	ARCOFF　TYPE=FILE INDEX=1	移到不碰触焊件和夹具的位置（退避点）	（程序点 5）
0007	MOVJ　V=25.00	回到待机位置	（程序点 6）
0008	MOVJ　V=25.00		
0009	END		

（4）示教程序轨迹确认

1）轨迹示教结束后，必须进行轨迹确认，并且在轨迹确认的过程中必须清除机器人周围的任何障碍物。随时保持警觉状态，确保出现故障时，能够及时按下控制柜上的急停按钮。

2）在完成了机器人动作程序输入后，运行一下这个程序，以便检查一下各程序点是否有不妥之处。

3）焊接程序里有起弧、熄弧指令，在焊接工艺里将焊接使能开关关闭，再进行轨迹确认，这样就不会起弧了。等轨迹确认完毕，没有问题了，再将焊接工艺里的焊接使能开关打开，进行实际焊接。

4）操作手扣开关给伺服通电，一直按下手持操作示教器上的前进键，机器人会执行选中行指令（程序点未执行完前，松开则停止运动，按下继续运动），通过机器人的步进动作确认各程序点是否正确。执行完一行后松开再次按下前进键，机器人开始执行下一个程序点。

▶ 项目 21　机器人焊接工艺

【知识目标】

1. 掌握焊接工艺对于运用机器人焊接所具有的重要性、与人工焊接作业的相同点和不同之处。

2. CO_2 气体保护焊原理、影响焊接的主要因。焊接参数对焊缝成形的影响，能够正确选择焊接参数。

3. 掌握焊接开始和结束程序的选择。

第二十一讲：机器人焊接工艺

1. 掌握机器人焊接工艺及提高节拍的方法，掌握机器人焊接参数和应用。

2. 掌握电流、电压、焊接速度、焊丝伸出长度、焊枪运行方向、焊接材料、保护气体、焊枪角度不同等因素对焊接的影响。

3. 掌握焊缝外观及成形过程；常见的焊接缺陷、焊接不良及其产生的原因及防止措施。

【职业素养】

培养学生认真思考和分析问题的习惯，从起、收弧焊接工艺入手，正确选择起、收弧程序。

1. 机器人熔化极气体保护焊工艺

（1）CO_2 气体保护焊原理

1）CO_2 气体保护焊概述。CO_2 气体保护焊是以 CO_2 气体作为电弧介质并保护电弧和焊接区的一种电弧焊。焊接电源提供直流电，焊件（母材）接电源负极，焊丝接电源正极，焊丝作为填充材料经送丝机构推送，通过送丝软管送到焊枪，与导电嘴接触导电，在 CO_2 气氛中与母材之间产生电弧，利用电弧热熔化焊丝及母材进行焊接。CO_2 气体保护焊焊接示意图如图 21-1 所示。

图 21-1 中：电弧为在两极间产生强烈而持久的气体放电现象；

熔滴为焊丝前端受热后熔化，并向熔池过渡的液态金属滴；

熔池为熔焊时焊件上所形成的具有一定几何形状的液态金属部分。

机器人焊接使用 80%Ar+20%CO_2（体积分数，后同）混合气作为保护气，称作 MAG（富氩焊接），具有提高焊缝外观质量，改善热影响区韧性的作用。

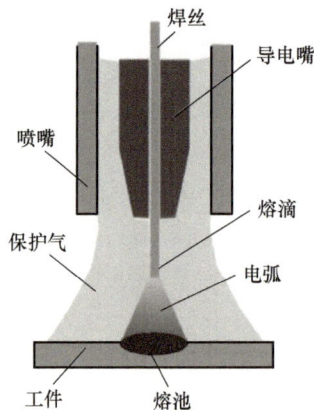

图 21-1 CO_2 气体保护焊焊接示意图

2）焊接方法。焊接工艺与焊接方法等因素有关，操作时需根据被焊焊件的材质、板厚、结构类型、焊接性能要求来确定焊接方法，如：CO_2/MAG（熔化极活性气体保护焊）、MIG（熔化极惰性气体保护焊）、TIG（钨极氩弧焊）等。

确定焊接方法后，再制定焊接参数，如电流、电压、焊接电源种类、极性接法、焊接层数、道数、检验方法等。

（2）主要焊接参数

1）焊接电流。根据焊接条件（板厚、焊接位置、焊接速度、材质等）选定相应的焊接电流。焊接电流与送丝速度成正比，焊接电流越大，送丝速度越快，熔透力越强。

2）电弧电压。电弧电压与电弧长度有关，焊接电流与电弧电压之间存在一定的匹配关系。电弧电压越高，焊接能量越大。电弧电压的选择可以单击"参数设定"界面的"标准值"按钮与电流值进行匹配。

3）焊接速度。焊接速度是指焊枪行走的速度。在电弧电压和焊接电流一定的情况下，焊接速度的选择决定了单位长度焊缝热能量（即焊接热输入）的大小，见式（21-1）。

$$Q = IU/S（J/mm）\tag{21-1}$$

式中，I 为焊接电流（A）；U 为电弧电压（V）；S 为焊接速度（mm/s）。

如果焊接速度过快，焊缝变窄，熔深和余高变小，可能会出现未焊透及未熔化等缺陷。

4）焊接气体。根据不同的材料和工艺要求，应选择不同的保护气体。

① CO_2（纯度 > 99.98%），适用药芯焊丝及实心焊丝的普通钢材焊接，有吸热冷却效果，用于实心焊丝焊接时飞溅较大。

② 混合气体（Ar80%+$CO_2$20%），主要应用于焊缝质量要求高的场合，焊接成形好，飞溅小。采用混合气体作为保护气体焊接的特点如下：

a. 这种焊接方法的电弧具有氩弧的特性，电弧燃烧稳定、飞溅小、喷射过渡。

b. 具有一定的氧化性，可以降低熔池的表面张力；克服了纯氩保护时的熔池液体金属黏稠、易咬边和斑点漂移等问题；改善了焊缝成形，具有深圆弧状熔深。可用于喷射过渡、脉冲射滴过渡、短路过渡等电弧熔滴过渡形态。

（3）焊接参数对焊缝成形的影响

1）焊接电流。焊接电流越大，则热输入量越大，焊道越宽，熔深越深。

2）焊接电压。电压偏高时，弧长变长，飞溅颗粒变大，易产生气孔，焊道变宽，熔深和余高变小。电压偏低时，焊丝插向母材，飞溅增加，焊道变窄，熔深和余高变大。

3）焊接速度对焊道的影响。焊接速度对焊道的影响如图 21-2 所示。焊接速度越慢，热输入量越大，焊道越宽，溶深也越深。焊接速度过快时，焊道变窄，熔深和余高变小。

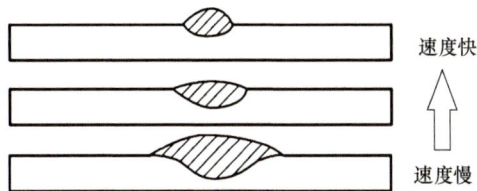

图 21-2　焊接速度对焊道的影响

4）焊丝伸出长度对焊道的影响。焊丝伸出长度（导电嘴端部到焊件的距离）对焊道的影响如图 21-3 所示。焊丝伸出长度越长，焊道凸起越明显，溶深也越浅。

5）焊枪运行方向对焊道的影响。根据工艺要求选择焊枪运行方向（即焊接方向），焊枪运行方向对焊道的影响如图 21-4 所示。

短路过渡
板厚为t3.2，焊接速度为50cm/min

熔滴过渡
板厚为t12，焊接速度为40cm/min

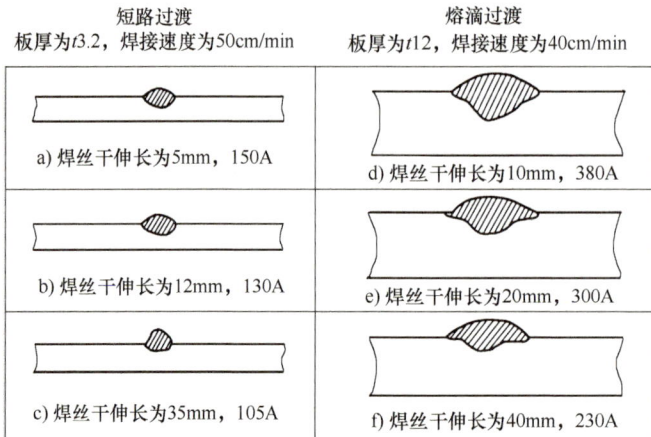

a) 焊丝干伸长为5mm，150A

d) 焊丝干伸长为10mm，380A

b) 焊丝干伸长为12mm，130A

e) 焊丝干伸长为20mm，300A

c) 焊丝干伸长为35mm，105A

f) 焊丝干伸长为40mm，230A

图 21-3　焊丝伸出长度对焊道的影响

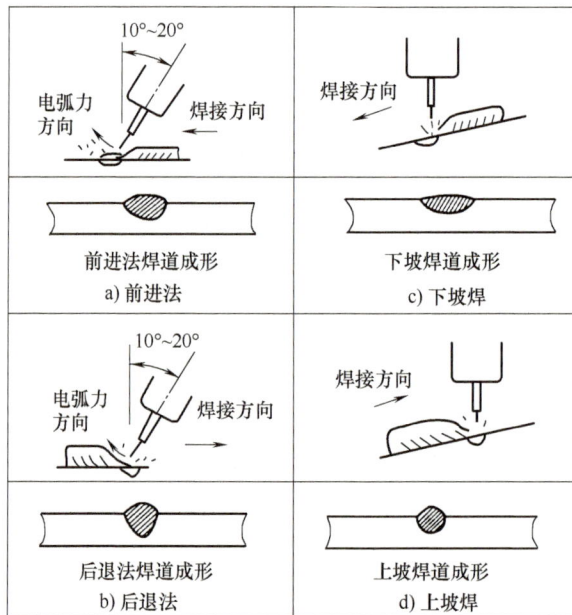

10°~20°

电弧力方向　　焊接方向

焊接方向

前进法焊道成形
a) 前进法

下坡焊道成形
c) 下坡焊

10°~20°

电弧力方向　焊接方向

焊接方向

后退法焊道成形
b) 后退法

上坡焊道成形
d) 上坡焊

图 21-4　焊枪运行方向对焊道的影响

图 21-4a 为前进法，采用此法焊道平而宽，气体保护效果好，熔深小，飞溅较小，薄板焊接通常采用此法；图 21-4b 为后退法，采用此法焊道较窄，余高较高，熔深较深，通常用于厚板；图 21-4c 为下坡焊，采用此法焊缝宽而平，熔深较浅；图 2-4d 为上坡焊，采用此法焊道较窄，余高较高，熔深相对较深。

6）保护气体、焊枪角度对焊道影响。焊枪角度与行走方向存在一定的关系。通常在满足熔深情况下，机器人焊接时焊枪前进角为80°~90°时焊缝成形相对较好。

保护气体、焊枪前进角不同及焊接方向不同形成的焊接断面见表21-1。

表 21-1　保护气体、焊枪角度不同对焊道的影响

指向位置	焊接方法		
	CO₂ 焊接 300A 34V	MAG 焊接 300A 30V	脉冲 MAG 焊接 300A 28V
前进角45° 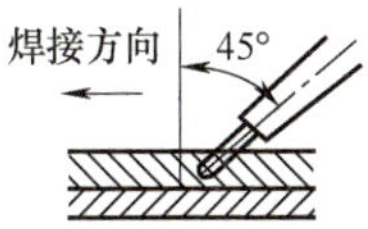　焊接方向 45°	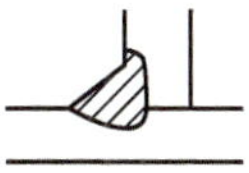	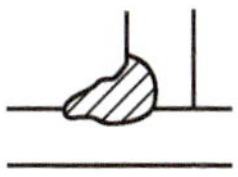	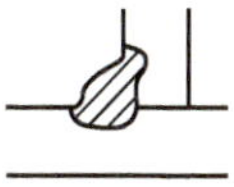
前进角20°　焊接方向 20° 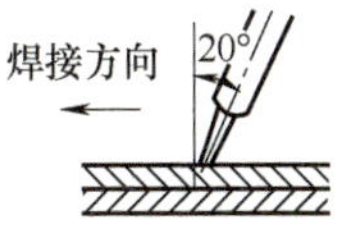	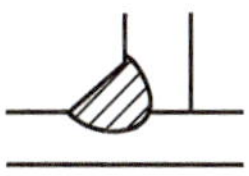	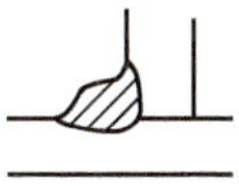	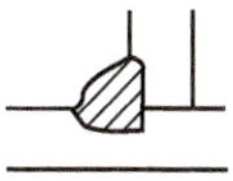
前进角0° 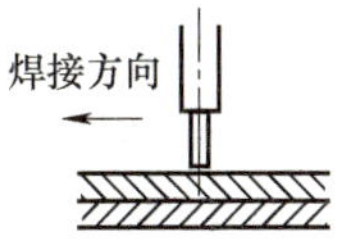　焊接方向	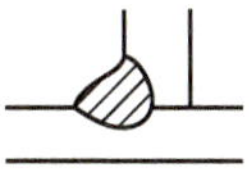	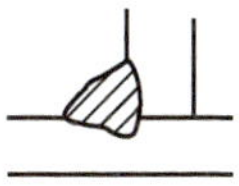	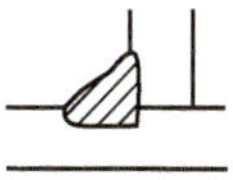
后退角20° 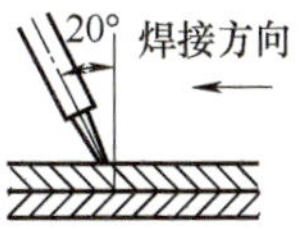　20° 焊接方向	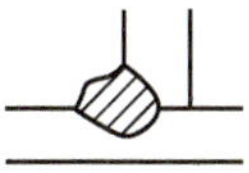	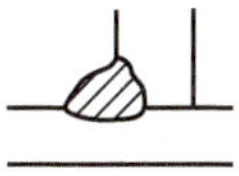	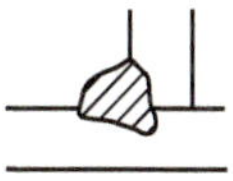
后退角45° 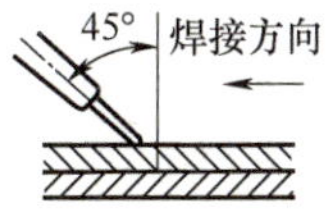　45° 焊接方向	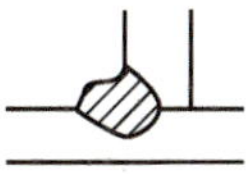	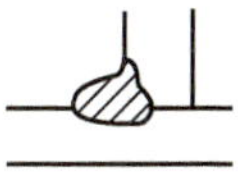	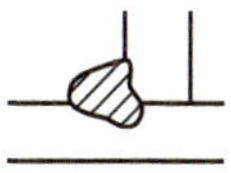

（4）机器人焊接工艺规程

1）母材的确认。首先应确认母材（被焊焊件）的材质、板厚、形状、焊接位置等基本情况。机器人焊接工艺规程的制定要根据材质、板厚、焊接位置和工艺要求等进行制定。

2）焊前准备。

① 母材表面清理。根据母材特点和工艺要求，对焊接接头部位进行表面清理，去除油、水、锈及氧化层。

② 焊材准备。

a.焊丝型号及规格：所选焊材的化学成分或者力学性能应与母材相匹配。对于 CO_2/MAG 气体保护焊焊接常见碳钢类材质的金属，一般选用 ER50-6 的气体保护焊焊丝均可满足工艺要求，CO_2/MAG 气体保护焊焊丝的适用范围比较广。焊丝直径规格则根据板厚和电流范围进行选取。不同焊丝直径电流范围及适应板厚见表 21-2。

表 21-2 不同焊丝直径电流范围及适应板厚

焊丝直径 /mm	电流 /A	适用板厚 /mm
0.8	50~120	0.8~4
1.0	70~180	1.2~12
1.2	80~350	2.0~16
1.6	140~500	>6.0

b. 保护气体：选用 CO_2 或（CO_2 20%+80%Ar）（体积分数，后同）组成的混合气体都可对碳钢进行焊接。

3）工艺方案制定。

① 焊接方法。如果被焊焊件材质是碳钢，通常采用生产效率比较高的熔化极气体保护（CO_2 或 MAG）焊接方法。

② 焊接参数。根据母材的特点和工艺要求，初步选定焊接电流、电弧电压、焊接速度、焊丝伸出长度、焊枪角度等参数，再根据实际施焊结果调整具体焊接参数。

4）焊后检测。焊后检测分为无损检测及破坏性检测。

无损检测包括目视检测和借助测量尺、放大镜等工、量具进行的焊缝外观检测以及射线检测、超声检测、磁粉检测等手段。

破坏性检测包括常规力学性能检测，如拉伸试验、弯曲试验、硬度试验等。

2. 碳钢的焊接

（1）碳钢及合金钢

1）碳钢。

碳钢，也叫碳素钢，是含碳量 $w(C)$ 小于 2%（质量分数，后同）的铁碳合金。碳钢除含碳外，一般还含有少量的硅、锰、硫、磷。按用途可以把碳钢分为碳素结构钢、碳素工具钢和易切削结构钢三类。碳素结构钢又分为建筑结构钢和机器制造结构钢两种。按含碳量可以把碳钢分为低碳钢（$w(C) \leqslant 0.25\%$），中碳钢（$w(C) =0.25\%~0.6\%$）和高碳钢（$w(C) >0.6\%$）。按磷、硫含量可以把碳素钢分为普通碳素钢（含磷、硫较高）、优质碳素钢（含磷、硫较低）和高级优质钢（含磷、硫更低）。一般碳钢中含碳量越高则硬度越高，强度也越高，但塑性越低。

① 低碳钢。含碳量低于 0.25% 的碳素钢，因其强度低、硬度低，故又称软钢。它包括大部分普通碳素结构钢和一部分优质碳素结构钢，大多不经热处理用于工程结构件，有的经渗碳和其他热处理用于要求耐磨的机械零件。

② 中碳钢。含碳量为 0.25%~0.6%；为高强度中碳调质钢，具有一定的塑性、韧性和强度，可加工性良好，调质处理后有很好的综合力学性能，淬透性较差，容易产生裂纹，焊接性能不高，焊接之前需要很好预热，焊后需要热处理。

预热有利于降低中碳钢热影响区的最高硬度，防止产生冷裂纹，这是焊接中碳钢的主要工艺措施。预热还能改善接头塑性，减小焊后残余应力。通常，35 钢和 45 钢的预热温度为 150~250℃，含碳量再高或者因厚度和刚度很大，裂纹倾向大时，可将预热温度提高至 250~400℃。

若焊件太大，整体预热有困难时，可进行局部预热，局部预热的加热范围为坡口两侧各 150~200mm。

中碳钢主要用于制造较高强度的运动零件，如空气压缩机、泵的活塞，蒸汽透平机的叶轮，重型机械的轴、蜗杆、齿轮等，表面耐磨的零件，曲轴、机床主轴、滚筒、钳工工具等。

③ 高碳钢。常称工具钢，含碳量为 0.60%~1.70%，可以淬硬和回火。锤、撬棍等由含碳量 0.75% 的钢制造；切削工具如钻头、丝锥、铰刀等由含碳量 0.90%~1.00% 的钢制造。

2）低合金钢。合金元素总量小于 5% 的合金钢叫作低合金钢。低合金钢是相对于碳钢而言的，是在碳钢的基础上，为了改善钢的一种或几种性能，而有意向钢中加入一种或几种合金元素。加入的合金量超过碳钢正常生产方法所具有的一般含量时，称这种钢为合金钢。当合金总量低于 5% 时，称为低合金钢；合金含量为 5%~10% 时，称为中合金钢；大于 10% 时，称为高合金钢。

（2）碳钢、低合金钢的焊接性

1）碳钢的焊接性能：各种碳钢的化学成分不同，其焊接性能也不同，可分为四个等级，良好、一般、较差和不好。在碳钢的化学成分中，对焊接影响最大的元素是碳，所以往往把碳钢中的含碳量作为焊接性能的主要指标。随含碳量和合金元素的增加，产生冷裂纹的敏感性增加；另外，低熔点的硫、磷化合物容易产生热裂纹，氢、氧、氮有害气体增加气孔等缺陷。故低碳钢（如 10、20 等）焊接性能最好，中碳钢次之，高碳钢最差。

2）低合金结构钢的焊接性能：由于各种合金结构钢的化学成分不同，其焊接性能的差别也很大，一般以它们的强度级别分类；强度级较低（如 300~400MPa）的合金钢焊接性能良好，接近普通的低碳钢，而强度大于 500MPa 的合金钢其焊接性能较差，易发生再热裂纹和层状撕裂。

（3）低碳钢和高碳钢焊接性能的比较 钢材焊接性能的好坏主要取决于它的化学组成，而其中影响最大的是碳元素，也就是说金属含碳量的多少决定了它的焊接性。钢中的其他合金元素大部分也不利于焊接，但其影响程度一般都比碳小得多。钢中含碳量增加，淬硬倾向就增大，塑性则下降，容易产生焊接裂纹。通常，把金属材料在焊接时产生裂纹的敏感性及焊接接头区力学性能的变化作为评价材料焊接性的主要指标。所以含碳量越高，焊接性越差。常把钢中含碳量的多少作为判别钢材焊接性的主要标志。

1）低碳钢焊接性能。低碳钢退火组织为铁素体和少量珠光体，其强度和硬度较低，塑性和韧性较好。因此，其冷成形性良好，可采用卷边、折弯、冲压等方法进行冷成形。这种钢材具有良好的焊接性。碳含量很低的低碳钢硬度很低，可加工性不佳，淬火处理可以改善其可加工性。

2）高碳钢焊接性能。高碳钢由于含碳量高，焊接性能很差。其焊接有如下特点：

① 导热性差，焊接区和未加热部分之间产生显著的温差，当熔池急剧冷却时，在焊缝中引起的内应力，很容易形成裂纹。

② 对淬火更加敏感，近焊缝区极易形成马氏体组织。由于组织应力的作用，使近

焊缝区易产生冷裂纹。

③ 由于焊接高温的影响，晶粒长大速度快，碳化物容易在晶界上积聚、长大，使焊缝脆弱，焊接接头强度降低。

④ 高碳钢焊接时比中碳钢更容易产生热裂纹。

3. 不锈钢焊接工艺

（1）不锈钢 MIG 焊接工艺分析　由于不锈钢热敏感性较强，线胀系数大，因此会产生较大的焊接变形，焊缝及热影响区耐腐蚀性能下降，保护不良时高温氧化严重。各种不同的不锈钢焊接特点如下：

1）奥氏体型不锈钢：焊接性比较好，容易产生的问题是变形、敏化、热裂、晶间腐蚀、应力腐蚀和低温韧性差。解决方法是采用低碳焊接材料，焊后进行热处理。

2）铁素体型不锈钢：焊接性能非常好，容易产生的问题是焊缝易脆化，低温韧性差。解决方法是加钛，避免慢冷，低温预热，焊后经 650~850℃热处理。

3）马氏体型不锈钢：焊接性能中等，容易产生的问题是焊缝易脆化，产生裂纹，韧性差。解决方法是焊前预热，焊后退火。

（2）不锈钢的焊接材料　常用不锈钢材选用焊材参考见表 21-3。

表 21-3　常用不锈钢材选用焊材参考表

不锈钢牌号	气保焊实心焊丝	不锈钢类别
06Cr19Ni10	H0Cr21Ni10，ER308，ER308H	奥氏体型不锈钢
022Cr19Ni10	H00Cr21Ni10，ER308L，ER308LMo	
022Cr19Ni10N	H00Cr21Ni10，ER308L，ER308LMo	
06Cr17Ni12Mo2	H0Cr19Ni12Mo2，ER316，ER316H	
022Cr17Ni12Mo2	H00Cr19Ni12Mo2，ER316L	
022Cr17Ni12Mo2N	H00Cr19Ni12Mo2，ER316L，ER317L	
10Cr17	H1Cr7，ER430	铁素体型不锈钢
12Cr13	H1Cr13，ER410	马氏体型不锈钢

（3）不锈钢焊接特点　不锈钢的焊接性能主要表现在以下几个方面：

1）高温裂纹：这里所说的高温裂纹是指与焊接有关的裂纹。高温裂纹可大致分为凝固裂纹、显微裂纹、HAZ（热影响区）的裂纹和再加热裂纹等。

2）低温裂纹：在马氏体型不锈钢和部分具有马氏体组织的铁素体型不锈钢中有时会发生低温裂纹。由于其产生的主要原因是氢扩散、焊接接头的约束程度以及其中的硬化组织，因此解决方法主要是在焊接过程中减少氢的扩散，适宜地进行预热和焊后热处理以及减轻约束程度。

3）焊接接头的韧性：在奥氏体型不锈钢中为减轻高温裂纹敏感性，在成分设计上通常使其中残存有 5%~10% 的铁素体，但这些铁素体的存在导致了低温韧性的下降。在双相不锈钢进行焊接时，因为焊接接头区域的奥氏体量减少而对韧性产生影响。另外随着其中铁素体的增加，其韧性值有显著下降的趋势。

已证实高纯铁素体型不锈钢焊接接头的韧性显著下降的原因是由于混入碳、氮、氧的缘故。其中一些钢的焊接接头中的氧含量增加后生成了氧化物型夹杂，这些夹杂物成为裂纹发生源或裂纹传播的途径，使得韧性下降。而有一些钢则是由于在保护气体中混入了空气，其中的氮含量增加，在基体解理面｛100｝面上产生板条状 Cr_2N，基体变硬而使得韧性下降。

4）σ 相脆化：奥氏体型不锈钢、铁素体型不锈钢和双相钢易发生 σ 相脆化。由于组织中析出了百分之几的 α 相，韧性显著下降。σ 相一般是在 600~900℃ 范围内析出，尤其在 750℃ 左右最易析出。作为防止 σ 相产生的预防型措施，奥氏体型不锈钢中应尽量减少铁素体的含量。

5）475℃ 脆化，在 475℃ 附近（370~540℃）长时间保温时，使 Fe-Cr 合金分解为低铬浓度的 α 固溶体和高铬浓度的 α' 固溶体。当 α' 固溶体中铬浓度大于 75% 时，形变由滑移变形转变为孪晶变形，从而发生 475℃ 脆化。

（4）不锈钢的焊接工艺方法

1）纯 CO_2 气体保护 + 药芯不锈钢焊丝施焊。

2）保护气体为 Ar98%+$CO_2$2% 或 Ar95%+$CO_2$5% 配合实心不锈钢焊丝实施脉冲 MIG 焊接。

不锈钢焊接工艺须遵循如下原则：

① 脉冲电流 ≥ 临界电流，实现熔滴射流（射滴）过渡。

② 小电流、快速焊接；小线能量、减少热输入。

③ 细直径焊丝、不摆动、多层多道焊。

④ 焊缝及热影响区强制冷却，减少 450~850℃ 温度区间停留时间。

⑤ 厚板采用水冷却铜垫板。

⑥ 焊缝及热影响区钝化处理。

⑦ 与腐蚀介质接触的焊缝最后焊接。

⑧ TIG 焊，焊缝背面氩气保护。

（5）不锈钢焊接缺陷解决措施 不锈钢焊接的焊接缺陷会导致应力集中，降低承载能力，缩短使用寿命，甚至造成脆断。一般技术规程规定，裂纹、未焊透、未熔合和表面夹渣等是不允许有的；咬边、内部夹渣和气孔等缺陷不能超过一定的允许值，对于超标缺陷必须进行彻底去除和焊补。常见不锈钢的焊接缺陷产生原因、危害及防止措施简述如下。

1）焊缝尺寸不符合要求。

① 定义及危害：焊缝尺寸不符合要求主要指焊缝余高及余高差、焊缝宽度及宽度差、错边量、焊后变形量等不符合标准规定的尺寸，焊缝高低不平，宽窄不齐，变形较大等。焊缝宽度不一致，除了造成焊缝成形不美观外，还影响焊缝与母材的结合强度；焊缝余高过大，造成应力集中，而焊缝低于母材，则得不到足够的接头强度；错边和变形过大，则会使传力扭曲及产生应力集中，造成强度下降。

② 产生原因：不锈钢焊接坡口角度不当或钝边及装配间隙不均匀；焊接参数选择不合理；焊工的操作技能水平较低等。

③ 预防措施：选择适当的坡口角度和装配间隙；提高装配质量；选择合适的焊接参数；提高焊工的操作技术水平等。

2）咬边。

① 定义及危害：由于焊接参数选择不正确或操作工艺不正确，在沿着焊趾的母材部位烧熔形成的沟槽或凹陷称为咬边。咬边不仅减弱了焊接接头强度，而且因应力集中而容易引发裂纹。

② 产生原因：主要是电流过大、电弧过长、焊枪角度不正确、焊接速度过快等所致。

③ 防止措施：焊接时要选择合适的焊接电流和焊接速度，焊丝伸出长度不宜过长，焊枪角度要正确。

3）未焊透。

① 定义及危害：未焊透是指焊接接头根部未完全熔透的现象。未焊透处会造成应力集中，并容易引起裂纹。焊接接头不允许有未焊透。

② 产生原因：坡口角度或间隙过小，钝边过大，装配不良；焊接参数选用不当，焊接电流太小，焊接速度太快；焊丝伸出长度太长等。

③ 预防措施：正确选用和加工坡口尺寸，合理装配，保证间隙，选择合适的焊接电流和焊接速度，提高示教精准度等。

4）未熔合。

① 定义及危害：未熔合是指焊道与母材之间或焊道与焊道之间未完全熔化结合的部分。未熔合直接降低了接头的力学性能，严重的未熔合会使焊接结构承载性能下降。

② 产生原因：主要是焊接时速度快而焊接电流小，焊接热输入太低；焊丝指向不准，焊枪角度不当，坡口侧壁有锈垢及污物，焊前清理不彻底等。

③ 防止措施：正确地选择焊接参数，认真做好焊前清理，提高示教精准度等。

5）焊瘤。

① 定义及危害：焊瘤是指焊接过程中熔化金属流淌到焊缝之外未熔化的母材上所形成的金属瘤。焊瘤不仅影响了焊接的成形，而且在焊瘤的部位，往往还存在夹渣和未焊透。

② 产生原因：钝边过小而根部间隙过大；焊接电流大而焊接速度慢。

③ 防止措施：根据不同的焊接位置，要选择合适的焊接参数，严格控制熔孔的大小等。

6）弧坑。

① 定义及危害：焊缝收尾处产生的下陷部分叫作弧坑。弧坑不仅使该处焊缝的强度严重削弱，而且由于杂质的集中，会产生弧坑裂纹。

② 产生原因：主要是焊接电流大，收弧时间短。

③ 防止措施：要设置足够的收弧时间，使铁液填满焊缝后再熄弧。

7）气孔。

① 定义及危害：焊接时，熔池中的气体在凝固时未能逸出而残留下来所形成的空穴称为气孔。气孔是一种常见的焊接缺陷，分为焊缝内部气孔和外部气孔。气孔形状

有圆形、椭圆形、虫形、针状形和密集形等多种。气孔的存在不但会影响焊缝的致密性，而且将减小焊缝的有效面积，降低焊缝的力学性能。气孔的类型主要有 CO 气孔、H 气孔和 N 气孔。

② 产生原因：

a. CO 气孔：焊丝不合格，焊件含碳量大。

b. H 气孔：由水、油、锈引起。

c. N 气孔：主要原因是气体保护效果不好，如气瓶无气；气路漏气（接头处未紧固，流量计堵塞，流量过小，未加热，电磁阀坏，送丝管密封圈坏，热塑管坏，枪管密封圈坏，气筛坏等）；喷嘴堵塞严重；喷嘴松动，焊枪角度太大；焊丝伸出长度过大；规范不正确，焊接部位有风等情况都有可能产生气孔。另外，收弧时间太短，易产生缩孔，接头起弧不良，易产生密集气孔。

③ 防止措施：焊前将接头两侧 20~30mm 范围内的油污、锈、水分清除干净；正确地选择焊接参数，正确精准示教；焊丝伸出长度不宜过长；室外施工要有防风设施；避免焊丝生锈等。

8）夹杂和夹渣。

① 定义及危害：夹杂是残留在焊缝金属中由冶金反应产生的非金属夹杂和氧化物。夹渣是残留在焊缝中的熔渣。不锈钢焊接夹渣可分为点状夹渣和条状夹渣两种。夹渣削弱了焊缝的有效断面，从而降低了焊缝的力学性能。夹渣还会引起应力集中，容易使焊接结构在承载时遭受破坏。

② 产生原因：焊前清理不净；焊接电流太小；焊接速度太快；焊枪角度和焊丝指向不当；焊接材料与母材化学成分匹配不当；坡口设计、接头加工不合理等因素。

③ 防止措施：做好焊前清理；合理地选择焊接参数；调整焊枪角度和运行方向。

9）烧穿。

① 定义及危害：焊接过程中，熔化金属自坡口背面流出，形成穿孔的缺陷称为烧穿。

② 产生原因：焊接电流大，焊接速度慢，接头间隙大，钝边过薄；焊枪角度不正确等。

③ 防止措施：选择合适的焊接参数及合适的坡口尺寸或接头间隙；提高示教精准度等。

10）裂纹。裂纹按其产生的温度和时间的不同可分为冷裂纹、热裂纹和再热裂纹；按其产生的部位不同可分为纵裂纹、横裂纹、焊根裂纹、弧坑裂纹、熔合线裂纹及热影响区裂纹等。裂纹是焊接结构中最危险的一种缺陷，不但会使产品报废，甚至可能引起严重的事故。

① 热裂纹。

a. 定义及危害：焊接过程中，焊缝和热影响区金属冷却到固相线附近的高温区间所产生的焊接裂纹称为热裂纹，它是一种不允许存在的危险焊接缺陷。根据热裂纹产生的机理、温度区间和形态，热裂纹又可分成结晶裂纹、高温液化裂纹和高温低塑性裂纹。

b. 产生原因：主要是熔池金属中的低熔点共晶物和杂质在结晶过程中，形成严重的晶内和晶间偏析，同时在焊接应力作用下，沿着晶界被拉开，形成热裂纹。热裂纹一般多发生在奥氏体型不锈钢、镍合金和铝合金中。低碳钢焊接时一般不易产生热裂纹，但随着钢的含碳量增高，热裂倾向也会增大。

c.防止措施：严格地控制不锈钢焊接及焊接材料中的硫、磷等有害杂质的含量，降低热裂纹的敏感性；调节焊缝金属的化学成分，改善焊缝组织，细化晶粒，提高塑性，减少或分散偏析程度；采用碱性焊接材料，降低焊缝中杂质的含量，改善偏析程度；选择合适的焊接参数，适当地提高焊缝成形系数，采用多层多道排焊法；断弧时采用与母材相同的引出板，或逐渐灭弧，并填满弧坑，避免在弧坑处产生热裂纹。

② 冷裂纹。

a.定义及危害：焊接接头冷却到较低温度下（对于钢来说在 Ms 温度以下）产生的裂纹称为冷裂纹。冷裂纹可在焊后立即出现，也有可能经过一段时间（几小时、几天甚至更长时间）才出现，这种裂纹又称延迟裂纹，它是冷裂纹中比较普遍的一种形态，具有更大的危险性。

b.产生原因：马氏体转变而形成的淬硬组织、拘束度大而形成的焊接残余应力和残留在焊缝中的氢是产生冷裂纹的三大要素。

c.防止措施：选用低氢型焊接材料，使用前严格按照说明书的规定进行烘焙；焊前清除焊件上的油污、水分，减少焊缝中氢的含量；选择合理的焊接参数和热输入，减少焊缝的淬硬倾向；焊后立即进行消氢处理，使氢从焊接接头中逸出；对于淬硬倾向高的不锈钢焊接，焊前预热、焊后及时进行热处理，改善接头的组织和性能；采用降低焊接应力的各种工艺措施。

③ 再热裂纹。

a.定义及危害：如果对不锈钢焊后在一定温度范围内再次加热（消除应力热处理或其他加热过程）而产生的裂纹叫作再热裂纹。

b.产生原因：再热裂纹一般发生在含钒、铬、钼、硼等合金元素的低合金高强度钢、珠光体耐热钢及不锈钢中，经受一次焊接热循环后，再加热到敏感区域（550~650℃）而产生的。裂纹大多起源于焊接热影响区的粗晶区。

c.防止措施：在满足设计要求的前提下，选择低强度的焊接材料，使焊缝强度低于母材，应力在焊缝中松弛，避免热影响区产生裂纹；尽量减少焊接残余应力和应力集中；控制焊接热输入，合理地选择预热和热处理温度，尽可能地避开敏感区。

4. 铝的焊接

（1）铝及铝合金材料特点

1）常用铝及铝合金材料。

① 纯铝（L1~L5　1060　1035　1200）（HS301）

② 铝铜合金（LY19　2219　2024）

③ 铝锰合金（LF21　3003　3105）（HS321）

④ 铝硅合金（LT1　4043　4047）（HS311）

⑤ 铝镁合金（LF2~LF16　5052　5356）（HS331）

⑥ 铝镁硅合金（LD2 LD11 6063 6070）

⑦ 铝铜镁锌合金〔7005 7050 7475）

⑧ 铝铜镁锂合金（8090）

2）铝及铝合金的焊接性。

① 强的氧化能力。铝在空气中极易与氧结合生成致密结实的 Al_2O_3 膜薄，厚度约 0.1μm。Al_2O_3 的熔点高达 2050℃，远远超过铝及铝合金的熔点（约 660℃），而且体积质量大，约为铝的 1.4 倍。焊接过程中，氧化铝薄膜会阻碍金属之间的良好结合，并易形成夹渣。氧化膜还会吸附水分，焊接时会促使焊缝生成气孔。因此，焊前必须用化学和机械的方法清理表层氧化物。采用 MIG 焊接或交流 TIG、直流反接，电弧阴极雾化作用好，清理氧化膜十分有效。

② 较大的热导率和比热容。铝及铝合金的热导率和比热容约比钢大 1 倍，焊缝熔池的温度场变化大，控制焊缝成形的难度较大。焊接过程中大量的热量被迅速传导到基体金属内部。因此，焊接铝及铝合金比钢要消耗更多的热量，焊前常需采取预热等工艺措施。

③ 热裂纹倾向大。铝及铝合金线胀系数约为钢的 2 倍，凝固时的体积收缩率达 6.5% 左右，由于低熔点共晶物产生焊接应力，因此，焊接某些铝合金时，往往由于过大的内应力而产生热裂纹。生产中常用调整焊丝成分的方法来防止产生热裂纹，如使用焊丝 HS311。

④ 容易形成气孔。形成气孔的气体是氢。氢在液态铝中的溶解度为 0.7mL/100g，而在 660℃ 凝固温度时，氢的溶解度突降至 0.04mL/100g，使原来溶解于液态铝中的氢大量析出，形成气泡。同时，铝和铝合金的密度小，气泡在熔池中的上升速度较慢，加上铝的导热性强，熔池冷凝快，因此，上升的气泡往往来不及逸出，而留在焊缝内成为气孔。弧柱气氛中的水分、焊接材料及母材表面氧化膜吸附的水分都是氢的主要来源，因此，焊前必须严格做好焊材和母材的干燥和表面清理工作。需采用高纯度氩气（Ar> 99.99%），使用大号喷嘴，层流气态保护。

⑤ 接头不等强度。铝及铝合金的热影响区由于受热而发生软化、强度降低，使接头与母材无法达到等强度。纯铝及非热处理强化铝合金接头的强度约为母材的 75%~100%；热处理强化铝合金的接头强度较小，只有母材的 40%~50%。

⑥ 焊穿。铝及铝合金从固态转变为液态时，无明显的颜色变化，所以不易判断母材温度，施焊时常会因温度过高无法察觉而导致焊穿。

（2）铝合金 MIG 焊接工艺案例

1）母材：

① Al-Mg 系防锈铝合金板，5A02（LF2）铝镁合金。

② 尺寸为 200mm（长）×100mm（宽）×10mm（厚）一块; 200mm（长）×60mm（宽）× 6mm（厚）一块，组对成 T 形角接接头，如图 21-5 所示。

2）工艺要求：

① T 形接头水平角焊：焊枪沿角焊缝倾斜摆动，单层单道。

② 表面光洁，无气孔、未熔合等缺陷。

3）焊接设备、材料及保护气见表 21-4。

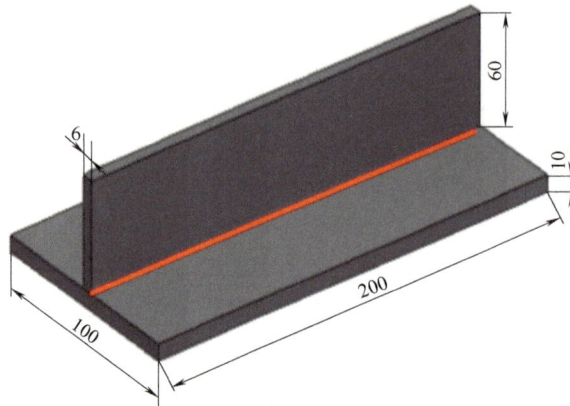

图 21-5　T 形角接接头焊件

表 21-4　焊接设备、材料及保护气

种类	型号或要求	规格
焊丝	ER5356	ϕ1.2mm（盘装 15kg）
纯氩保护气体	Ar99.99%	流量 15~20L/min
脉冲焊电源	搭载机器人推拉式送丝装置	额定电流 350A

4）焊接参数：T 形接头水平角焊缝焊接参数见表 21-5。

表 21-5　T 形接头水平角焊缝焊接参数

接头形式	焊接电流 /A	焊接电压 /V	焊接速度 /（m/min）	摆动频率 /Hz	摆动两端停留时间 /s
T 形接头	110~110	16~17	0.2	0.6~0.8	立板侧 0.2，水平侧 0.1

（3）铝及铝合金焊接常见缺陷和防止措施　铝及铝合金焊接所用焊丝的选择主要根据母材的种类，对接头抗裂性能、力学性能及耐蚀性等方面的要求综合考虑。有时当某项要求成为主要矛盾时，则选择焊丝就着重从解决这个主要矛盾入手，同时兼顾其他方面要求。一般情况下，焊接铝及铝合金都采用与母材成分相同或相近牌号的焊丝，这样可以获得较好的耐蚀性；但焊接热裂倾向大的热处理强化铝合金时，选择焊丝主要从解决抗裂性入手，这时焊丝的成分与母材的差别就很大。

1）烧穿。

① 产生原因：

a. 热输入量过大。

b. 坡口加工不当，焊件装配间隙过大。

c. 定位焊时焊点间距过大，焊接过程中产生较大的变形量。

② 防止措施：

a. 适当减小焊接电流、电弧电压，提高焊接速度。

b. 加大钝边尺寸，减小根部间隙。

c. 适当减小定位焊时焊点间距。

2）气孔。

① 产生原因：

a. 母材或焊丝上有油、锈、污、垢等。

b. 焊接场地空气流动大，不利于气体保护。

c. 焊接电弧过长，降低气体保护效果。

d. 喷嘴与焊件距离过大，气体保护效果降低。

e. 焊接参数选择不当。

f. 重复起弧处产生气孔。

g. 保护气体纯度低，气体保护效果差。

h. 周围环境空气湿度大。

② 防止措施：

a. 焊前仔细清理焊丝、焊件表面的油、污、锈、垢和氧化膜，采用含脱氧剂较高的焊丝。

b. 合理选择焊接场所。

c. 适当减小电弧长度。

d. 保持喷嘴与焊件之间的合理距离范围。

e. 尽量选择较粗的焊丝，同时增加焊件坡口的钝边厚度，一方面可以允许使用大电流，另一方面也使焊缝金属中焊丝比例下降，这对降低气孔率是行之有效的方法。

f. 尽量不要在同一部位重复起弧，需要重复起弧时要对起弧处进行打磨或刮除；一道焊缝一旦起弧要尽量焊长些，不要随意断弧，以减少接头量，在接头处需要有一定焊缝重叠区。

g. 更换保护气体。

h. 检查气流大小。

i. 预热母材。

j. 检查是否有漏气现象和气管损坏现象。

k. 在空气湿度较低时焊接，或采用加热系统。

3）电弧不稳。

① 产生原因：焊接线连接不良、污物或者有风。

② 防止措施：

a. 检查所有导电部分并使表面保持清洁。

b. 将接头处的脏物清除掉。

c. 尽量不要在能引起气流紊乱的地方进行焊接。

4）焊缝成形差。

① 产生原因：

a. 焊接规范选择不当。

b. 焊枪角度不正确。

c. 焊枪高度（焊丝伸出长度）变化。

d. 导电嘴孔径太大。

e. 焊丝、焊件及保护气体中含有水分。

② 防止措施：

a. 反复调试，选择合适的焊接规范。

b. 保持合适的焊枪倾角。

c. 选择合适的导电嘴孔径。

d. 焊前仔细清理焊丝、焊件，保证气体的纯度。

5）未焊透。

① 产生原因：

a. 焊接速度过快，焊丝伸出长度过长。

b. 坡口加工不当，装配间隙过小。

c. 焊接规范过小。

d. 焊接电流不稳定。

② 防止措施：

a. 适当减慢焊接速度，压低电弧。

b. 适当减小钝边或增加根部间隙。

c. 增加焊接电流及电弧电压，保证母材足够的热输入能量。

d. 增加稳压电源装置。

e. 细焊丝有助于提高熔深，粗焊丝能提高熔敷量，应酌情选择。

6）未熔合。

① 产生原因：

a. 焊接部位氧化膜或锈迹未清除干净。

b. 热输入不足。

② 防止措施：

a. 焊前清理待焊处表面。

b. 提高焊接电流、电弧电压，减小焊接速度。

c. 对于厚板采用 U 形接头，而一般不采用 V 形接头。

7）裂纹。

① 产生原因：

a. 结构设计不合理，焊缝过于集中，造成焊接接头拘束应力过大。

b. 熔池过大、过热、合金元素烧损多。

c. 焊缝末端的弧坑冷却快。

d. 焊丝成分与母材不匹配。

e. 焊缝深宽比过大。

② 防止措施：

a. 正确设计焊接结构，合理布置焊缝，使焊缝尽量避开应力集中区，合理选择焊接顺序。

b. 减小焊接电流或适当增加焊接速度。

c. 收弧操作要正确，加入引弧板或采用电流衰减装置填满弧坑。

d. 正确选用焊丝。

8）夹渣。

① 产生原因：

a. 焊件清理不彻底。

b. 焊接电流过大，导致导电嘴局部熔化，混入熔池而形成夹渣。

c. 焊接速度过快。

② 防止措施：

a. 加强焊前清理工作，多道焊时，每焊完一道都要进行焊缝清理。

b. 在保证熔透的情况下，适当减小焊接电流，大电流焊接时导电嘴不要压太低。

c. 适当降低焊接速度，采用含脱氧剂较高的焊丝，提高电弧电压。

9）咬边。

① 产生原因：

a. 焊接电流太大，焊接电压太高。

b. 焊接速度过快，填丝太少。

c. 焊枪摆动不均匀。

② 防止措施：

a. 适当地调整焊接电流和电弧电压。

b. 适当增加送丝速度或降低焊接速度。

c. 焊枪摆动均匀。

5. 铜的焊接

（1）铜及铜合金材料及特点

1）铜及铜合金材料。常用铜材及焊丝牌号：

① 纯铜（紫铜）（C10200） 焊丝（HS201）

② 锡青铜 （C50500） 焊丝（HS202）

③ 硅青铜 （C64700） 焊丝（HS211）

④ 铝青铜 （C61300） 焊丝（HS214）

⑤ 黄铜 （C21000） 焊丝（HS221）

⑥ 白铜（镍铜合金） 焊丝（C70600）

2）铜及铜合金的焊接性。

① 铜的高热导率比钢大 7~11 倍，使母材与填充金属难于熔合，产生焊不透及未熔合的现象。

② 低熔点共晶体使铜及铜合金具有明显的热脆性，焊接接头容易产生热裂纹。

③ 焊缝出现气孔的倾向比钢严重得多。

④ 焊接接头性能变化大，晶粒粗大，导电性和耐蚀性能下降。

3）铜及铜合金焊接的工艺措施：

① 焊前需预热 400~600℃，使焊件获得足够的热量，保证焊缝的良好成形。

② 厚度 0.5~4mm 的焊件，采用直流 TIG 焊工艺（铝青铜焊件采用交流 TIG）。

③ 厚度 2mm 以上的焊件，采用 MIG 焊工艺，效率高，热输入量大，焊缝成形好。

4）铜及铜合金的焊接实例：

① 汽车车体硅青铜、铝青铜的焊接采用 MIG 钎焊工艺（电流 I=90~110A、电压

U=14~16V），焊缝剖面如图 21-6 所示。

② 铜母导线的焊接采用 MIG 焊（厚度 > 3.0mm，预热温度 400~500℃）。

③ 厚度 >0.5mm 的板状、管状对接、角接采用 TIG 焊。

（2）铜及铜合金的焊接性分析

1）难熔合及易变形。焊接纯铜及铜合金时，如果采用的焊接参数与焊接低碳钢差不多，则母材散热太快，填充金属与母材不能很好地熔合，焊后变形也较严重，这与铜的热导率、

图 21-6 MIG 钎焊焊缝剖面

线胀系数和收缩率有关。铜的热导率大，20℃时铜的热导率比钢大 7 倍多，1000℃时大 11 倍多，焊接时热量迅速从加热区传导出去，焊接区难以达到熔化温度，使母材与填充金属很难熔合。铜在熔化温度时的表面张力比钢小 1/3，而流动性比钢大 1 倍，表面成形能力差。铜的线胀系数比钢大 15%，凝固时的收缩率比钢大 1 倍以上，再加上铜的导热能力强，使焊接热影响区加宽，焊接时如被焊焊件刚度低，又无防止变形的措施，则很容易产生较大变形。因此，焊接时必须采用功率大、热量集中的热源，并采取预热措施，不允许采用悬空单面焊接；单面焊时，反面必须加垫板或成形装置。

2）易产生热裂纹。为了防止热裂纹的产生，焊接铜及铜合金时可采取以下一些冶金措施：

① 必须严格限制焊件和焊接材料的氧、铅、铋、硫等有害元素的含量。

② 通过在焊丝中加入硅、锰、碳、磷等合金元素，增强对焊缝的脱氧能力。

③ 选用能获得双相组织的焊丝，使焊缝晶粒细化、晶界增长，使易熔共晶分散，不连续。

④ 焊接时加强对熔池的保护，采用减小焊接应力的工艺措施，如选用热量集中的热源、焊前预热、选择合理的焊接顺序、焊后缓冷等。

3）易产生气孔。气孔是铜及铜合金焊接时一个主要问题，只要在氩气中加入微量的氢和水蒸气，焊缝即出现气孔，产生气孔的倾向比碳钢严重得多，原因如下：

① 铜的热导率比低碳钢高 7 倍以上，所以铜焊缝结晶很快，熔池易为氢所饱和而形成气泡，在凝固结晶很快的情况下，气泡不易析出，促使焊缝中形成气孔。

② 氢在铜中的溶解度随温度升高而增大，直到熔点时氢在铜中的溶解度达最高值，温度再提高，液态铜开始蒸发，氢的溶解度下降。

③ 氩弧焊时氮也是形成气孔的原因，随着氩气中氮含量的增加，气孔数量随之上升。

铜及铜合金焊接时防止产生气孔的主要措施有：

a. 防止焊缝金属吸收氢气及氧化，焊件表面在焊前应去油污、水分等，焊条、焊剂要烘干使用，焊丝表面不得有水分。

b. 对焊缝加强脱氧，加入硅、铝、铁、锰等脱氧元素。

c. 焊接时加强保护。

d. 选择合适的焊接参数，降低冷却速度，熔深不可过大。

4）焊接接头性能下降。

焊接接头的抗拉强度与母材接近，但由于存在合金元素的氧化及蒸发，有害杂质的侵入，焊缝金属和热影响区组织的粗大，再加上一些焊接缺陷等问题，使焊接接头的强度、塑性、导电性、耐蚀性等性能往往低于母材。改善和防止的办法是选择合适的焊接材料，严格控制工艺参数，在可能的情况下进行焊后热处理。

5) 析出有害气体多。焊接铜及铜合金时，焊接区常产生 Mn、Zn、Cu_2O 等有害气体，严重损害焊工的健康。特别是在焊接黄铜时，焊接区因蒸发而产生的白雾状锌蒸气，对焊接人员身体的危害最大，需要穿戴防护用品。

铜及铜合金的焊接多采用手工焊接，机器人焊接应用得较少。

▶ 项目 22　圆弧的编程与焊接

【知识目标】

掌握圆弧插补，圆弧轨迹示教，理解并灵活运用三点确定一段圆弧的概念。掌握手动模式下和自动模式下的操作内容。

【能力目标】

掌握圆弧插补原理及正确运用。掌握手动模式（TEACH）和自动模式（AUTO）的切换。掌握暂停和重启动。

【职业素养】

圆弧轨迹的示教练习，理解并灵活运用三点确定一段圆弧的概念。

第二十二讲：圆弧的编程与焊接

1. 圆弧示教编程

以松下机器人为例，一条圆弧路径至少由三个连续的圆弧插补命令（MOVEC）才能实现，圆弧焊接的示教方法是：圆弧开始点的插补命令 MOVEC，设为焊接点；圆弧中间点的插补命令 MOVEC，设为焊接点；圆弧结束点插补命令 MOVEC，设为"空走"。三个示教点应均匀分布。圆弧示教如图 22-1 所示。

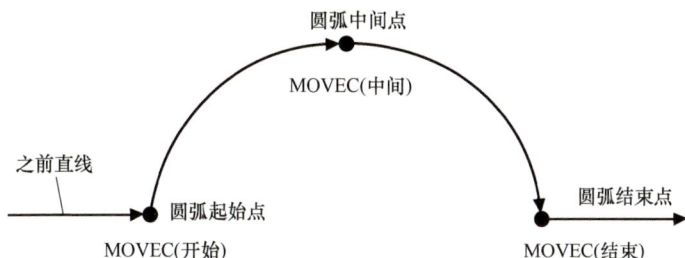

圆弧中间点
MOVEC(中间)

之前直线

圆弧起始点
MOVEC(开始)

圆弧结束点
MOVEC(结束)

图 22-1　圆弧示教

（注：钱江机器人示教圆弧第一点为 MJ，后面两个点为 MC，类似这种编程方法的还有时代机器人等）

（1）**圆弧插补指令**　输入圆弧插补指令后，机器人控制点能够以圆弧路径运动，但一条圆弧路径至少要由三个连续的圆弧插补指令（MOVEC）插补点才能决定，具体设置方法及说明如图 22-2、表 22-1 所示。

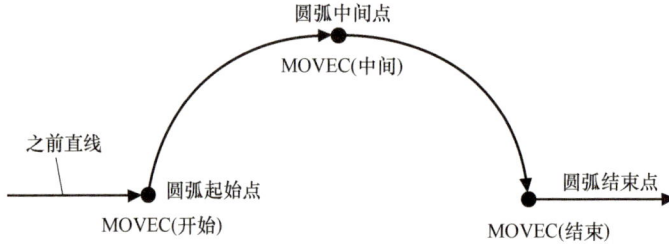

图 22-2　圆弧插补图示

表 22-1　圆弧插补设置方法

一、圆弧起始点	二、圆弧中间点	三、圆弧结束点
1. 移动机器人到一条圆弧线的起始点。在插补菜单中，单击圆弧，然后按回车键，出现增加示教点对话框 2. 设置插补类型为"MOVEC"，同时在对话框中设置其他的参数 3. 按回车键，将该示教点作为圆弧起始点保存	1. 移动机器人到圆弧路径上的一点，按回车键，出现增加示教点对话框 2. 设置为圆弧中间点，并按回车键保存该示教点	1. 移动机器人到圆弧结束点，按回车键，出现增加示教点对话框 2. 若不改变参数，则按回车键保存 3. 如果下一个示教点是以圆弧插补指令以外的方式保存的，则该点作为圆弧结束点保存

（2）**圆弧插补的基本原则**　三个连续的圆弧点才能完成一段圆弧插补。如果示教并保存的点少于三个连续的点，示教点的动作轨迹将自动变为直线。

① 圆弧插补的不完全示教。机器人根据插补计算一段圆弧，并沿圆弧移动。如果圆弧中间点超过一个，从当前点到下一点的圆弧形式将由当前点和其后的两个示教点决定。对于圆弧结束点前的圆弧点，决定圆弧形状的三个点是前一点、当前点和圆弧结束点，如图 22-3 所示。

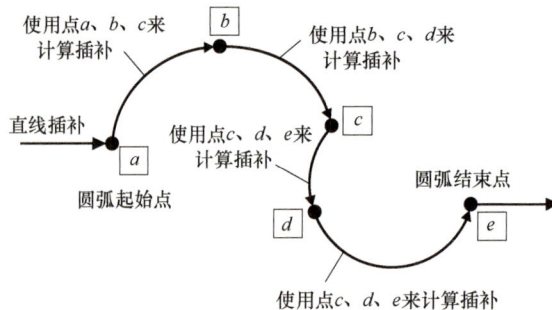

图 22-3　圆弧插补计算示意图

② 圆弧插补的运用。对于有两个及两个以上圆弧路径组合的情况，要明确所示教的三点是否为一段圆弧上的三个点，否则，机器人会出现计算错误，导致运行轨迹偏离示教点，如图 22-4 所示。解决办法有两种：一种是在两个圆弧路径共有的示教点 "a" 处重复登录三次，在中间增加一个 MOVEL 或 MOVEP 插补，作为前一段圆弧和后一段圆弧的分割；另一种办法是，对于 G$_{III}$ 型机器人也可登录该点对话框点选 "圆弧分离点"，将 "a" 点设为 "圆弧分离点"。

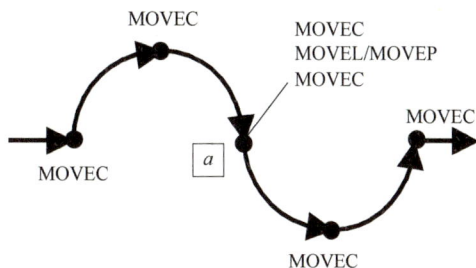

图 22-4　圆弧插补的运用示例

（3）示教点的位置选择　对于由三个圆弧插补点决定的圆弧路径，如果两个点彼此太靠近，则其中任意一点的位置发生微小变化，将导致形状发生巨大变化，如图 22-5 所示。因此，圆弧插补点的选择要合理。

图 22-5　圆弧插补点的位置选择

2. 实操项目

平面圆弧轨迹的示教编程示教方法如下：

（1）示教平面圆弧轨迹的第一个点（焊接起始点）　将焊枪移至 P_1 点，插补指令设为 MOVEC，焊接点，保存该示教点，如图 22-6 所示。

（2）示教平面圆弧轨迹的第二个点（焊接中间点）　将焊枪移至 P_2 点，插补指令设为 MOVEC，焊接点，保存该示教点，如图 22-7 所示。

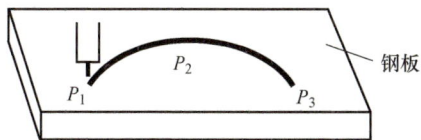

图 22-6　P_1 焊接起始点示教

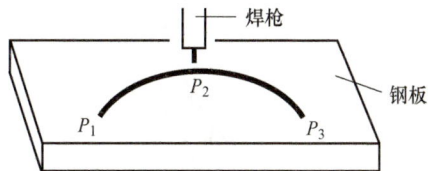

图 22-7　P_2 焊接中间点示教

（3）示教平面圆弧轨迹的第三个点（焊接结束点）　将焊枪移至 P_3 点，插补指令设为 MOVEC，空走点，保存该示教点，如图 22-8 所示。

（4）对平面圆弧轨迹的跟踪

1）正向跟踪：由 $P_1 \rightarrow P_2 \rightarrow P_3$ 方向移动。

2）逆向跟踪：由 $P_3 \rightarrow P_2 \rightarrow P_1$ 方向移动，如图 22-9 所示。

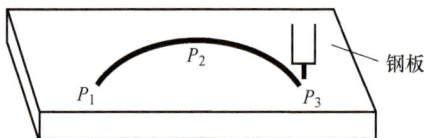

图 22-8　P_3 焊接结束点示教　　　图 22-9　圆弧轨迹逆向跟踪

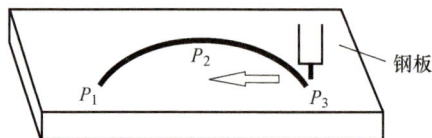

▶ 项目 23　直线摆动的编程与焊接

第二十三讲：直线摆动的编程与焊接

【知识目标】

　　掌握直线摆动插补原理及示教方法，直线摆动插补的指令及振幅点的设置，增加次序指令、替换次序指令、删除次序指令。

【能力目标】

　　针对 V 形坡口板对接、平角焊的位置做直线摆动编程练习，熟练掌握次序指令的更改。

【职业素养】

实践并总结焊接速度、摆动频率、摆动幅度及摆动点停留时间对焊缝的影响。

1. 直线摆动示教方法

　　机器人能够沿着一条直线做一定振幅的摆动运动。直线摆动程序先示教一个摆动起始点（MOVELW），再示教两个振幅点（WEAVEP）和一个摆动结束点（MOVELW）完成，示教方式示意及设置方法如图 23-1 和表 23-1 所示。

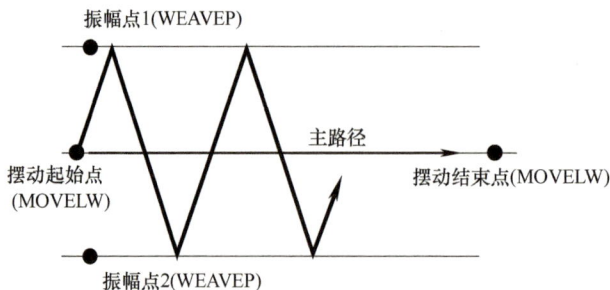

图 23-1　直线摆动示意图

表 23-1　直线摆动插补设置方法

一、摆动起始点	二、振幅点 1
1. 在摆动起始点按登录键（回车键），出现示教点登录窗口 2. 确定插补指令为"MOVELW"，并设置其他参数，按回车键或单击屏幕上的"OK"按钮，作为摆动起始点，保存该点 3. 屏幕出现"是否将下一个示教点设为振幅点"的确认界面，单击"是"按钮	1. 移动机器人到振幅点 1，按回车键，在弹出的对话框中设置插补指令为"WEAVEP"，并设置其他参数，按回车键或单击屏幕上的"OK"按钮，作为振幅点 1 保存 2. 屏幕再次出现"是否将下一个示教点设为振幅点"的确认界面，单击"是"按钮
三、振幅点 2	四、摆动结束点
1. 移动机器人到振幅点 2 2. 采用与振幅点 1 相同的方式保存振幅点 2 3. 如果摆动形式为图 23-2 中的形式 4 或 5，则以相同的方式多示教两个点（点 3 和点 4）	1. 移动机器人到摆动结束点，按回车键，弹出增加示教点对话框，插补指令设为"MOVELW"，按回车键或单击屏幕上的"OK"按钮，保存该点 2. 屏幕出现"是否将下一个示教点设为振幅点"的确认界面，单击"否"按钮

说明：钱江机器人（还有时代机器人等）的摆幅（振幅）是以数据设定的方式输入程序保存，松下机器人也可采用数据设定方式对振幅数值进行编辑。

2. 直线摆动形式

（1）**扩展摆动运动**　如果继续追加"MOVELW"示教点，就会继续摆动，摆动段扩展部分的振幅是相同的。

（2）**改变扩展摆动段的摆动振幅**　在扩展示教段示教和保存新的摆动振幅点，插补指令设为 WEAVEP。

（3）**直线摆动插补的不完全示教**　直线摆动运动需要示教四个点，从而完成直线摆动插补，如果任何其中一个点没有保存，即使其余示教点已经作为摆动点保存，但在跟踪操作和运行中，机器人将以直线形式沿这些点运动。需要说明：在图 23-2 所示的六种摆动形式中，形式 4 和形式 5 需示教和保存六个示教点。

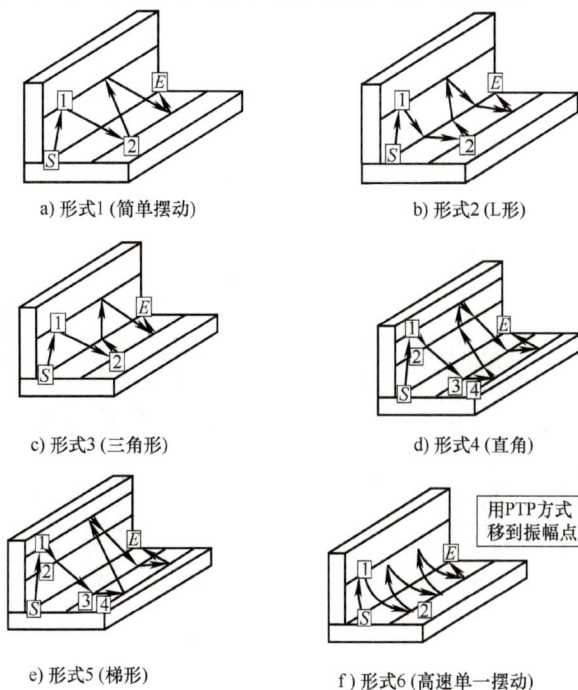

a) 形式1 (简单摆动)　　b) 形式2 (L形)
c) 形式3 (三角形)　　d) 形式4 (直角)
e) 形式5 (梯形)　　f) 形式6 (高速单一摆动)

图 23-2　六种摆动形式

3. 直线摆动参数

1）直线摆动应设定摆动的幅度和频率。

2）直线摆动应设定摆动的形式。

3）直线摆动应设定摆动主运行轨迹方向上的运动速度。摆动方式设置对话框如图 23-3 所示。

4）摆动时间是重要参数之一，它是指焊枪的焊丝末端在振幅点的停留时间。需要注意：即使设置停留时间，主轨迹（从起始点向结束点的方向）的移动并不停止，如图 23-4 所示。

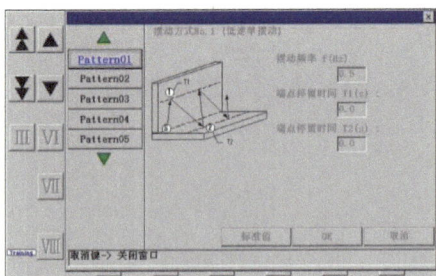

图 23-3　摆动方式设置对话框

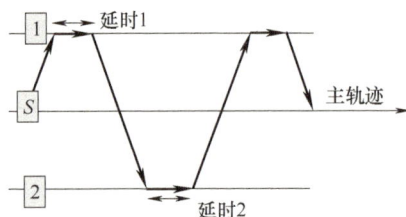

图 23-4　摆动时间示意

4. 直线摆动的条件

1）对于形式 1~ 形式 5：［频率］最大为 5Hz，［振幅 × 频率］不能超过 60mm・Hz。

2）对于形式 6：［频率］最大为 10Hz，［摆动角 × 频率］不能超过 125°・Hz。

3）摆动运动必须满足式（23-1）。

$$1/f - (T_0 + T_1 + T_2 + T_3 + T_4) > A \left| \text{其中}, A = \begin{cases} 0.1 & (\text{形式 1、2 和 5}) \\ 0.75 & (\text{形式 3}) \\ 0.15 & (\text{形式 4}) \\ 0.05 & (\text{形式 6}) \end{cases} \right. \tag{23-1}$$

式中，f 为频率，单位为 Hz；T_0 为摆动起始点的保存值定时器设定；$T_1 \sim T_4$ 为振幅点 1~4 的时间值。

5. 直线摆动焊接工程案例

工程机械行业挖掘机结构件的生产有很多搭接焊缝，多采用直线摆动焊接，直线摆动程序对于这样一段焊缝的示教至少由 5 个点组成，如图 23-5 所示。

图 23-5　直线摆动示教图示

根据图中标识，示教程序见表 23-2，表中逐条列出了程序解读说明。

表 23-2 直线摆动程序及解读说明

程序	解读说明
LINEAR PROGRAM EXAMPLE	线性规划实例
LINEAR WEAVEprg.prg	直线摆动程序
BEGIN OF PROGRAM	程序开始
TOOL=1 TOOL01	设备为 1 台机器人，工具为 TOOL01
MOVEP P1 30m/min	P_1 原点：机器人由 P_8 点向 P_1 点作 PTP 移动，速度为 30m/min
MOVEL P2 10m/min	P_2 过渡点：速度为 10m/min，由 P_1 向 P_2 移动
MOVELW P3 5m/min	P_3 焊接开始点：直线摆动开始，插补指令为 MOVELW（设为"焊接"）
ARC-SET AMP=200A VOLT=24V S=0.3 F=0.8	焊接参数设置指令：ARC-SET，焊接电流 AMP=200A、焊接电压 VOLT=24V、焊接速度 S=0.3m/min、摆动频率 F=0.8
ARC-ON ArcStart1.prg RETRY=0	焊接开始指令：ARC-ON，运行 ArcStart1 起弧子程序，无引弧重试功能
WEAVEP P4 10m/min T1=0.2s（上） WEAVEP P5 10m/min T2=0.1s（下）	P_4 上摆幅点指令：WEAVEP，停留时间 T_1=0.2s； P_5 下摆幅点指令：WEAVEP，停留时间 T_2=0.1s
MOVELW P6 10m/min	P_6 为焊接结束点：直线摆动结束，插补指令为 MOVELW（设为"空走"）
CRATER AMP=160A VOLT=22V T=0.3s	收弧条件设置指令：CRATER，收弧电流 AMP=120A、收弧电压 VOLT=19V、收弧时间 T=0.3s
ARC-OFF ArcEnd1.prg RELEASE=0	焊接结束指令：ARC-OFF，运行 ArcEnd1 收弧子程序，无粘丝解除功能
MOVEL P7 5m/min	P_7 过渡点：速度为 10m/min，由 P_6 向 P_7 直线移动
MOVEP P8 30m/min	P_8 结束点：速度为 30m/min，由 P_7 向 P_8（回到原点）作 PTP 移动

注：由于熔化金属受重力作用，应在平角焊缝斜摆的上、下振幅点设置不同停留时间来补偿铁液的流动。

6. 实训项目：坡口板对接摆动焊接

（1）焊前准备

1）材料及尺寸。材料：Q235 钢，试件尺寸：300mm×200mm×12mm，对接 V 形坡口，坡口尺寸如图 23-6 所示。

2）技术要求。

① 水平位单面焊双面成形。

② 根部间隙 b = 3~4mm，钝边 p = 1~1.5mm，坡口角度 α=$60°^{+5°}_{0°}$。

③ 焊后变形量 ≤ 3°。

④ 焊缝表面平整、无缺陷。

⑤ 三层三道，直线摆动，单面焊双面成形。焊道分布示意如图 23-7 所示。

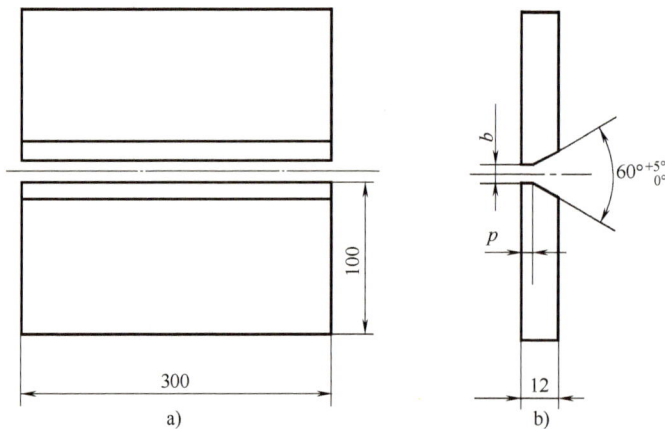

图 23-6　V 形坡口对接试件及坡口尺寸

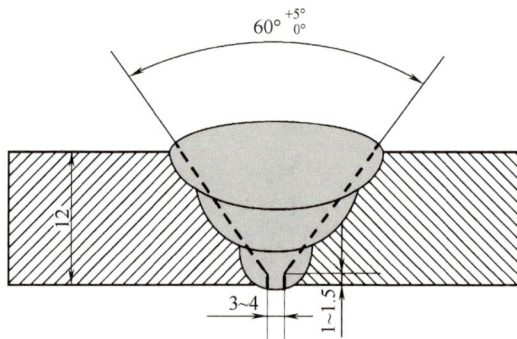

图 23-7　焊道分布示意

（2）焊件点固

1）装配间隙。起始端间隙约为 2mm，收尾端间隙控制约为 3.2mm，错边量 ≤ 0.5mm。

2）装配定位焊接。在焊件的两端 20mm 范围内，在试件坡口内定位焊。V 形坡口对接平焊装配如图 23-8 所示。

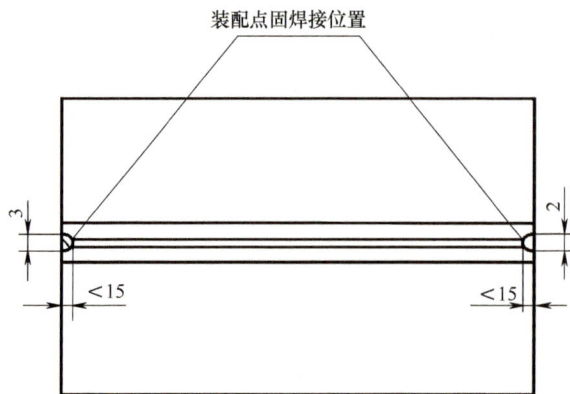

图 23-8　V 形坡口对接平焊装配

定位焊点的长度为 15~20mm，定位焊后应预置反变形量为 3°，如图 23-9 所示。

图 23-9 反变形预置夹角

（3）焊接参数 焊接参数选择见表 23-3。

表 23-3 焊接参数

焊道层次	焊接电流 /A	焊接电压 /V	气体流量 /（L/min）	焊接速度 /（mm/min）	两端停留时间 /s	摆动频率 /Hz
打底层	80~120	17~20	12~15	200~300	0.3~0.4	0.5~0.7
填充层	120~150	19~22	12~15	200~350	0.1~0.2	0.6~0.8
盖面层	120~140	19~23	12~15	200~350	0.2~0.3	0.6~0.8

（4）操作要点及注意事项 采用左向焊法，焊接层次为三层三道，焊枪角度如图 23-10 所示，摆动焊接图示如图 23-11 所示（图中①和②为左右摆动两侧的振幅点）。

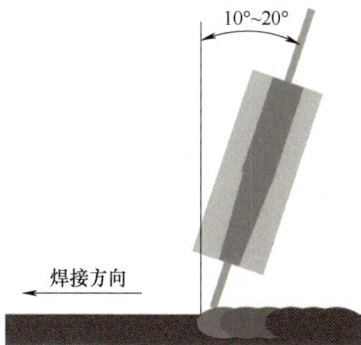

图 23-10 焊枪角度

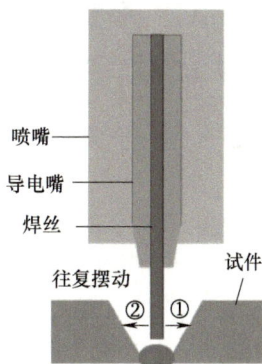

图 23-11 摆动焊接图示

（5）示教编程

1）打底焊。

① 起弧。将试件始焊端放于右侧，在试件离端部一定距离的坡口内的一侧起弧，然后开始向左打底焊接。焊枪沿坡口两侧做小幅度横向摆动，控制电弧离底边 3~4mm 处，并在坡口两侧稍微停留 0.3~0.4s，如图 23-12 所示。根据间隙大小设定横向摆动幅度和焊接速度，尽可能维持熔孔直径不变，如图 23-13 所示，以获得宽窄和高低均匀的背面，焊缝严防烧穿。

② 采用锯齿形摆动（形式 1——简单摆动），焊接同一层焊缝的枪姿不要变化。

③ 控制熔孔的大小，决定背部焊缝的宽度和余高，要求焊接过程中控制熔孔直径始终比间隙大 1.2mm。

④ 控制电弧在坡口两侧的停留时间，打底层为 0.2~0.4s，填充层为 0.1~0.2s，盖面为 0.2~0.3s，以保证坡口两侧熔合良好，使打底焊道两侧与坡口结合处稍下凹，焊道表面平整。

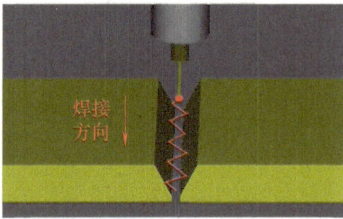

图 23-12　打底层摆动焊接示意

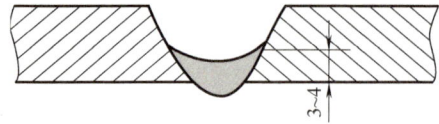

图 23-13　打底焊道

⑤ 控制好焊丝伸出长度，电弧必须在离坡口底部 3~4mm 处燃烧，保证打底层厚度不超过 4mm。

2）填充焊。调试填充层焊接参数，从试件右端开始焊填充层，焊枪的横向摆动幅度大于打底层焊缝宽度。注意熔池两侧熔合情况，保证焊道表面平整并稍下凹，填充层的高度应低于母材表面 1.5~2.0mm，焊接时不允许熔化坡口棱边，如图 23-14、图 23-15 所示。

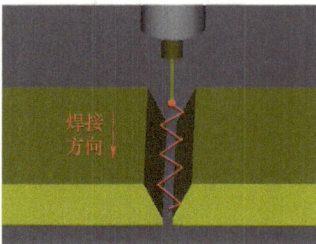

图 23-14　填充层摆动焊接示意

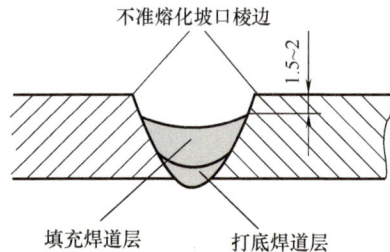

图 23-15　填充焊道

3）盖面焊。调试好盖面层焊接参数后，从右端开始焊接，需注意下列事项。

① 保持喷嘴高度，焊接熔池边缘应超过坡口棱边 0.5~2.5mm，并防止咬边。

② 焊枪横向摆动幅度应比填充焊时稍大，尽量保持焊接速度均匀，使焊缝外观成形平滑。

③ 收弧时要填满弧坑，收弧弧长要等熔池凝固后方能移开焊枪，以免产生弧坑裂纹和气孔。盖面层摆动焊接如图 23-16 所示，盖面层焊道如图 23-17 所示。

图 23-16　盖面层摆动焊接示意

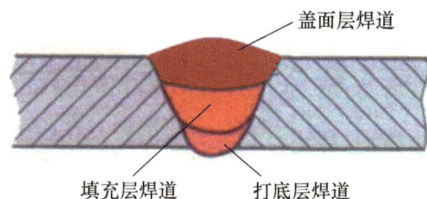

图 23-17　盖面层焊道

（6）焊接质量要求

1）试件检查项目、检查数量和试样数量：外观检查 1 件；射线透照 1 件；侧弯试验试样 2 件。

2）外观检查。

① 焊缝边缘直线度 ≤ 2mm；焊道宽度比坡口每侧增宽 0.5~2.5mm，宽度差 ≤ 3mm。

② 焊缝与母材圆滑过渡；焊缝余高 0~3mm，余高差 ≤ 2mm；背面凹坑 ≤ 2mm，长度不得超过焊缝长度的 10%。

③ 焊缝表面不得有裂纹、未熔合、夹渣、气孔、焊瘤等缺陷。

④ 焊缝边缘咬边深度 ≤ 0.5mm，焊缝两侧咬边总长度不得超过焊缝长度的 10%。

⑤ 试件表面非焊道上不应有起弧痕迹，试件变形量 <3°，错边量 ≤ 1.2mm。焊接试件正面和背面成形如图 23-18、图 23-19 所示。

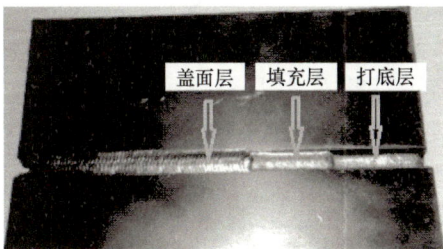

图 23-18　焊接试件正面成形

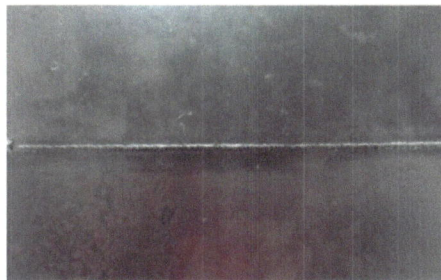

图 23-19　焊接试件背面成形

3）X 射线透视照片应符合 NB/T 47013—2015《承压设备无损检测》规定，射线透照质量不应低于 AB 级，焊缝缺陷等级不低于 II 级为合格。

4）进行弯曲试验，弯曲角度为 180°（弯轴直径为 3 倍板厚）。弯曲后，试样拉伸面上不得有任一单条长度大于 3mm 的裂纹或缺陷。两个冷弯试样都合格时，弯曲试验为合格。

5）拉伸试验需符合 GB/T 228.1—2021《金属材料　拉伸试验　第 1 部分：室温试验方法》。

▶ 项目 24　圆弧摆动的编程与焊接

【知识目标】

掌握圆弧摆动插补原理及示教方法，圆弧摆动插补的指令及振幅点的设置。

【能力目标】

针对 T 形角接平角焊的位置做圆弧摆动练习。

【职业素养】

第二十四讲：圆弧摆动的编程与焊接

观察并实验焊接速度、摆动频率、摆动幅度及振幅点停留时间对焊缝的影响。

1. 圆弧摆动示教方法

机器人能够以一定的振幅，摆动运动通过一段圆弧。示教决定一段圆弧线的三个点和两个振幅点（WEAVEP）来确定机器人的圆弧摆动运动。示教点位置及插补指令如图24-1所示。

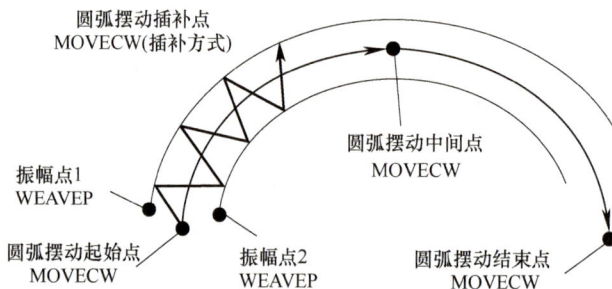

图 24-1　圆弧摆动示意图

圆弧摆动示教方法及步骤见表24-1。

表 24-1　圆弧摆动示教方法及步骤

步骤一：圆弧摆动起始点	步骤二：振幅点 1	步骤三：振幅点 2
1. 在摆动起始点按登录键（回车键），出现示教点登录窗口 2. 确定插补类型为"MOVECW"，待其他参数设置后，按回车键或单击屏幕上的"OK"按钮，作为摆动起始点保存 3. 屏幕出现"是否将下一个示教点设为振幅点"的确认界面，单击"是"按钮	1. 移动机器人到振幅点 1 2. 按回车键，出现增加示教点对话框 3. 将插补类型设为"WEAVEP"，并设置对话框中其他的参数 4. 按回车键或按屏幕上的"OK"按钮，将该示教点作为振幅点 1 保存	1. 移动机器人到另一个振幅点（振幅点 2） 2. 以与振幅点 1 相同的方式保存振幅点 2 3. 对于图 23-2 中的摆动形式 4 或 5，以相同的方式示教振幅点 3 和 4

步骤四：圆弧摆动中间点	步骤五：圆弧摆动结束点
1. 移动机器人到圆弧摆动主轨迹上中间一点，按回车键，出现增加示教点对话框 2. 插补类型设为"MOVECW"，若不改变参数则按回车键。该点将作为圆弧摆动中间点保存 3. 屏幕出现"是否将下一个示教点设为振幅点"的确认界面，单击"否"按钮	1. 移动机器人到结束圆弧摆动的点，按回车键，出现增加示教点对话框。插补类型设为"MOVECW"，设置圆弧摆动结束点参数 2. 按回车键或单击屏幕上的"OK"按钮保存该点 3. 屏幕出现"是否将下一个示教点设为振幅点"的界面，单击"否"按钮

圆弧摆动形式与直线摆动形式一样，共有六种。

2. 实操项目：圆弧摆动焊接实际案例——厚板组合件圆弧摆动焊接

（1）工艺分析

1）焊件尺寸。厚板组合件尺寸如图 24-2 所示。

2）工艺要求。

① 立焊位。厚板组合件实心圆柱（Ⅲ）侧面和立板（Ⅱ）相接形成的两条端接立焊位；要求两层焊接，第一层打底焊，第二层盖面摆焊。

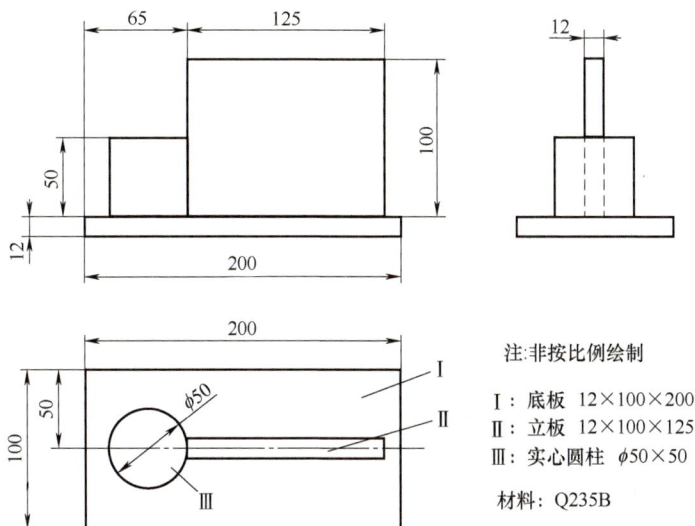

图 24-2 厚板组合件尺寸

注:非按比例绘制

Ⅰ:底板 12×100×200
Ⅱ:立板 12×100×125
Ⅲ:实心圆柱 φ50×50

材料:Q235B

② 平角位。实心圆柱(Ⅲ)和立板(Ⅱ)与底板(Ⅰ)构成的平角焊缝,要求两层焊接,第一层打底焊,第二层盖面摆焊,要求每层焊接只能起、收弧一次。

③ 编程要求。要求整编整焊,即两层焊道全部编程后一次焊接完成。

3)焊接工艺分析。根据两层两道焊接要求,确定焊接顺序为:先立焊、再平角焊;先打底,后盖面。

① 立焊位焊接工艺分析。如图 24-3 所示,两条立焊位打底焊采用立向下焊接,即 $x \rightarrow y$(正面)和 $x' \rightarrow y'$(背面),立焊位打底焊在示教点 x 位置时,焊枪工作角(即实心圆柱"Ⅲ"和立板"Ⅱ"形成的夹角中心线)约 45°,由于铁液重力下淌容易在底部产生焊瘤,因此,电流不能过大,焊接速度不宜过慢,同时还要保证焊缝尺寸,因此,在起弧点 x 的焊枪前进角(即焊枪移动方向与焊缝的夹角)应 ≥ 90°,以减缓铁液流动,如图 24-4 所示。之后,为避免喷嘴与底板(Ⅰ)碰撞,在焊枪运行到底部 y 时将前进角设为 60°。

立焊位盖面层选择立向上摆焊,即 $y \rightarrow x$(正面)和 $y' \rightarrow x'$(背面),焊枪角度与打底层基本一致。焊接参数不宜过大,采用焊接电流 120~150A,电弧电压 18~20V 的短路过渡形式,这时形成的熔池较小,熔池始终跟随电弧移动,而前面的熔池金属也随之凝固,保证熔池不致流淌。

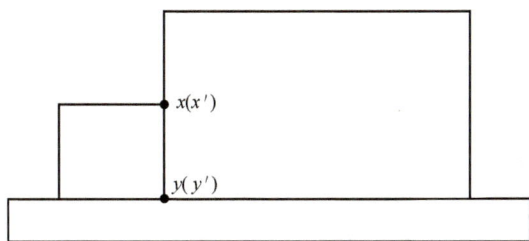

图 24-3 立焊缝示教点位置

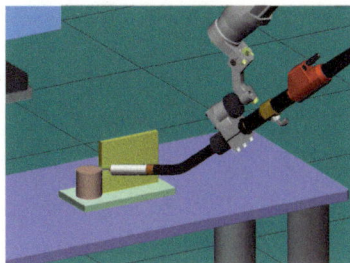

图 24-4 立焊缝焊枪角度

② 平角位焊接工艺分析。平角位打底焊示教点位置如图 24-5 所示，示教点由第 1~15 点组成。示教及焊接顺序从第 "1" 点开始至第 "15" 点结束，其中第 "10" 点和第 "12" 点为圆弧分离点（即在该点重复登录三次：MOVEC、MOVEL、MOVEC），第 "15" 点应越过第 "1" 点 2~3mm 搭接。

平角位盖面层摆焊的焊接顺序与打底层一致，焊枪角度同样为工作角为 45°，前进角为 80°~90°，如图 24-6 所示，考虑斜向摆焊过程中铁液的重力下坠因素，可以在上、下两端的停留时间设置上予以补偿，即上端振幅点的停留时间长一些 T_1=0.2~0.3s，下端的停留时间短一些 T_2=0~0.1s，从而保证平角焊缝剖面呈等腰三角形。

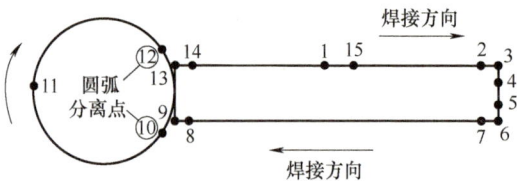

图 24-5　平角位打底焊示教点位置

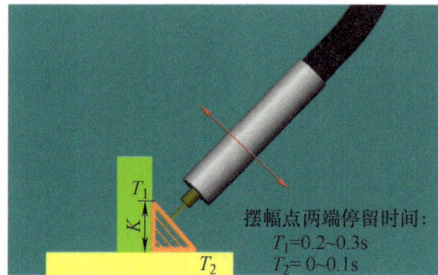

图 24-6　焊枪角度及摆动停留时间

③ 厚板组合件焊接参数。厚板组合件焊接参数（参考）见表 24-2。

表 24-2　厚板组合件焊接参数（参考）

焊接位置	电流 /A	电压 /V	焊接速度 /（m/min）	摆幅 /mm	频率 /Hz	振幅点停留时间 /s	收弧电流 /A	收弧电压 /V	收弧时间 /s
立焊位打底焊	130~140	19~20	0.5~0.6	—	—	—	80~90	16~17	0.1~0.2
平角位打底焊	160~180	22~23	0.3~0.4	—	—	—	110~120	18~19	0.1~0.2
立焊位盖面层摆焊	120~130	18~19	0.1~0.12	5.5~6.5	0.5~0.6	0.1~0.2	70~80	15~16	0.2~0.3
平角位盖面层摆焊	130~140	20~21	0.13~0.15	7.0~8.0	0.7~0.8	T_1 上 0.2~0.3 T_2 下 0.1~0.2	90~100	17~18	0.2~0.3

（2）焊前准备

1）设备和工具准备。设备和工具准备明细见表 24-3。

表 24-3　设备和工具准备明细

序号	名称	型号与规格	单位	数量	备注
1	弧焊机器人	臂伸长 1400mm	台	1	
2	TIG 或 CO_2 气体保护焊机	350A	台	1	点装组对用

（续）

序号	名称	型号与规格	单位	数量	备注
3	焊丝	ER50-6、ϕ1.0mm	盒	1	
4	混合气	80%Ar+20%CO_2	瓶	1	
5	头戴式面罩	自定	个	1	
6	焊工手套	自定	副	1	
7	钢丝刷	自定	把	1	
8	尖嘴钳	自定	把	1	
9	扳手	自定	把	1	
10	钢直尺	自定	把	1	
11	十字螺钉旋具	自定	把	1	
12	敲渣锤	自定	把	1	
13	定位块	自定	块	2	
14	焊缝测量尺	自定	把	1	
15	粉笔	自定	根	1	
16	角磨机	自定	台	1	
17	劳保用品	帆布工作服、工作鞋	套	1	

2）焊件准备。焊件点装组对前需要对表面进行清理，表面清理及点装组对技术要求如下：

① 使用角磨机去除焊件焊缝 20mm 范围内铁锈和氧化层，直至露出金属光泽。

② 采用 TIG 或 CO_2 气体保护焊机进行焊件点装组对，焊点应磨平。

③ 拐角处 10mm 范围不允许点焊，注意公差尺寸和变形量。

3）设备检查及固定焊件。首先检查确认焊接机器人设备及附件齐全、完好，电力设施完备，满足焊件焊接要求。确认安全后送电，然后迅速做好以下各项焊前准备任务。

任务 1：检查机器人本体、控制箱、焊接电源、示教器通电后均处于正常状态。示教器处于手动状态（TEACH）。

任务 2：检查焊枪、气筛、送丝轮和导电嘴规格正确并可正常使用。

任务 3：检查送丝路径通畅，送丝轮转动平稳，压臂轮压力适当。

任务 4：检查焊接保护气体气路通畅，满足焊接所需气体流量。

任务 5：检查调整机器人本体各关节轴均处于零位。

任务 6：检查焊接机器人工具中心点 TCP 无超差。

任务 7：将焊件放置到工作台的合适位置（通常放在焊枪的正下方），使机器人焊枪能达到焊件所有焊缝位置且有合适的焊接角度，用夹具固定好焊件。

（3）任务实施

1）示教编程及焊接。厚板组合件示教的方法和步骤见表24-4。

表 24-4 厚板组合件示教的方法和步骤

操作方法	操作图示
首先，检查焊枪的焊丝端部，如果有熔球，须用钳子剪掉，然后将焊丝伸出长度调整到12~14mm，保存机器人原点，设为MOVEP（空走点）	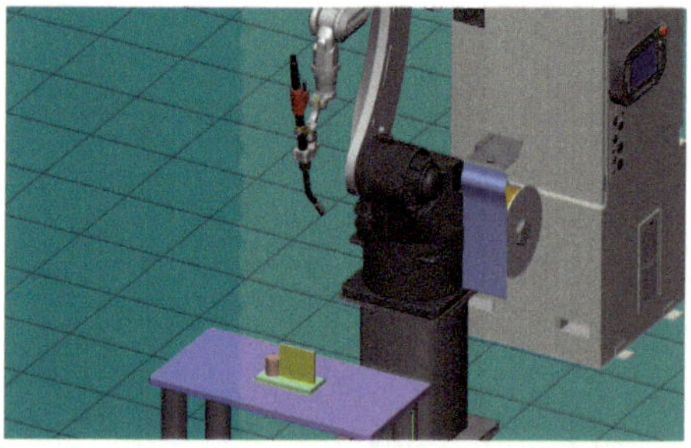 保存机器人原点
示教过渡点（进枪点），防止焊枪与焊件发生碰撞，设为MOVEP（空走点）	 示教进枪点
示教立焊缝打底层起弧点 x，设为MOVEL（焊接点），采用立向下焊接，焊枪工作角为45°。为抑制铁液下坠，避免在底部产生焊瘤，设定行走角 $\geq 90°$	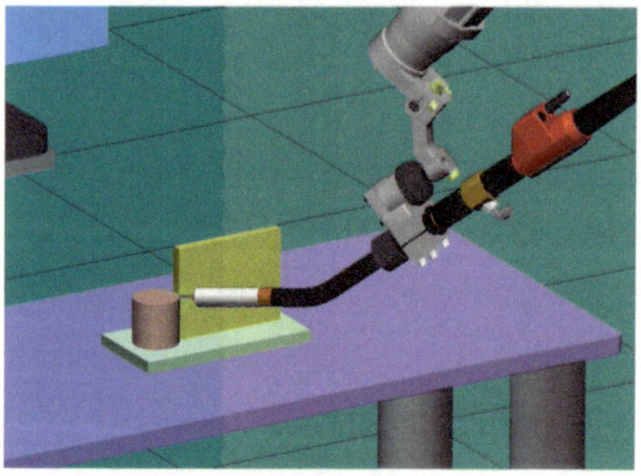 立焊缝焊接起始点 x（x'）
示教立焊缝收弧点 y，设为MOVEL（空走点），保证焊枪工作角为45°。为避免焊枪喷嘴与底板碰撞，行走角度设为60°	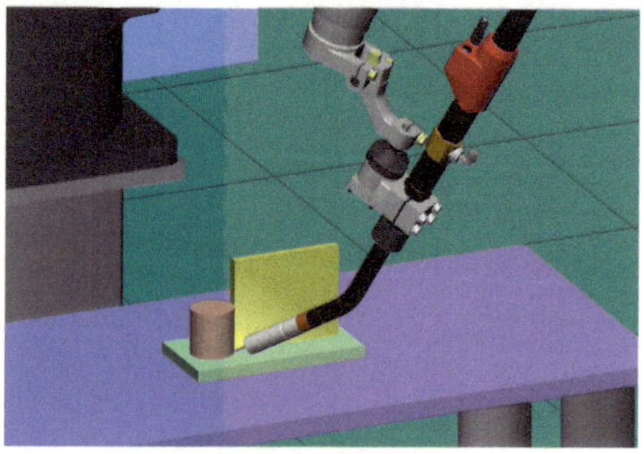 立焊缝焊接结束点 y（y'）

（续）

操作方法	操作图示
立焊缝示教结束后，仍需设置一个退避点 MOVEP（空走），退避点位置须高于焊件，以防撞枪。之后，将焊枪转到另一侧立焊缝 $x'\sim y'$ 斜上方 20mm 位置，再设置一个过渡点，之后与 $x\sim y$ 焊缝的示教方法相同，图略	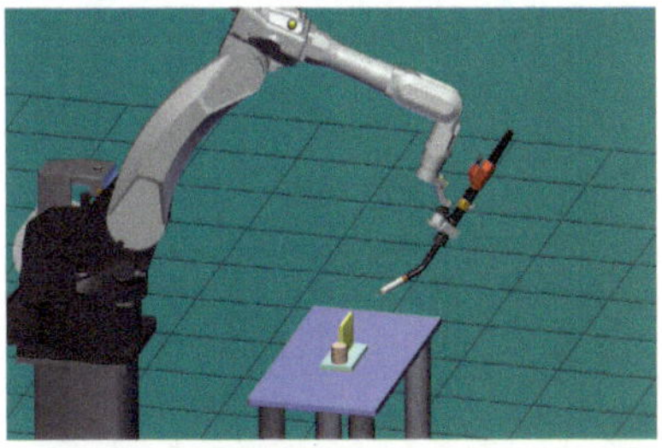 立焊缝过渡点示教
立焊缝打底层示教完成后，准备示教平角焊缝，先在直角坐标系使焊枪绕 Z 轴旋转 180°，设置平角焊缝进枪点 MOVEP（空走）	 平角焊缝进枪点示意
在近机器人一侧的立板中部示教平角焊缝起弧点"1"，设为 MOVEL（焊接点），然后按照平角焊缝位置轨迹规划 1~15 点的焊接顺序，逐点进行示教。焊枪工作角为 45°，前进角为 80°~90°，焊丝伸出长度 12~14mm，最后的第"15"点为焊接结束点，设为 MOVEL（空走点），要求与第"1"点搭接 2~3mm	 平角焊缝起弧点 1 图示
平角焊缝示教结束后，焊枪沿斜上方后退至高于焊件的位置，示教一个退避点，设为 MOVEL（空走）	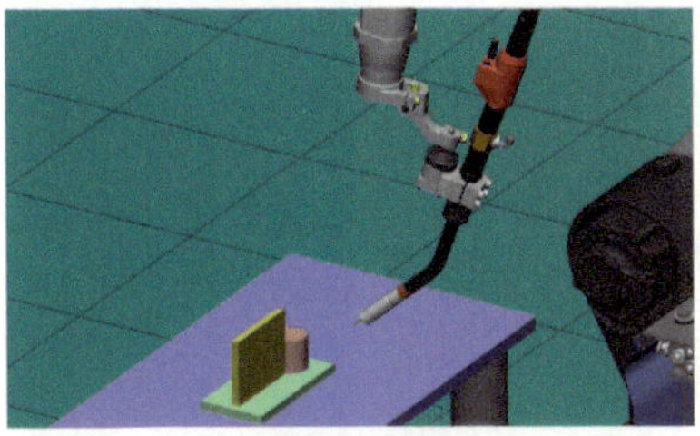 退避点示教图示
使机器人回到原点。采用复制首行原点程序，再粘贴到结尾的方式，设为 MOVEP（空走）	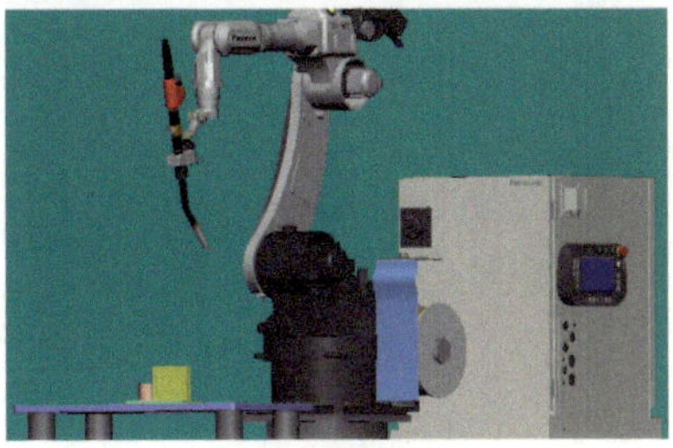 回到原点图示

（续）

操作方法	操作图示
开始示教两条立焊缝盖面层，采用立向上摆动焊接，即从立焊缝 y 点开始摆动至 x 点结束，焊丝伸出保持在 12~14mm。背面 $y'~x'$ 立焊缝盖面层示教方法与正面 $y~x$ 一致，示教图示略	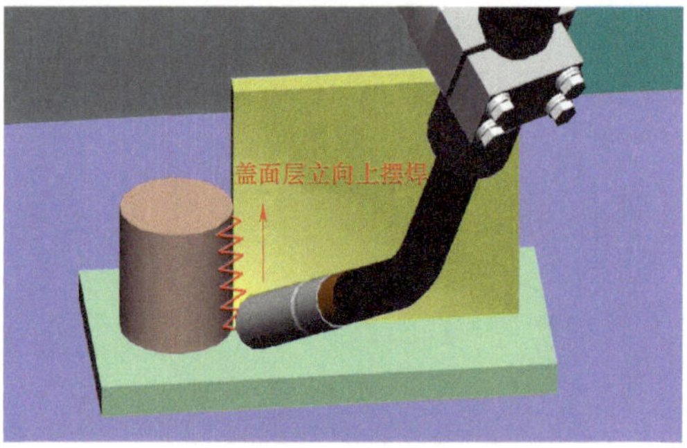 立焊缝盖面层示教图示
底板平角焊缝盖面层采用倾斜摆动焊接方法。从第"1"点开始摆动至第"15"点结束，整个焊接程序必须一次编写完成	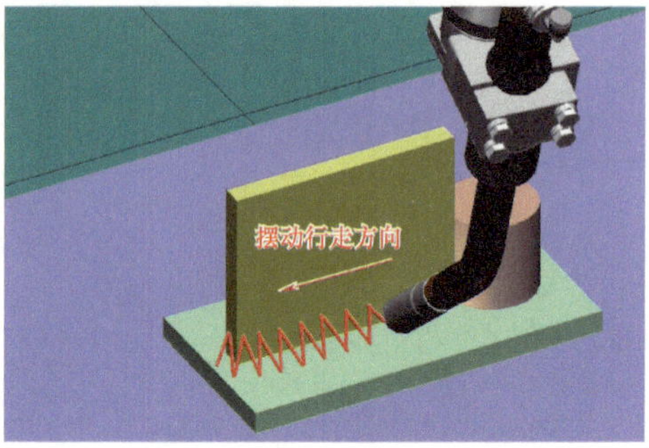 底部平角焊盖面层摆动示教图示
程序的跟踪检查。对一些不准确的示教点进行重新示教和编辑，经检查程序跟踪无误后，进入焊前准备阶段	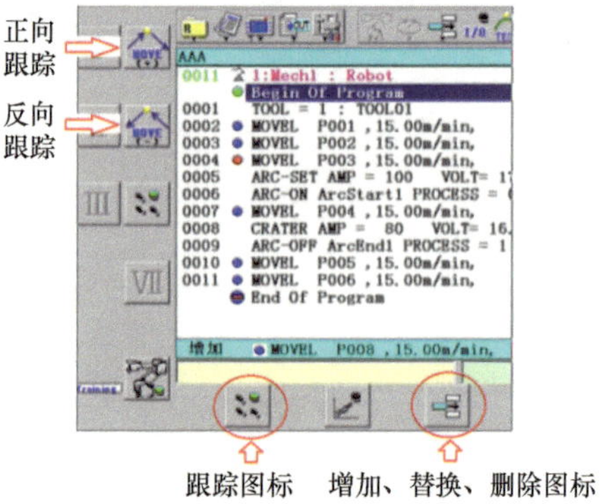 对程序进行跟踪检查
点亮检气和出丝、退丝图标，然后按压"出丝、退丝"图标，调整焊丝伸出长度为 12~14mm	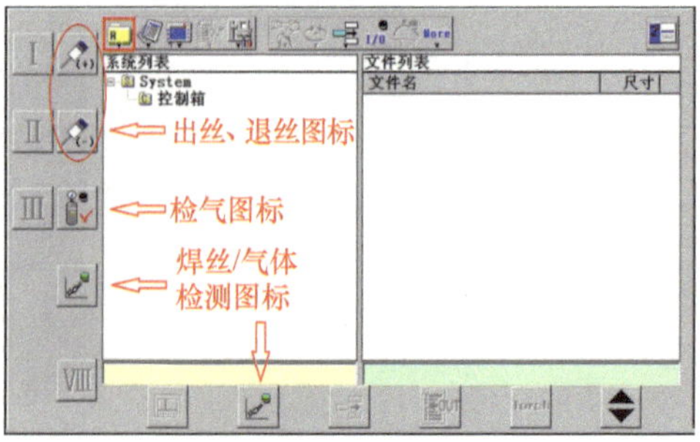 检气和出丝、退丝图标

（续）

操作方法	操作图示
旋开焊接保护气瓶开关，点亮检气图标，将气体流量计调至 15~20L/min	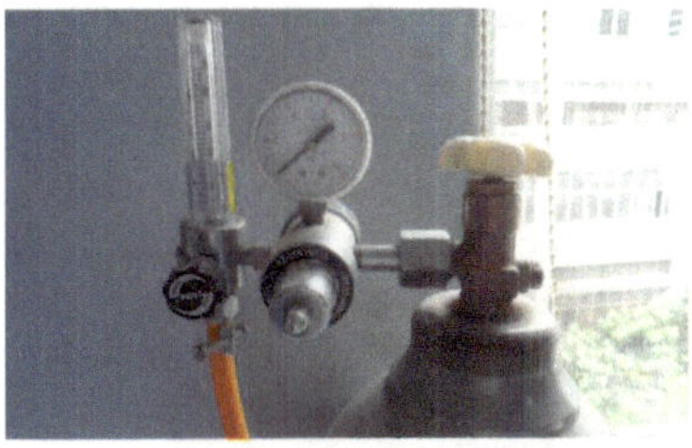 旋开焊接保护气气瓶开关调整流量
完成上述操作，再次确认焊接区域安全后，将示教器光标移到程序开始行，然后将示教器模式开关由 TEACH（手动示教模式）旋至 AUTO（自动运行模式）	 将示教器模式开关由 TEACH 旋至 AUTO
焊接开始后，手持面罩和示教器，站在安全位置观察，如出现意外情况，但无须进入工作区域时，按下暂停按钮，处理后直接按下启动按钮即可继续焊接；如果发现危险趋势或异常停止，应及时按下紧急停止按钮，进入场地处理后，先解除紧急停止状态后再启动机器人	 在安全位置观察焊接情况
焊接完成，待机器人运行回到原点后，必须将示教器模式开关由 AUTO 旋至 TEACH，然后才能进入工作区域。待焊件冷却后，用錾子清除焊渣颗粒，再用钢丝刷清理焊缝表面，但不要用锤子敲击焊道。最后，使用焊缝尺检测焊缝尺寸	 焊后处理后焊件照片

2）厚板组合件程序。下面列举厚板组合件两条立焊位 "x~y；x'~y'" 打底焊程序以及平角位 "1~15" 盖面层摆动焊程序予以说明。

① 厚板组合件两条立焊位打底焊程序及说明见表 24-5。

表 24-5 两条立焊位打底焊程序及说明

程序	说明
Begin of Program	程序开始
TOOL=1：TOOL01	工具编号（焊枪）
● MOVEP P1 10m/min	原点（空走点）
● MOVEL P2 10m/min	进枪点（空走点）

（续）

程序	说明
● MOVEL　P3　10 m/min ARC-SET　AMP =130　VOLT=19　S=0.5 ARC-ON　ArcStart1.prg　RETRY=0	打底层立焊位 "x" 起弧点（焊接点） 焊接参数（电流、电压、焊接速度） 起弧子程序、无起弧重试次数
● MOVEL　P4　10m/min CRATER　AMP =90　VOLT=16　T=0.1 ARC-OFF　ArcEnd1.prg　RELEASE=0	打底层立焊位 "y" 收弧点（空走点） 收弧参数（电流、电压、时间） 收弧子程序、无粘丝解除
● MOVEP　P5　10 m/min	退避点（空走点）
● MOVEP　P6　10m/min	进枪点（空走点）
● MOVEL　P7　10 m/min ARC-SET　AMP =130　VOLT=19　S=0.5 ARC-ON　ArcStart1.prg　RETRY=0	打底层立焊位 "x'" 起弧点（焊接点） 焊接参数（电流、电压、焊接速度） 起弧子程序、无起弧重试次数
● MOVEL　P8　10m/min CRATER　AMP =90　VOLT=16　T=0.1 ARC-OFF　ArcEnd1.prg　RELEASE=0	打底层立焊位 "y'" 收弧点（空走点） 收弧参数（电流、电压、时间） 收弧子程序、无粘丝解除
● MOVEL　P9　10m/min	退避点（空走点）
● MOVEP　P10　10m/min	平角焊位置过渡点（空走点）

注："x、y；x'、y'"为厚板组合件立焊缝的示教点编号。

② 厚板组合件平角位盖面层摆动焊程序及说明见表24-6。

表 24-6　厚板组合件平角位盖面层摆动焊程序及说明

程序	说明
Begin　of　Program	程序开始
TOOL=1：TOOL01	工具编号（焊枪）
● MOVEP　P1　10m/min	原点
● MOVEL　P2　10m/min	进枪点（过渡点）
● MOVELW　P3　5m/min ARC-SET　AMP =130　VOLT=20　S=0.13　F=0.7 ARC-ON　ArcStart1.prg　RETRY=0	平角位盖面层焊接起始点 "1" 盖面层摆动焊接参数 起弧子程序、无起弧重试次数
● WEAVEP　P4　10m/min　T1=0.3s（上振幅点） ● WEAVEP　P5　10m/min　T2=0.1s（下振幅点）	示教盖面层直线平角位上振幅点及停留时间 示教盖面层直线平角位下振幅点及停留时间
● MOVECW　P6　10m/min	圆弧点 "2"
● MOVECW　P7　10m/min	圆弧点 "3"
● MOVECW　P8　10m/min	圆弧点 "4"，同一点登录 MOVECW、MOVELW
● MOVELW　P9　10m/min	
● MOVECW　P10　10m/min	圆弧点 "5"

（续）

程序	说明
● MOVECW　P11　10m/min	圆弧点"6"
● MOVECW　P12　10m/min	圆弧点"7"，同一点登录 MOVECW、MOVELW
● MOVELW　P13　10m/min	
● MOVECW　P14　10m/min	圆弧点"8"
● MOVECW　P15　10m/min	圆弧点"9"
● MOVECW　P16　10m/min	圆弧点"10"为圆弧分离点，同一点登录三次 MOVECW、MOVELW、MOVECW
● MOVELW　P17　10m/min	
● MOVECW　P18　10m/min	
● WEAVEP　P19　10m/min T1=0.3s（上振幅点） ● WEAVEP　P20　10m/min T2=0.2s（下振幅点）	示教盖面层圆弧平角位上振幅点及停留时间 示教盖面层圆弧平角位下振幅点及停留时间
● MOVECW　P21　10m/min	圆弧点"11"
● MOVECW　P22　10m/min	圆弧点"12"为圆弧分离点，同一点登录三次 MOVECW、MOVELW、MOVECW
● MOVELW　P23　10m/min	
● MOVECW　P24　10m/min	
● MOVECW　P25　10m/min	圆弧点"13"
● MOVECW　P26　10m/min	圆弧点"14"
● MOVELW　P27　10m/min CRATER　AMP =90　VOLT=16　T=0.3s ARC-OFF　ArcEnd1.prg　RELEASE=0	平角位盖面层收弧点位置"15" 盖面层摆动收弧电流、收弧电压、收弧时间 收弧子程序、无粘丝解除
● MOVEL　P28　5m/min	退枪点（过渡点）
● MOVEP　P29　10m/min	回到原点（复制原点程序指令粘贴到此处）
End　Program	程序结束

注："1"~"15"为厚板组合件平角焊缝的示教点编号，其中，"1"~"14"为焊接点，"15"和其他点为空走点。

（4）任务评价 厚板组合件外观检验项目及评分标准，见表24-7。

表 24-7　厚板组合件外观检验项目及评分标准（100 分）

检查项目	标准、分数	焊缝等级				实际得分
		Ⅰ	Ⅱ	Ⅲ	Ⅳ	
平角焊焊脚高 K	标准 /mm	>7.6,　≤ 8.3	>8.3, ≤ 7.6	>8.7, ≤ 7.1	>9.2, <6.6	
	分数	20	14	8	0	
平角焊焊脚高低差	标准 /mm	≤ 1	>1, ≤ 2	>2, ≤ 3	>3	
	分数	10	7	4	0	

（续）

检查项目	标准、分数	焊缝等级				实际得分
		I	II	III	IV	
立焊缝宽度	标准/mm	>5.6, ≤6.3	>6.3, ≤5.6	>7.7, ≤5.1	>8.2, <4.6	
	分数	20	14	8	0	
立焊缝宽窄差	标准/mm	≤1.5	>1.5, ≤2	>2, ≤3	>3	
	分数	10	7	4	0	
咬边	标准/mm	0	深度≤0.5且长度≤15	深度≤0.5长度>15, ≤30	深度>0.5或长度>30	
	分数	20	14	8	0	
焊缝正面外表成形		优	良	一般	差	
	标准/mm	成形美观，焊纹均匀细密，高低宽窄一致	成形较好，焊纹均匀，焊缝平整	成形尚可，焊缝平直	焊缝弯曲，高低宽窄明显，有表面焊接缺陷	
	分数	20	14	8	0	
总分						

注：1. 焊缝未盖面、焊缝表面及根部已修补或焊件做舞弊标记则该单项作 0 分处理。

2. 凡焊缝表面有裂纹、夹渣、未熔合、气孔、焊瘤等缺陷之一的，该焊件外观为 0 分。

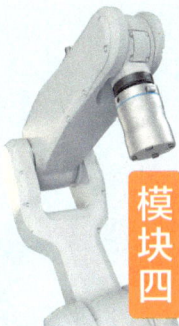

▶ 项目 25　机器人输入/输出信号设置

【知识目标】

掌握用户输入/输出状态，改变输出端子状态的 ON/OFF。

【能力目标】

能够设定机器人输入/输出信号设置。

【职业素养】

勤于思考、勤学苦练方得始终。

第二十五讲：机器人输入/输出信号设置

1. 输入/输出类型

（1）输入/输出端子类型　机器人的输入/输出信号是其与外部设备实现通信和构成系统的必要条件，根据不同的信号或端口，需要进行设置。用户输入/输出端子有以下几种：

1）机器人与其他系统设备相连的端子，用于接收信号（输入端子或"INPUT"信号）或发送信号（输出端子或"OUTPUT"信号）。

2）允许使用者与外部设备相连的输入/输出端子，用于在程序中接收或发送信号。

3）"状态输入/输出端子"是一种特殊的输入/输出端子类型，这些端子有固定的用途。

（2）用户输入/输出　用户输入/输出端子分为 1 位输入/输出型端子（一个端子）和 4 位、8 位输入/输出型端子（多端子），见表 25-1。

表 25-1　用户输入（I）/输出（O）端子类型

端子类型	描述	端子类型	描述
I1#	1 位输入	O1#	1 位输出
I4#	4 位输入	O4#	4 位输出
I8#	8 位输入	O8#	8 位输出

（3）1位输入的设置过程

1）在"设置"菜单中，单击"I/O"图标，显示用户输入／输出对话框，如图25-1所示。

2）选择"通用输入"，显示1位输入设置对话框，如图25-2所示。

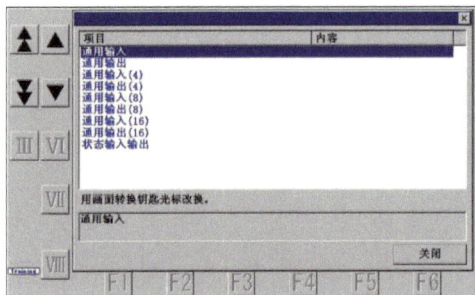

图 25-1　用户输入／输出对话框　　　　图 25-2　1位输入设置对话框

图25-2中：【端子名】显示所选端子的名称，【用途】显示端子所具有的功能，【信号逻辑】设置信号为正逻辑或负逻辑。

（4）1位输出的设置过程

1）在"设置"菜单中，单击"I/O"图标，显示用户输入／输出对话框。

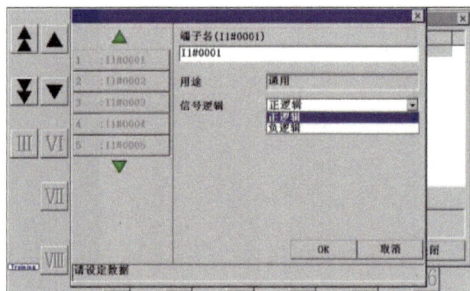

2）选择"通用输出"，显示1位输出设置对话框，如图25-3所示。

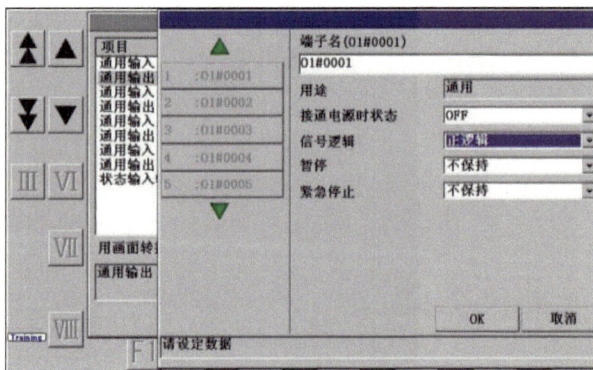

图 25-3　1位输出设置对话框

图25-3中：【端子名】显示所选端子的名称，【用途】显示端子所具有的功能，【接通电源时状态】设置接通电源时输出端子的 ON 或 OFF 状态，【信号逻辑】设置信号为正逻辑或负逻辑，【暂停】设置输出端子在暂停状态下是否保持 ON 状态，【紧急停止】设置输出端子在紧急停止状态下是否保持 ON 状态。

（5）多位输入的设置过程　单击"通用输入（4）"后，弹出多位输入设置对话框，如图25-4所示，在对话框中进行设置。

多位输出的设置方法相同，这里不再赘述。

2. 状态输入／输出

当机器人处于特殊状态时向输入／输出端子发出信号，或按照所接收的信号改变机器人的状态。在机器人和周边设备组成的系统中，机器人与外部设备相互通信可以设置一定的条件，以保证整个系统在有序的逻辑条件下工作。例如，如果让外部伺服闭合（ON），需要满足的条件之一就是输入信号保持 ON 状态 0.2s 以上。

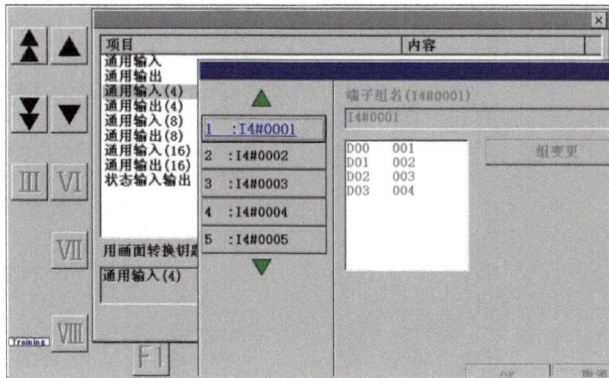

图 25-4　多位输入设置对话框

（1）**状态输入**　外部信号通过状态输入端子向机器人输入的信号类型，见表 25-2。

表 25-2　状态输入

端子状态	状态输入	描述
指定的状态输入端子	外部伺服闭合（ON）输入	在下列条件全部满足的基础上，向机器人发出信号，使伺服电源闭合： 条件 1：状态输出端子——"准备"端子输出 ON 信号 条件 2：模式选择开关切换到自动模式"AUTO"位置，并且不在模式错误状态 条件 3：模式选择设置成自动操作（自动模式） 条件 4：操作超程时模式选择开关没有切换到示教模式 条件 5："紧急停止"端子输入不为 ON 输入信号必须满足下列条件： ① "准备"端子输出 ON 信号后 0.2s 内必须输入信号 ② 输入信号保持 ON 状态 0.2s 或以上
	错误解除输入	当机器人处于错误状态时，示教器将显示出错对话框，通过此端子输入 ON 信号可关闭此对话框。此时如果此端子处于 ON 状态，则错误输出停止（OFF）。当信号状态切换并保持 0.2s 以上时，输入信号才有效
	启动输入	向此端子输入信号可运行一程序。当机器人处于暂停状态时，向此端子输入信号可再启动程序。 在下列情况下，输入信号将不起作用： ① 伺服电源断开（OFF） ② 未设置为自动模式 ③ 在出错情况下 ④ 停止输入"通道"信号处于 ON 状态 ⑤ 处于超程状态
	停止输入	向此端子输入 ON 信号，可使运行中的机器人处于暂停状态： ① 当此信号处于 ON 状态时，无法进行再启动、手动操作、跟踪操作 ② 当此信号断开时，机器人仍然处于停止状态 ③ 向启动端子输入 ON 信号时，可重新启动程序

（续）

端子状态	状态输入	描述
指定的状态输入端子	自动模式输入	通过此端子可将示教模式转换成自动模式 ① 需要将机器人从示教模式转换成自动模式时使用此输入信号 ② 当此端子输入 ON 信号时，将显示提示信息 ③ 将模式选择开关切换到"自动"模式或关闭自动模式，输入信号可关闭此提示对话框
	示教模式输入	通过此端子可将自动模式转换成示教模式 ① 需要将机器人从自动模式转换成示教模式时使用此输入信号 ② 当此端子输入 ON 信号时，将显示提示信息 ③ 将模式选择开关切换到"示教"状态或关闭示教模式，输入信号可关闭此提示对话框
※	无电弧输入	输入信号在自动模式下有效。此端子输入 ON 信号可使机器人处于电弧锁定状态

注：有 ※ 记号的状态输入位于用户输入端子处。

（2）状态输出 机器人通过输出端子向外部输出的信号类型，见表25-3。

表 25-3　状态输出

端子状态	状态输出	描述
指定的状态输出端子	报警输出	① 机器人处于报警状态时，此端子输出信号（此时伺服电源处于断开状态） ② 报警输出信号保持 ON 状态，除非电源断开
	错误输出	① 当机器人处于错误状态时，此端子输出信号 ② 当错误解除时，错误输出信号停止
	自动模式输出	① 当机器人处于自动模式时，此端子输出信号（包括超程） ② 当示教器显示切换到示教模式的提示信息时（即有"示教模式"信号输入时），如果选择自动模式，则此信号仍保持 ON 状态
	示教模式输出	① 当机器人处于自动模式时，此端子输出信号（不包括超程） ② 当示教器显示切换到自动模式的提示信息时（即有"自动模式"信号输入时），如果选择示教模式，则此信号仍保持 ON 状态
	准备完毕输出	① 当机器人准备好接收状态输入信号时，此端子输出信号 ② 当机器人处于报警状态或紧急停止输入信号为 ON 时，此端子结束输出
	伺服闭合（ON）输出	当伺服电源闭合（ON）时，此端子输出信号
	运行中输出	① 当正在运行一个程序时，此端子输出信号（包括超程） ② 当机器人处于暂停或紧急停止状态时，此端子结束输出，当机器人再启动时，此端子继续输出信号
	暂停状态输出	① 在自动模式下，正在运行的程序停止时，此端子输出信号 ② 当机器人处于暂停或紧急停止状态时，此端子结束输出，当机器人再启动时，此端子继续输出信号 ③ 当模式选择开关处于示教位置时，信号输出结束。当模式选择开关处于自动位置，并且闭合伺服电源后机器人准备再启动时，此端子输出信号

（续）

端子状态	状态输出	描述
分派给用户的状态输出端子	紧急停止输出	① 当紧急停止起作用时，此端子输出信号。当紧急停止解除时，结束信号输出 ② 当紧急停止的输出端子被设置成 OUTMD0 时，闭合伺服电源，则信号输出结束
	预先设置完成输出	在主电源闭合后，第一次闭合伺服电源时，如结束预设动作即输出信号，输出信号一直保持到主电源关断为止（预设动作只限于第一次闭合伺服电源时） 注意：此设置将从下次电源闭合时生效
	无焊接状态输出	在自动模式下此信号有效。当机器人处于电弧锁定状态时，此端子输出信号

（3）I/O 端子　I/O 即 Input（输入）/Output（输出）的缩写，I/O 端子的状态输入输出设置如下：

1）在"设置"菜单中，单击"I/O"图标，显示用户输入 / 输出设置对话框，如图 25-5 所示。选择"状态输入输出"项目，显示状态输入 / 输出设置对话框，如图 25-6 所示。

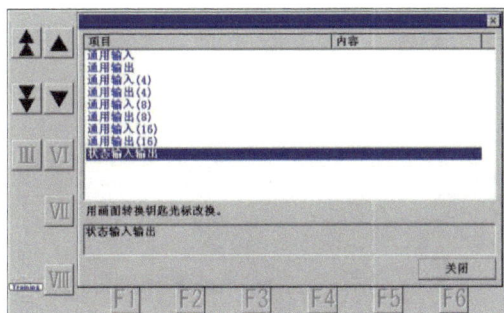

图 25-5　用户输入 / 输出设置对话框

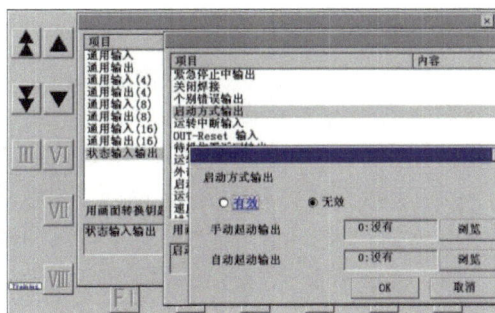

图 25-6　状态输入 / 输出设置对话框

2）给用户输入 / 输出端子设定状态输入 / 输出端子所对应的项目。

3）设置参数，单击"OK"按钮确定。

3. 设置程序启动方式

设置程序启动前，必须指定一个用户输入 / 输出端子，此端子负责接收外部发出的启动信号。

程序启动方式有两种："手动"和"自动"方式。自动启动方式又分为两种："主动方式"和"编号指定方式"，见表 25-4。

采用自动启动方式时，无法通过示教器上的启动按钮来启动机器人，而是通过外部的信号输入来启动机器人，比如：操作盒按钮给出一个开关信号。

信号方式是最常用的自动启动方式，其运行的程序为主程序，主程序名可以任意指定。二进制启动方式则不同，假设计算结果是 16，那么运行主程序名应设为"Prog0016.rpg"。

表 25-4　程序启动方式

启动方式	选择方法		描述
手动	示教器启动		使用示教器上的启动按钮来运行一个程序 注意：请参照"运行（AUTO）模式"的内容进行示教器的基本操作
自动	主动方式		使用外部的信号输入来运行一个程序
			当从外部收到启动信号时运行一个特定程序
	编号指定方式	信号方式	运行编号为 1、2、4、8、16、32、64、128、256 或 512 的主程序
		二进制方式	运行一个程序，此程序的编号与用户所设置的数值之和相等。此种方式可运行的程序编号为 1~999
		BCD 方式	四个端子作为一组，设置所要运行程序的每位编号。此种方式可运行的程序编号为 1~999

注：程序名称以"Prog××××.rpg"方式来指定，其中××××部分为计算结果。

（1）主程序启动方式　在系统中设定要运行的主程序后，将模式选择开关切换到"AUTO"（自动）位置，则用户所指定的主程序处于自动待运行状态。当从外部接收到主程序启动信号时，机器人开始运行。程序运行结束后，机器人将会再次处于自动待机，等待下一次运行主程序的信号。

（2）启动方式的设置方法

1）在"设置"菜单中，单击"基本设定"→"程序启动方式"，显示运行方式设置对话框，如图 25-7 所示。

2）选择所需"启动方法"为"自动启动"，确认外部启动盒与机器人控制柜接线端子连接后，通过设定相应运行主程序名和输入端子编号，即可运行一个指定的主程序。

图 25-7 中：【启动方法】选择"自动启动"，【启动选择】选择"编号指定方式"，【号码/程序指定方式】外部按

图 25-7　运行方式设置对话框

钮启动，选择"信号"，【输入分配】"程序选择启动"设定三工位的输入编号为 1、2、4，如图 25-8 所示。

【主程序】在自动启动方式下，设置启动的主程序文件名。每个工位的操作盒按钮对应 1 个输入端子，每个端子指定一个主程序文件，如图 25-9 所示。通过"浏览"按钮选择所要启动的主程序，例如：Prog1320，通过使用流程指令 call，可将其他任何程序调用到主程序文件中运行。这样，操作者按下其中一个工位的按钮，即可运行这个工位指定的主程序，利用预约信号的排队功能，交错装卸各工位焊件，即可实现机器人连续作业。

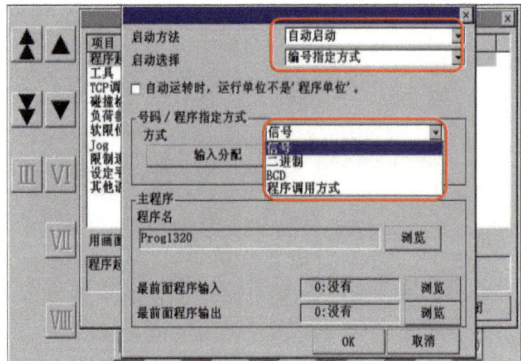

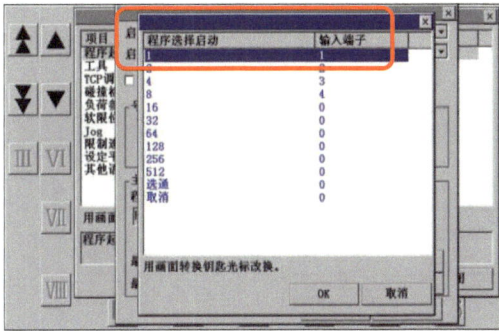

图 25-8　输入分配对话框

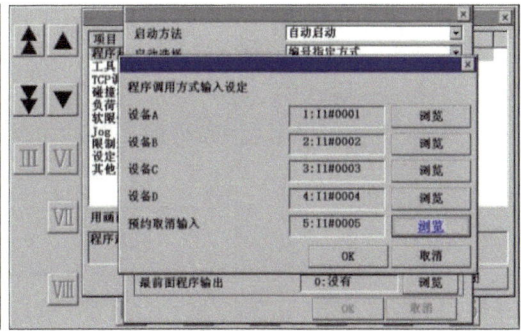

图 25-9　程序调用方法输入设定

状态输入 / 输出端子中带有（＊）记号的端子应与操作盒（选装件）中的引线相连，用户输入 / 输出端子的设置根据所采用的启动方式的不同而不同。图 25-10 所示为次序板上的端子排列图，其中专用输入 / 输出端子各 8 个，通用输入 / 输出端子各 40 个，状态输入 / 输出端子各 8 个。左侧为插座式输入 / 输出接线端子。

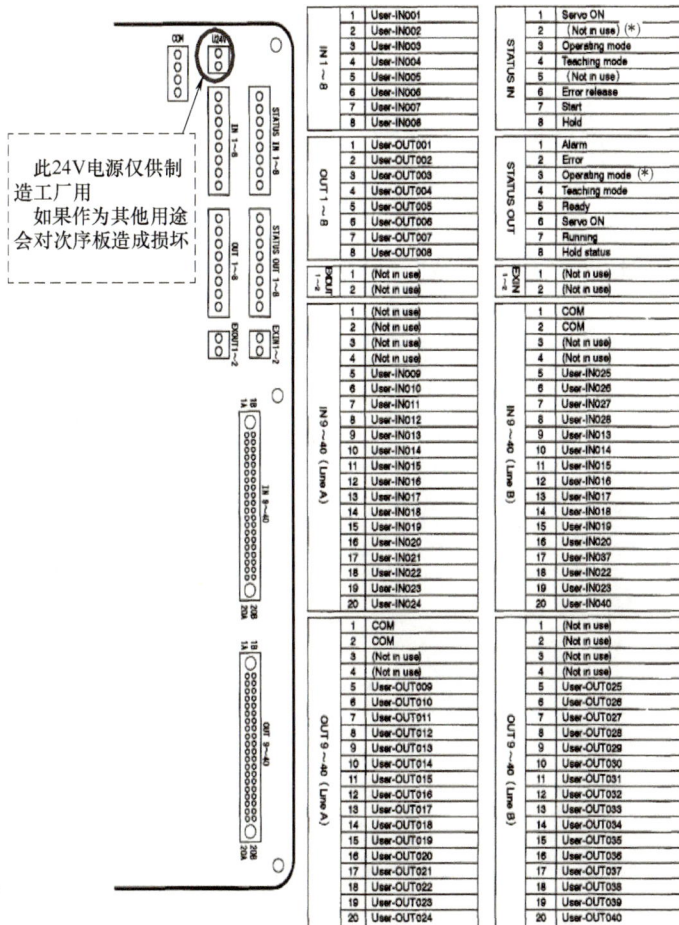

图 25-10　次序板上的端子排列图

（3）程序选择方式 信号方式启动步骤如下：

1）启动输入状态打开（ON）时，该编号所对应的程序被预约，如图 25-11 所示。

2）接收到启动输入信号时，选择的程序开始运行。

3）程序名编号可以指定为 1，2，4，8，16，32，64，128，256 或 512。

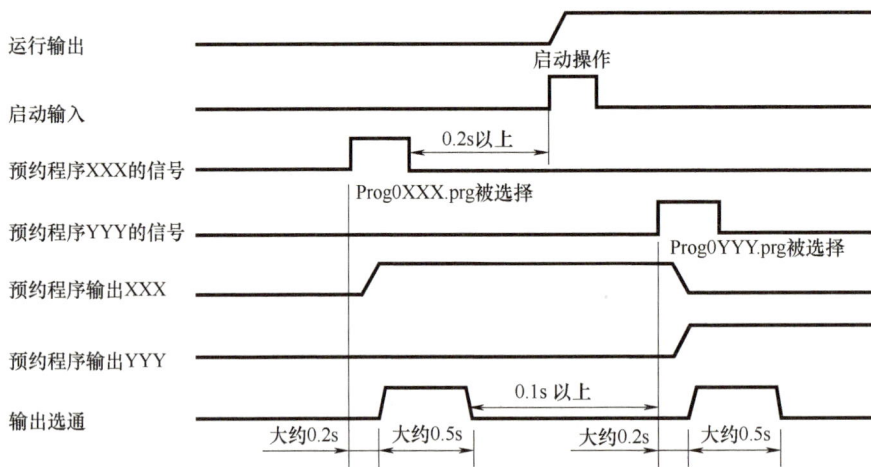

图 25-11　信号方式时序图

4）信号方式时序图说明如下：

① "XXX" 和 "YYY" 可设置为 001，002，004，008，016，032，064，128，256 或 512 编码中的任意一个。

② 预约程序信号的关闭与下一次启动输入信号之间的时间间隔一定要保持在 0.2s 以上。

③ 启动输入选通后，过了 0.2s 输出选通信号没有打开（即未运行程序）时，可能出现未接收到启动输入信号的情况。

④ 下一个预约程序信号的输入与输出选通信号关闭（OFF）间的时间间隔至少需要 0.1s。

⑤ 执行完当前程序后，机器人自动开始运行下一个预约的程序。

▶ 项目 26　机器人传感器

第二十六讲：机器人传感器

【知识目标】

掌握机器人传感器的原理及构成。

【能力目标】

能够进行传感器的现场测试及安装。

【职业素养】

传感器的应用拓展了机器人的应用空间与可靠性。

一、传感器概述

1. 传感器的构成及基本原理

传感器是与人的感觉器官相对应的元件。国家标准 GB/T 7665—2005 对传感器的定义是：能够感受被测量并按照一定的规律转换成可用输出信号的器件或装置，通常由敏感元件和转换元件组成。图 26-1 所示为传感器的基本组成和工作原理框图。

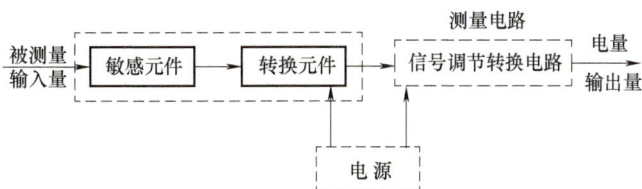

图 26-1 传感器的基本组成和工作原理框图

为了检测作业对象及环境或机器人与它们的关系，在机器人上安装了触觉传感器、视觉传感器、力觉传感器、接近觉传感器、超声波传感器和听觉传感器，大大改善了机器人的工作状况，使其能够更充分地完成复杂的工作。由于外部传感器为集多种学科于一身的产品，有些方面还在探索之中，随着外部传感器的进一步完善，机器人的功能会越来越强大，将在许多领域为人类做出更大贡献。

2. 传感器分类

（1）根据用途分类 机器人传感器根据用途主要产品分类如下：

1）光电传感器。光电传感器是一种利用光电器件将光信号转换为电信号的传感器，广泛应用于机器人技术中，光电传感器在编码器应用中的具体类型有光电开关、光电传感器阵列和光电编码器。

2）力觉传感器：机器人用于感知外力的传感器。机器人力觉传感器就安装部位来讲，可以分为关节力传感器、腕力传感器和指力传感器。近年来，力觉研究与应用内容有以下一些方面：

① 力感知。

a.电子皮肤：在机器人表面覆盖一层压力传感器，可直接检测环境施加在机器人全身上的力信息，精度高，但结构复杂，成本高。代表产品是博世 APAS 人机协作系统。

b.电流环反馈：建立电流 - 角度的动力学模型并进行辨识，从电流反馈中剥离机器人动力学所贡献的成分，即可获取外界力信息。这种方式结构简单，成本低，但由于关节摩擦力模型难以精确建模，因此实际使用的精度很有限。这种方式较适用于小型机器人，如 ABB 的 YuMi，单臂负载为 0.5kg。

c.关节力矩传感器或柔性关节：通过在减速器的输出端安装关节力矩传感器，可避免关节摩擦力的影响，建立关节力矩-角度的动力学模型，这种方式精度很高，但结构复杂，成本高。代表产品为 KUKA 的 iiwa。

d. 末端六轴力矩传感器：在机器人的末端安装六轴力矩传感器，可获取力矩传感器后段的力觉信息；不涉及复杂的动力学模型及辨识，但检测范围有限，成本高。这种方式在机器人打磨及装配中应用很多。

e. 底座六轴力矩传感器：把六轴力矩传感器安装在底座上，使得该传感器可获取机器人全臂与环境的力觉信息，但需建立相关的动力学模型及进行辨识。代表产品是 FANUC 的 CR 系列绿色机器人。

后面这两种六轴力矩传感器的方式还涉及传感器标定及力矩信号处理等问题。

② 力控制。传统的工业机器人主要追求位置追踪的高精度，因此它不需要控制与外界环境的接触力，反而会将环境视为干扰外力而进行压制。而机器人力觉中的力控制是需要控制机器人与环境产生预定的力觉。这种控制跟位置控制相反，它属于柔顺控制，也即机器人要根据环境施加的力而调整自身的状态。

a. 力控制策略：实现机器人力控制的主要策略包括力位混合控制和阻抗控制。力位混合控制的基本思想是将工作空间拆分为相互正交的两个子空间，分别进行位置控制和力控制；它需要对环境轮廓的建模较为精确，实际使用较为困难。阻抗控制不以控制机器人位置或输出力为目标，而是间接地控制两者的比值，并通过合适的位置设置，达到控制力的目的。阻抗控制又可分为基于力的阻抗控制和基于位置的阻抗控制（也称为导纳控制），前者需要能控制机器人关节的输出力矩，而实际中大多数机器人更容易控制关节位置，因此后者成为阻抗控制的主要实现途径。机器人在很多应用场合都需要力控制来控制机器人与环境的力觉，比如打磨、装配等。

b. 打磨：打磨过程若只是控制机器人按照示教点进行位置控制，以恒定速度运行，则会由于工件表面误差而引起内力过大而损坏元器件或工件表面，工件打磨效果较差。实际打磨中会通过两种方式来减小内力，一种是通过滑动磨头等弹性元件被动地消除内力，另一种是通过力控制方式主动地控制打磨压力，实现恒力打磨。飞边、去毛刺、抛光等场合与打磨类似。

c. 装配：以最常见的轴孔装配为例，若只通过位置控制来进行装配，则难免会由于轴孔的加工尺寸、装配位姿等因素引起过大的装配力损伤元件，甚至无法装配。轴孔装配中会存在在不同的受力状态：初始、一点接触和两点接触；机器人需要根据不同的受力状态，应用力控制策略控制装配元件间的作用力。

3）触觉传感器。触觉传感器集接触、冲击、压迫等机械刺激感觉的综合，触觉可以用来进行机器人抓取，利用触觉可进一步感知物体的形状、软硬等物理性质。对机器人触觉的研究，只能集中于扩展机器人能力所必需的触觉功能，一般将检测感知和外部直接接触而产生的接触觉、压力、触觉及接近觉的传感器称为机器人触觉传感器。

接触觉是通过与对象物体彼此接触而产生的，所以最好使用手指表面高密度分布触觉传感器阵列，它外表柔软，易于变形，可增大接触面积，并且有一定的强度，便于抓握。接触觉传感器可检测机器人是否接触目标或环境，用于寻找物体或感知碰撞。

4）听觉传感器。

① 特定人的语音识别系统。特定人的语音识别方法是将事先指定的人的声音中的每一个字音的特征矩阵存储起来，形成一个标准模板（或称模板），然后再进行匹配。它首先要记忆一个或几个语音特征，而且被指定人讲话的内容也必须是事先规定好的有限的几句话。特定人的语音识别系统可以识别讲话的人是否是事先指定的人，讲的是哪一句话。

② 非特定人的语音识别系统。非特定人的语音识别系统大致可以分为语言识别系统、单词识别系统及数字音（0~9）识别系统。非特定人的语音识别方法则需要对一组有代表性的人的语音进行训练，找出同一词音的共性，这种训练往往是开放式的，能对系统进行不断的修正。在系统工作时，将接收到的声音信号用同样的办法求出它们的特征矩阵，再与标准模式相比较，看它与哪个模板相同或相近，从而识别该信号的含义。

5）视觉传感器。以焊接机器人视觉控制技术为例，它是通过对焊接区图像进行采集，对待焊件的孔、边、坡口、拐角等部位扫描检测，将所产生的视频信号送至图像处理机，对图像进行快速处理并提取跟踪特征参量，进行数据识别和计算，通过逆运动学求解得到机器人各关节位置给定值，最后控制高精度的末端执行机构，调整机器人的位姿。视觉控制的关键在于视觉测量，在焊接过程中视觉技术分为直接视觉传感和间接视觉传感两种形式，其主要优点是不接触焊件，不干扰正常的焊接过程，获得的信息量大，通用性强。早先，研究人员直接利用电弧光照射熔池前方的焊件间隙获取焊接区焊缝信息，根据熔池前方不同远近处电弧光强的闪烁来实现焊接过程中的焊缝跟踪，典型的例子是利用带有 CCD 摄像机的微型计算机控制系统对焊接熔池行为进行观察和控制。现在，基于激光三角形的视觉系统具有高度的灵活性，价格低、精度高、获取信息能力强，且不受周围噪声和电弧产生的高温影响，其获得的信息可以用于多种自适应功能。弧焊中使用激光视觉系统可以抗电弧辐射、火焰、热金属飞溅、振动冲击和高温，这种传感器正在成为智能自适应焊接机器人所选用的主要传感方式。

（2）根据检测对象分类　根据检测对象的不同，可分为内部传感器和外部传感器。

1）内部传感器。用于测量机器人自身状态的功能元件。内传感器常用于控制系统中的反馈元件，检测机器人自身的状态参数，例如温度、电动机速度、电动机载荷、电池电压等。具体检测的对象有：关节的线位移、角位移等几何量；速度、角速度、加速度等运动量；倾斜角、方位角、振动等物理量。具体应用案例：机器人编码器、手臂关节力觉传感器等。

2）外部传感器。用来检测机器人所处环境（如是什么物体，离物体的距离有多远等）及状况（如抓取的物体是否滑落）的传感器。具体有物体识别传感器、物体探伤传感器、接近觉传感器、距离传感器、力觉传感器、听觉传感器等。具体应用案例：机器人防碰撞传感器、激光焊缝跟踪传感器。

二、传感器的应用

1. 机器人编码器

（1）编码器的类别及作用　常用的有电位器、旋转变压器、光电编码器、磁编码器等。编码器既可以检测直线位移，又可以检测角位移。

（2）**基本结构**　编码器（encoder）是将信号（如比特流）或数据进行编制、转换为可用以通信、传输和存储的信号形式的设备，如图 26-2 所示。

机器人编码器是应用光电转换原理制成的典型传感器件，光电编码器是用来检测机器人手臂间角度、速度的传感器，多用于构成机器人的位置、角度伺服控制系统，实现机器人机械臂的姿态控制。光电编码器的结构如图 26-3 所示。

图 26-2　光电编码器

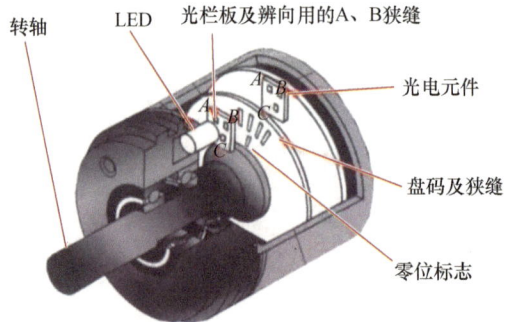

图 26-3　光电编码器的结构

编码器把角位移或直线位移转换成电信号，前者称为码盘，后者称为码尺。按照读出方式编码器可以分为接触式和非接触式两种；按照工作原理编码器可分为增量式和绝对式两类。增量式编码器是将位移转换成周期性的电信号，再把这个电信号转变成计数脉冲，用脉冲的个数表示位移的大小。绝对式编码器的每一个位置对应一个确定的数字码，因此它的示值只与测量的起始和终止位置有关，而与测量的中间过程无关。

（3）**工作原理**　编码器工作原理如图 26-4 所示。漏光盘在芯轴的作用下旋转，此时，灯泡聚光镜的光线透过漏光盘，再透过光栏板作用在光电管上，发出一组光脉冲信号。

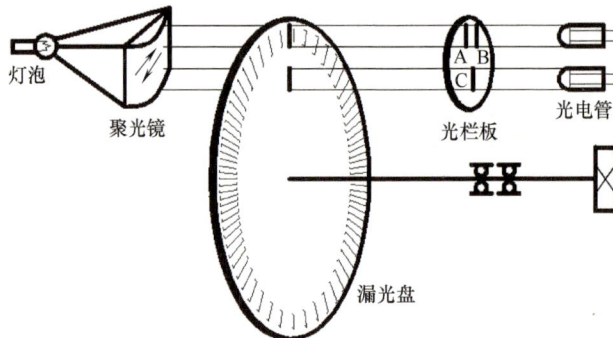

图 26-4　编码器工作原理

编码器的作用是进行位置、角度测量。光电编码器由发光元件、聚光镜、漏光盘、光栏板、光电管等构成。灯泡发出的光线经过聚焦后变成平行光束，当漏光盘上的条纹与光栏板上的条纹重合时，光电管便接收一次光的信号并记数，由此可以测试旋转速度。

测量机器人关节线位移和角位移的传感器是机器人位置、速度反馈控制中必不可少的元件。任何用电动机的地方都可以用编码器作为传感器件来获得电动机的位置角度。

（4）信号输出

1）信号输出有正弦波（电流或电压），方波（TTL、HTL），集电极开路（PNP、NPN），推拉式多种形式，其中 TTL 为长线差分驱动（对称 A，A–；B，B–；Z，Z–），HTL 也称推拉式、推挽式输出，编码器的信号接收设备接口应与编码器对应。编码器透过光栅板发出的光脉冲信号及输出波形如图 26-5 所示。

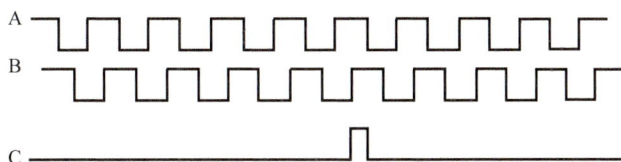

图 26-5　编码器透过光栅板发出的脉冲信号及输出波形

2）信号连接——编码器的脉冲信号一般连接计数器、PLC、计算机，PLC 和计算机连接的模块有低速模块与高速模块之分，开关频率有低有高。

3）应注意三方面的技术要求：

① 机械安装尺寸：包括定位止口、轴径和安装孔位；电缆出线方式；安装空间体积；工作环境防护等级是否满足要求。

② 分辨率：即编码器工作时每圈输出的脉冲数，是否满足设计使用精度要求。

③ 电气接口：编码器输出方式常见有推拉输出（F 型 HTL 格式），电压输出（E），集电极开路（C，常见 C 为 NPN 型管输出，C2 为 PNP 型管输出），长线驱动器输出。其输出方式应和其控制系统的接口电路相匹配。

2. 机器人防碰撞传感器

防碰撞传感器属于外部传感器，其结构及原理如下：

（1）防碰撞传感器的作用　机器人焊枪的防碰撞传感器是为机器人焊枪设计的急停机构，在机器人焊枪与障碍物发生碰撞时，它能提供可靠的自动停运功能，保护焊接系统免于机械损伤。它可以与各类机器人焊枪（如：MIG/MAG，TIG，Plasma）等设备共同使用，安装位置及实物图如图 26-6 所示。

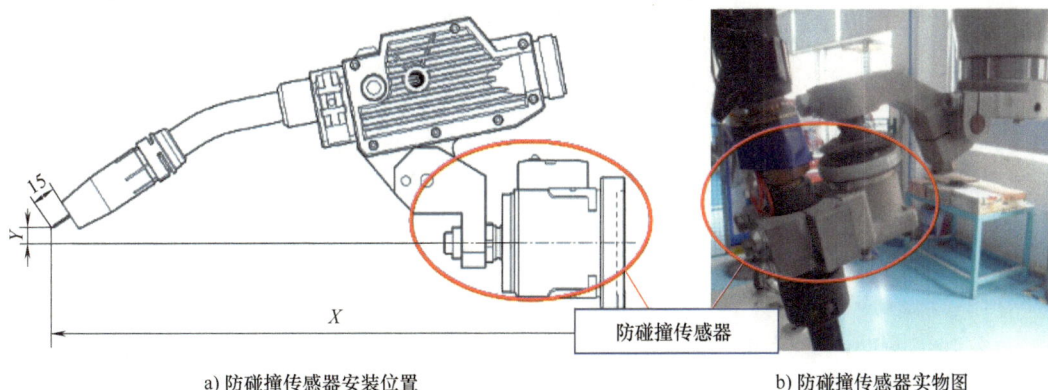

a）防碰撞传感器安装位置　　　　　　　　b）防碰撞传感器实物图

图 26-6　防碰撞传感器安装位置及实物图

（2）**防碰撞传感器的连接方式**　以德国宾采尔 CAT3 焊枪防碰撞传感器为例，其连接方式如图 26-7 所示。

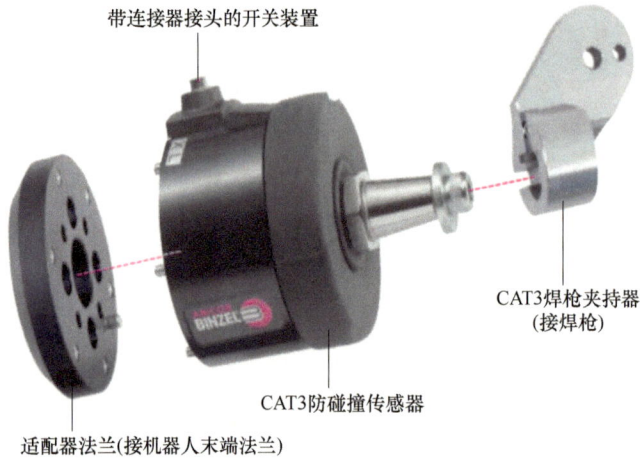

图 26-7　**CAT3 焊枪防碰撞传感器连接方式**

（3）**防碰撞传感器的结构及动作原理**　CAT3 焊枪防碰撞传感器的结构及动作原理如图 26-8 所示。

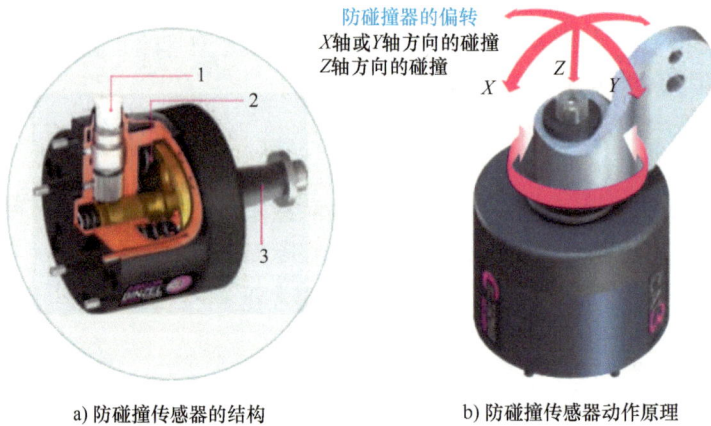

a）防碰撞传感器的结构　　　　b）防碰撞传感器动作原理

图 26-8　**CAT3 焊枪防碰撞传感器的结构及动作原理**
1—开关直接集成到外壳内　2—各种尺寸的压缩弹簧　3—锥面连接更牢固

（4）**防碰撞传感器的技术参数**　CAT3 焊枪防碰撞传感器的技术参数如图 26-9 所示。

3. 激光焊缝跟踪传感器

（1）**激光焊缝跟踪传感器的作用**　以机器人焊接厚板为例：由于结构件的尺寸很大，装配精度低，长时间焊接极易产生变形，难以保证焊件组合偏差或焊缝重复定位精度。为此，采用激光视觉传感器能获取焊缝特征点在摄像机坐标系中的三维位置数据，再通过机器人控制器将接收的激光视觉传感数据转换为机器人工具坐标系中的三维位置数据。激光视觉传感器应用及原理如图 26-10 所示。

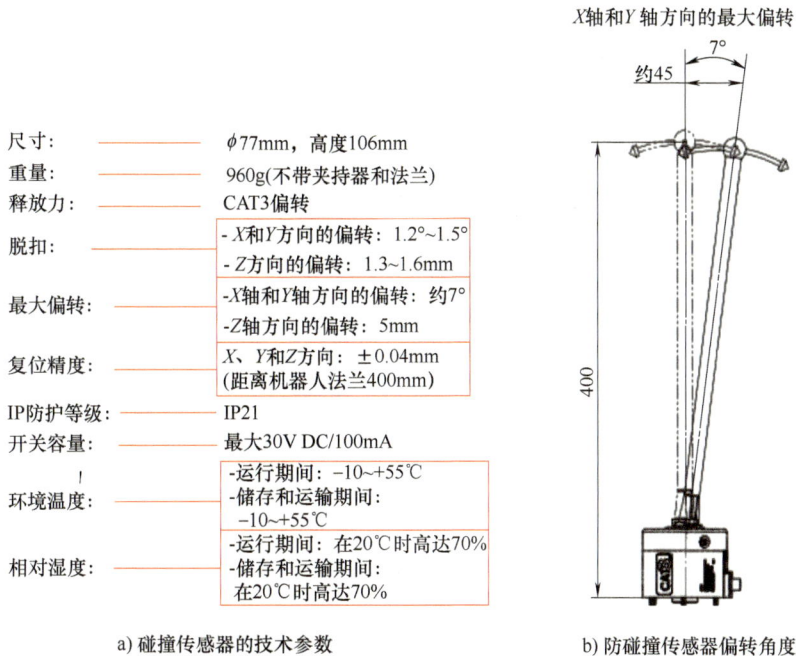

尺寸： φ77mm，高度106mm
重量： 960g(不带夹持器和法兰)
释放力： CAT3偏转
脱扣： - X和Y方向的偏转：1.2°~1.5°
- Z方向的偏转：1.3~1.6mm
最大偏转： -X轴和Y轴方向的偏转：约7°
-Z轴方向的偏转：5mm
复位精度： X、Y和Z方向：±0.04mm
(距离机器人法兰400mm)
IP防护等级： IP21
开关容量： 最大30V DC/100mA
环境温度： -运行期间：-10~+55℃
-储存和运输期间：-10~+55℃
相对湿度： -运行期间：在20℃时高达70%
-储存和运输期间：在20℃时高达70%

a) 碰撞传感器的技术参数 　 b) 防碰撞传感器偏转角度

图 26-9　CAT3 焊枪防碰撞传感器的技术参数

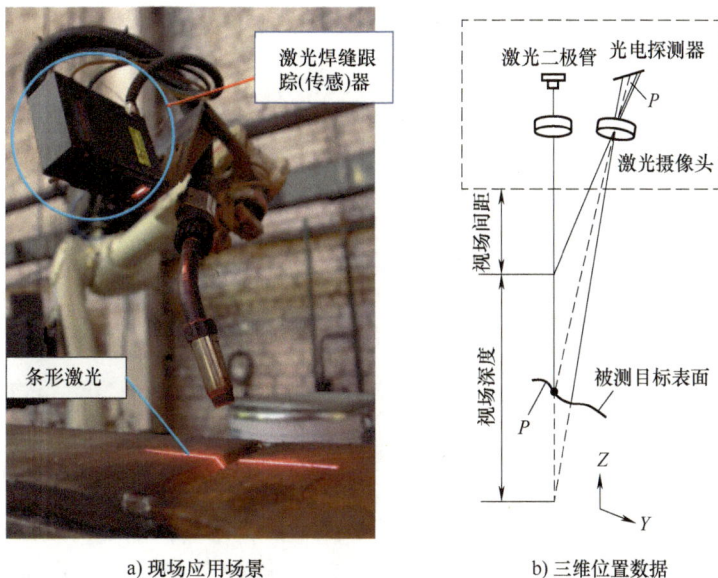

a) 现场应用场景 　 b) 三维位置数据

图 26-10　激光视觉传感器应用及原理

（2）激光焊缝跟踪传感器的原理

1）光学三角测量原理。光学三角测量视觉传感技术原理如图 26-11 所示，当激光束照射到目标物体的表面时，形成一个光斑点，经过摄像头上的透镜在光电探测器上产生一个像点。由于激光器与摄像头的相对位置是固定的，当激光传感器与目标物体的距离发生变化时，光电探测器上的像点位置也发生相对变化，所以，根据物像的三角形关系可以计算出高度的变化，即测量了高度变化。

2）激光视觉传感原理。激光视觉是一种基于光学三角测量原理的传感技术，如图 26-11 所示的条纹式结构光传感器采用激光条纹投射到焊件表面，条纹形状因为焊接接头的空间结构影响而产生变形，同时与激光条纹呈一定角度的滤光片和摄像机将变形的条纹图像采集到计算机中进行信号处理，采用与激光条纹同等波长的滤光片过滤包括弧光在内的散杂光，形成清晰的激光条纹轮廓图像，通过图像处理获取焊缝特征点空间位置信息。

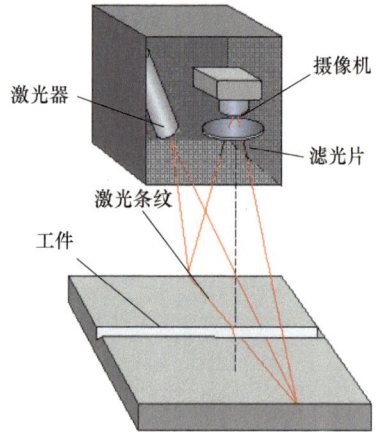

图 26-11　条纹式结构光传感器及工作原理

（3）激光视觉传感技术适用的典型焊缝形式　采用激光视觉传感技术获取焊缝特征点空间位置信息，并将数据发送给机器人控制器，扩展了弧焊机器人的应用领域。激光视觉传感技术适用的典型焊缝形式如图 26-12 所示。

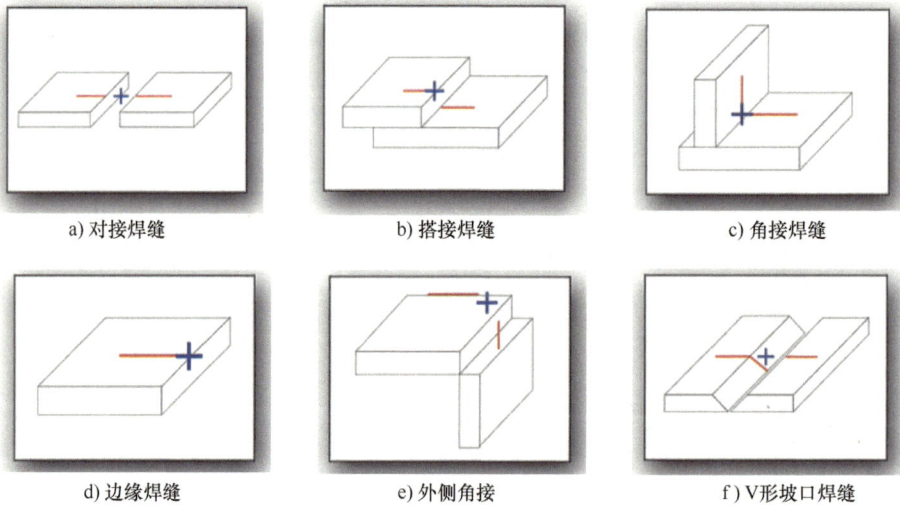

a) 对接焊缝　　　　　　b) 搭接焊缝　　　　　　c) 角接焊缝

d) 边缘焊缝　　　　　　e) 外侧角接　　　　　　f) V形坡口焊缝

图 26-12　激光视觉传感技术适用的典型焊缝形式

当激光束以一定的形状扫面（扫描方式）或通过光学器件变换，以光面的形式在目标物体的表面投射出线性或其他几何形状的条纹（结构光方式），对物体表面进行扫描时，就能得到所扫描表面形状的轮廓信息。激光视觉传感技术已将所获得的信息用于焊缝搜索定位、焊缝跟踪、自适应焊接参数控制、焊缝成形与表面缺陷的检测等。

激光视觉焊缝跟踪技术是弧焊机器人应用的一个重要的研究方向，在未来几年将得到快速发展。

▶ 项目 27 机器人零位调整

【知识目标】

掌握机器人零位调整的原理及方法。

【能力目标】

能够进行机器人零位调整。

第二十七讲：
机器人零位调整

【职业素养】

机器人零位调整是保证机器人精准运行的首要条件。

机器人在初次使用和进行更换电池等维修工作后，可能发生各轴的实际角度与编码器的记忆值不符的情况，从而导致机器人的重复精度下降或使机器人无法运转。由于焊接机器人重复精度是以各关节轴的零位作为基准的，伺服电动机输出轴的角度与编码器的位置反馈值应时刻保持一致，因此，需要对机器人的主轴和外部轴进行原点调整。零位调整俗称机器人原点调整，松下机器人各关节零位标识对准状态如图 27-1 所示。

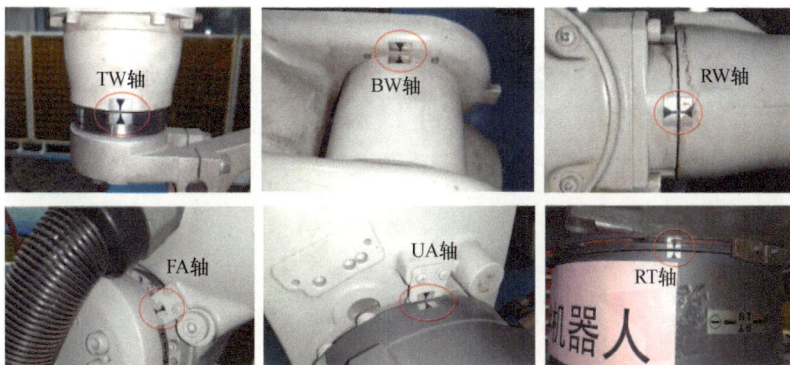

图 27-1 松下机器人各关节零位标识对准状态

注：在进行 TCP 工具补偿之前，先运行 OriginPosition.prg 程序，确认原点标识（手臂各轴箭头对齐），
确认无偏差后才能进行校枪。即使有一个轴的原点存在偏差，也无法准确完成 TCP 工具补偿

原点调整是对机器人的各个轴的原点（0°位置）进行初始零位调整，调整方法如下。

1. 进入原点位置调整界面

在"设置"菜单中，单击"管理工具"→"原点位置"，如图 27-2 所示。

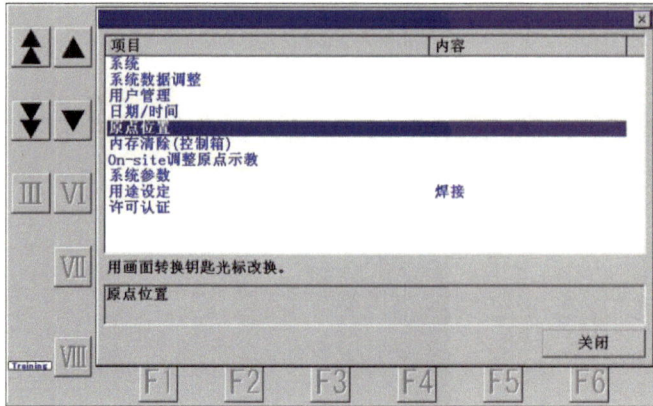

图 27-2　原点位置调整

2. 基准位置（主轴）

选择"基准位置（主轴）"，显示主轴基准位置设置对话框，如图 27-3 所示。

3. MDI（主轴）

选择"MDI（主轴）"，显示设置对话框，如图 27-4 所示。通过输入"角度脉冲"＊"旋转数"的值设置各编码器脉冲。

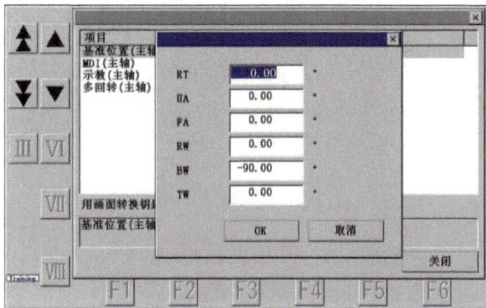

图 27-3　主轴基准位置设置对话框

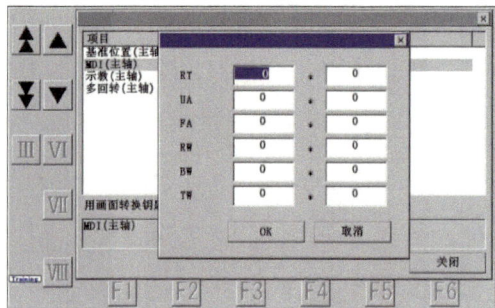

图 27-4　MDI（主轴）设置对话框

对于配置有外部轴 G# 的机器人系统，采用相同的方法，同样可通过输入"角度脉冲"＊"旋转数"的值设置各编码器脉冲。

4. 示教（主轴）

通过示教操作，调整主轴的方法如下。

1）选择"示教（主轴）"显示设置对话框。

2）设置需要调整的轴，然后单击光标所在位置，显示设置对话框，如图 27-5 所示。

3）在关节坐标系下手动操作机器人，将其旋转到正确的原点位置，然后按确认键。

4）单击"文件" 菜单上的"关闭"图标 并保存，结束操作。

5. 多回转（主轴）

多回转（主轴）设置对话框如图 27-6 所示。

图 27-5 示教（主轴）设置对话框

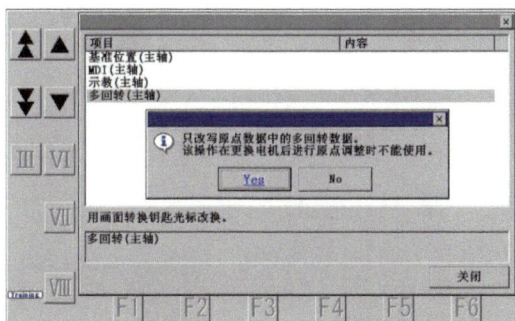

图 27-6 多回转（主轴）设置对话框

▶ 项目 28 机器人本体编码器电池更换

【知识目标】

了解编码器的作用，掌握机器人本体编码器电池的更换方法。

【能力目标】

能够进行机器人本体编码器电池的更换。

【职业素养】

机器人本体编码器电池更换是一项严谨细致的工作，必须经过严格的训练才能进行。

第二十八讲：机器人本体编码器电池更换

1. 编码器电池的作用

焊接机器人重复精度的保证是以初始位置的零位作为基准的，伺服电动机输出轴的角度与编码器的位置反馈值应时刻保持一致。但是，机器人在初次使用和进行更换电池等维修工作后，可能发生各轴的实际角度与编码器的记忆值不符的情况，从而导致机器人的重复精度下降或使机器人无法运转。因此，编码器电池更换后，某些轴所保存的数据或原点会丢失，需要重新复位。

2. 编码器电池规格

编码器是一种将旋转位移转换成一串数字脉冲信号的旋转式传感器，这些脉冲能用来控制角位移，编码器输出表示位移增量的编码器脉冲信号，并带有符号。编码器由锂电池来供电，此电池为 3.6V 专用锂电池。当编码器电池电量耗尽，示教器的画面中会显示"存储器电池已耗尽""编码器错误"或"锂电池错误"等报错信息。以松下六轴机器人 TA1400 为例，机器人本体需要 6 节 3.6V 专用锂电池。编码器电池如图 28-1 所示。

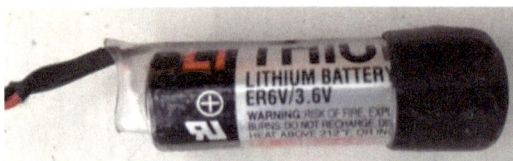

图 28-1　编码器电池

3. 编码器电池的安装位置

以松下机器人为例，编码器电池固定在机器人本体内的编码器电源板上，安装位置位于机器人底座上部 RT 轴旁边，如图 28-2 所示。

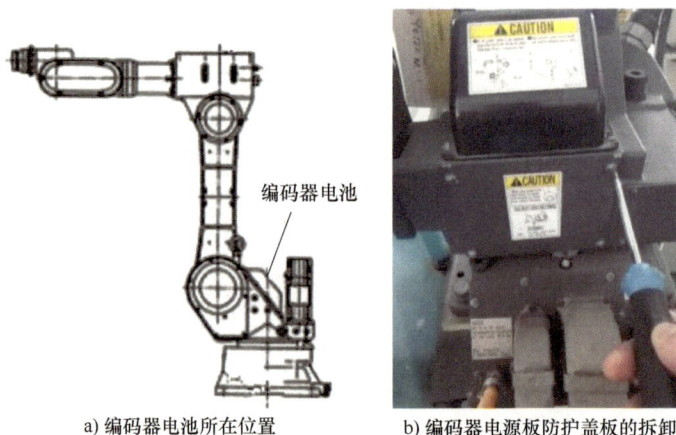

a) 编码器电池所在位置　　　b) 编码器电源板防护盖板的拆卸

图 28-2　编码器电池所在位置及编码器电源板防护盖板的拆卸

4. 编码器电池使用注意事项

在机器人正常运转的情况下，电池自出厂之日起可使用 2 年，如设备非连续运转，长期得不到充电，耗电量会加大，电池寿命会缩短为 1 年左右。如果电池完全耗尽后再进行更换，会对现有程序造成影响，所以建议用户根据自身实际使用情况提前进行更换。另外，长时间不用的机器人设备至少每星期要通电 2h 以上，以延长电池使用寿命。

5. 编码器电池更换

机器人六个轴共用一块编码器电源板，电源板上有六节电池，六组短路端子分别对应于每个轴，更换电池后编码器复位需用到短路端子，如图 28-3 所示。

复位操作只需对示教器上显示要求复位的轴进行编码器复位，由于这些轴的编码器电池已耗尽，所保存的数据丢失需重新复位。其他轴的数据没有丢失，更换新电池后无须复位。复位之后需要对机器人的各个轴零点位置进行调整。

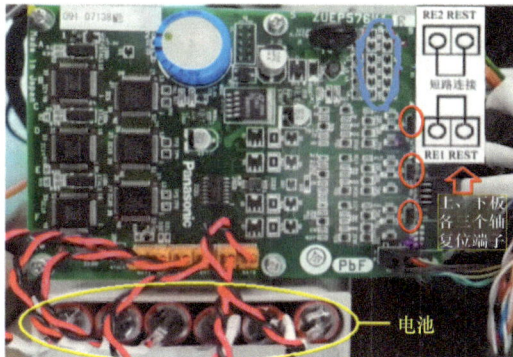

图 28-3　编码器电源板

6. 回零（原点调整）

采用示教操作调整主轴（关节轴）的方法：

1）选择"示教（主轴）"，显示设置对话框，如图 28-4 所示。

2）设置需要调整的轴，然后单击光标所在位置。

3）在关节坐标系下手动操作机器人到正确的原点位置，然后按"确认"键。

4）单击"文件" R 菜单上的"关闭图标" 并保存，结束操作。

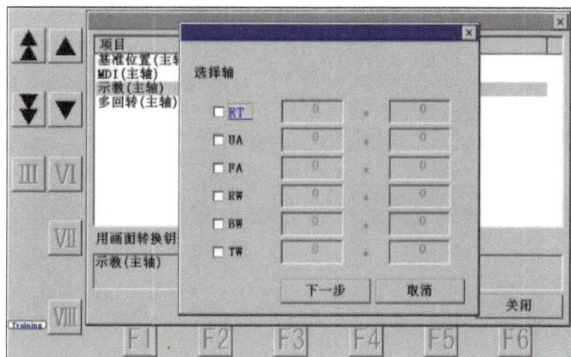

图 28-4　示教（主轴）设置对话框

▶ 项目 29　管 - 板组合件的编程与焊接

【知识目标】

掌握管 - 板组合件焊前准备、机器人编程、机器人弧焊工艺及焊缝质量检测。

【能力目标】

机器人弧焊焊前准备、工艺分析、示教编程与焊接、焊缝质量检测等四项任务。

第二十九讲：
管 - 板组合件的
编程与焊接

【职业素养】

培养学生具有精准、快速、协同、规范的职业素养。

一、项目概述

1. 试件类型及工艺要求

管-板组合件由5个零件构成，其中，一块长立板与两块短侧（立）板角端接呈60°角，三块立板均与底板形成T形角接，圆管垂直于底板，其圆管外侧与两块侧（立）板角接，形成端接接头。该管-板组合件结构共有四条两两对称的立焊缝和一条平角焊缝，全部为单层单道焊接，平角焊缝要求首尾搭接，只允许有一个起、收弧点。管-板组合件焊缝如图29-1所示。

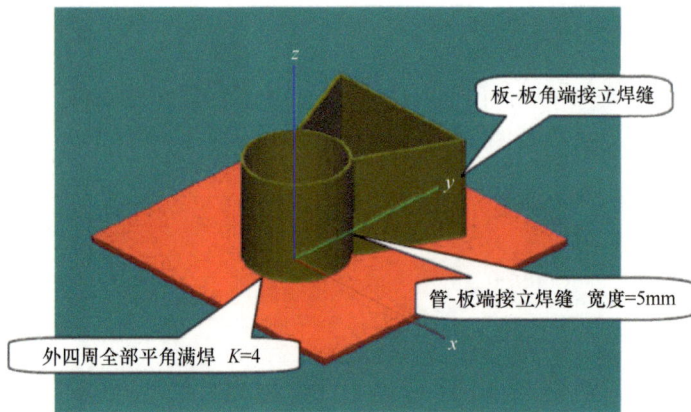

图 29-1　管-板组合件焊缝示意图

2. 焊接方法及材料

1）试件材质：Q235。

2）焊接方法：MAG（熔化极气体保护焊）。

3）焊丝：牌号 ER50-6，规格 φ1.0mm 盘装实心焊丝。

4）保护气体：Ar80%+$CO_2$20%（混合气）。

二、项目任务

任务一　焊前准备

1. 试件准备

通过等离子切割或激光切割设备下料，应保证零件无变形、边缘切口平整、无毛刺。管-板组合件材质及规格数量见表29-1。

表 29-1　管-板组合件材质及规格数量

试件类型	材质	底板/mm	管/mm	立板/mm	侧板/mm
管-板组合件	Q235	200（长）×200（宽）×6（厚）=1件	φ56×3（厚）×50（高）=1件	120（长）×50（宽）×2（厚）=1件	80（长）×50（宽）×2（厚）=2件

管 - 板组合件共有五个零件，如图 29-2 所示。

2. 试件表面清理

在台虎钳上将管板零件固定好，再用钢丝刷将试件焊缝侧 20~30mm 范围内外表面上的油、污物、铁锈等清理干净，使其露出金属光泽，如图 29-3 所示。

3. 划线

根据试件装配尺寸（图 29-4），使用划线针和钢直尺，根据零件所在位置进行划线，确定管、立板和侧板的位置。

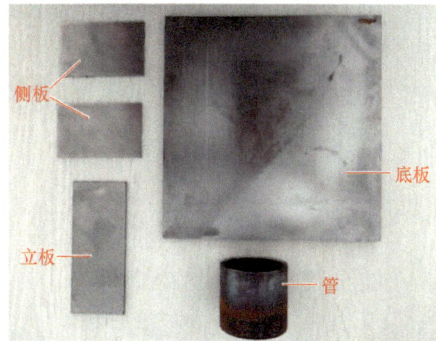

图 29-2　管 - 板组合件零件

a) 管的表面清理　　　　　b) 板的表面清理

图 29-3　管 - 板组合件零件的表面清理

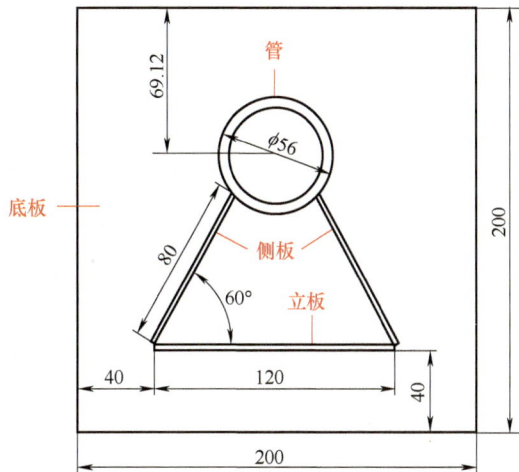

图 29-4　试件划线及装配尺寸图

4. 试件点焊组装

在点焊工作台上借助磁力夹具，先将立板固定，再用 CO_2 气体保护焊机（或氩弧焊机）点焊立板内侧，然后，再点焊两个侧板内侧，最后把圆管靠紧两个侧板立端面点固好。每块板点焊 2 点，圆管点焊 3~4 点为宜（内圆对称方向点固）。点焊时注意动作要迅速，防止焊接变形而产生位置偏差。定位焊点长度不超过 20mm。试件装配顺序如图 29-5 所示。

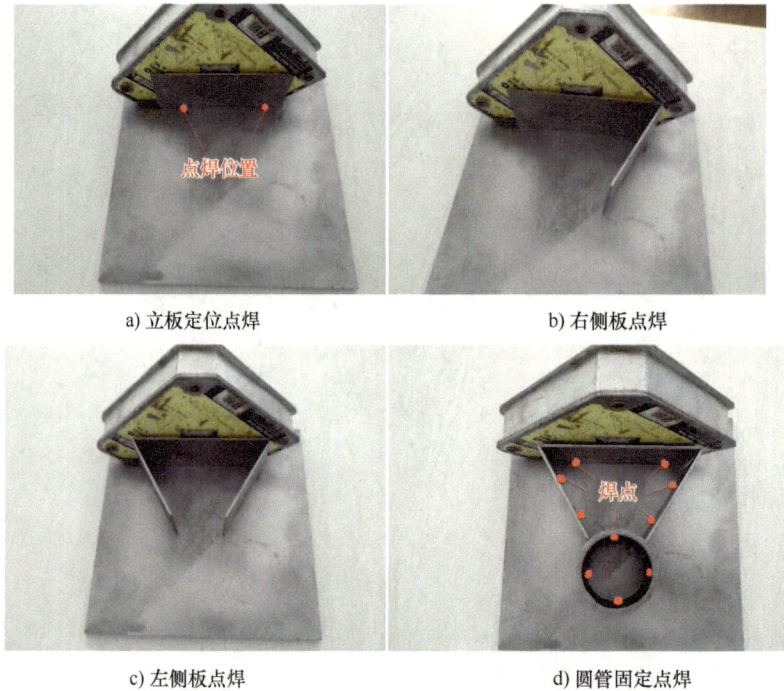

a) 立板定位点焊　　　　　　　　　　　　b) 右侧板点焊

c) 左侧板点焊　　　　　　　　　　　　d) 圆管固定点焊

图 29-5　试件装配顺序及点焊位置图示

5. 试件的定位

1）将试件放置在机器人焊枪正下方，试件立板靠近机器人一侧，底板与工作台面应紧密接触，用夹具对称定位、压紧，如图 29-6 所示。

2）夹具的位置应保证焊枪的焊接位置空间，保证机器人焊枪在移动过程中不与夹具发生干涉，保证夹具位置不影响机器人焊枪行走轨迹和焊枪角度位置空间。

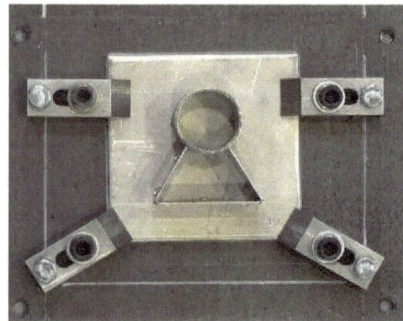

图 29-6　试件定位示意图

任务二　工 艺 分 析

1. 焊接工艺分析

管 - 板组合件属于薄板焊接，具有三角形闭环焊接结构，通过内侧点固，有效抑制了大的焊接变形。但采用固定工作台焊接，试件 360° 范围内均分布有焊缝，使得机器人动作姿态变化幅度较大，焊枪角度需要随焊缝变化不断调整，易发生焊枪干涉。加之接头位置多，转角处不易观察，立焊时焊缝底部易形成焊瘤等不利因素，使试件具有一定的焊接难度。

2. 采取的工艺措施

1）焊接顺序：先焊接距离机器人本体较近位置的立焊缝，采用立向下焊接方式，再依次按照最短移动路径焊接其他三条立焊缝，最后焊接平角焊缝。

2）将焊丝伸出长度始终保持在（15±1）mm；如图 29-7a 所示，图中 L 指的是导电嘴端部到焊件的距离（俗称焊丝伸出长度），为 15mm。

3）水平角焊采用前进法焊接，焊枪行进角度为 80°~90°，如图 29-7b 所示。

4）水平角焊工作角为 45°，同时，必须考虑垂直侧与水平侧的散热情况（立板散热差，底板散热好），焊丝应指向底板，如图 29-7c 所示。

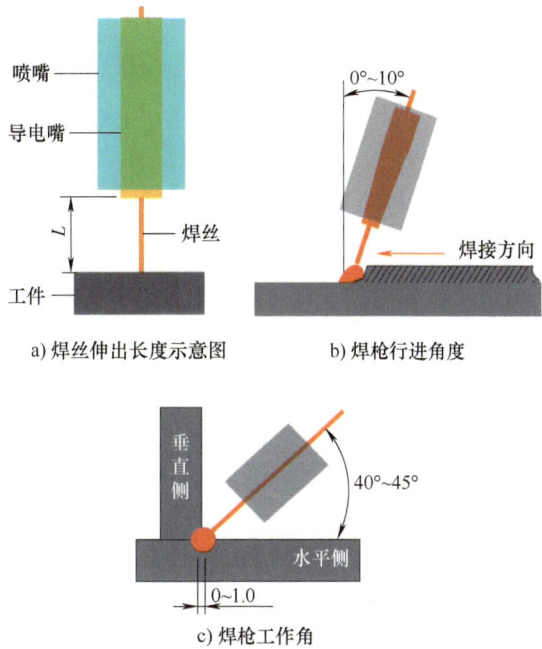

3. 焊接工艺指导书（WPS）

根据管 - 板组合件机器人焊接工艺特点，焊接工艺指导书见表 29-2。

a) 焊丝伸出长度示意图   b) 焊枪行进角度

c) 焊枪工作角

图 29-7 焊丝伸出长度及焊枪角度示意图

表 29-2 管 - 板组合件焊接工艺指导书

产品零件名称：管 - 板组合件　焊接方法：熔化极气体保护焊
焊接设备：松下焊接机器人（TM-1400 机器人 +350GS₆ 焊接电源）

接头形式及焊接示意		
焊件母材	1. 钢号：Q235，2. 焊件壁厚范围：2~6mm，3. 管件直径：φ57mm	
焊接材料	实芯焊丝牌号及规格：ER50-6　φ1.0 mm	保护气体：1. 保护气体种类及组分：Ar80%+$CO_2$20%　2. 保护气体流量：15~20L/min
焊前准备	1. 接头加工方法及要求：等离子切割、激光切割，要求切口整齐无毛刺，无挂渣　2. 接头侧清理方法及要求：接头侧 20mm 范围内打磨机修磨至露出金属光泽	
焊接参数	1. 立缝（外）：①焊接电流：120A；②焊接电压：17V；③焊接速度：0.6m/min　2. 立缝（内）：①焊接电流：130A；②焊接电压：18V；③焊接速度：0.5m/min　3. 平角焊缝：①焊接电流：145A；②焊接电压：20V；③焊接速度：0.4m/min	
操作技术	1. 焊接位置：立焊、平角焊；2. 摆动：无	
焊后检查	焊接测量尺、游标卡尺、五倍放大镜	

注：焊接方法代号：111—焊条电弧焊；131—熔化极惰性气体保护焊（MIG）；135—熔化极非惰性气体保护焊（MAG）；141—钨极惰性气体保护焊（TIG）。

4. 焊接缺陷分析

（1）焊接工艺缺陷类型

1）从表观上分类：

① 成形缺陷：咬边、焊瘤、余高、未焊透、错边、焊脚尺寸不足、变形。

② 结合缺陷：裂纹、气孔、未熔合。

③ 性能缺陷：硬化、软化、脆化、耐蚀性恶化、疲劳强度下降。

2）从主要成因上分类：

① 构造缺陷：构造不连续缺口效应，焊缝布置设计不当引起的应力与变形。

② 工艺缺陷：咬边、焊瘤、未焊透、未熔合。

③ 冶金缺陷：裂纹、气孔、夹杂物、性能恶化。

（2）管-板组合件焊接工艺缺陷分析 根据对管-板组合件进行试焊，其容易发生的缺陷及位置如图 29-8 所示。

（3）焊接缺陷产生原因及解决方法 管-板组合件主要有立焊缝和角焊缝，根据焊接缺陷发生的位置，分析其原因，给出参考解决方法，见表 29-3。

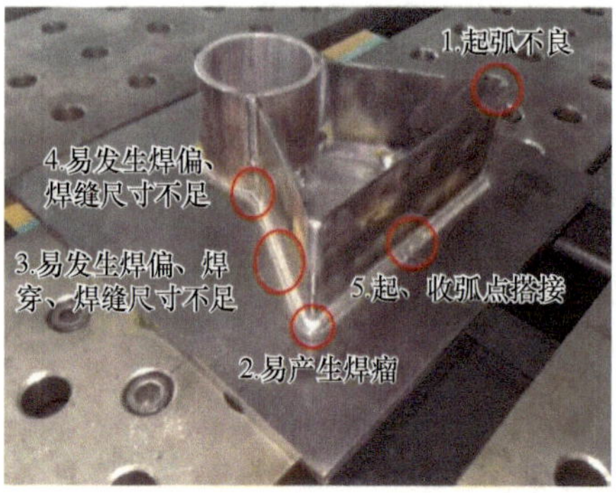

图 29-8 管-板组合件容易发生的缺陷及位置

表 29-3 焊接缺陷产生的原因及解决方法

焊接缺陷	产生原因	解决方法
气孔：由于 H_2、N_2、CO 等产生的坑、气孔等焊接缺陷的总称 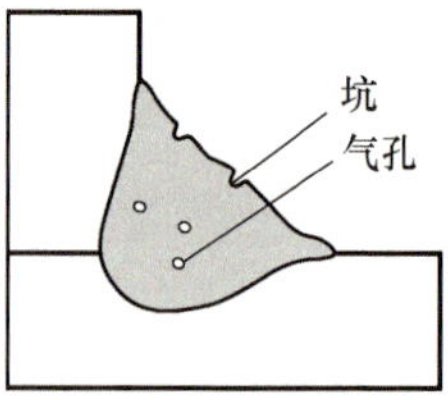 	1. 保护气体流量不足	① 在可以忽略风的影响时，基本流量为 15~30L/min ② 根据施工条件改变气体流量
	2. 喷嘴上有飞溅	① 除去堆积的飞溅 ② 选择合适的焊接条件，防止发生过多的飞溅 ③ 调整焊枪角度、喷嘴高度，减少附着飞溅
	3. 风的影响	① 关闭门窗 ② 焊接中避免使用风扇 ③ 使用隔板
	4. 试件表面有氧化皮、锈、水、油等	用稀料、刷子、干布、砂轮机等去除杂物
	5. 表面有油漆	用稀料等擦拭
	6. 焊接电流、电压、焊接速度等不合适	① 在合适的电压范围内焊接 ② 根据弧长调整电压
	7. 焊枪角度、焊丝长度不合适	① 使焊枪的前倾角更小 ② 焊丝长度要根据焊接条件来设定

（续）

焊接缺陷	产生原因	解决方法
咬边：焊接结束处，母材出现的未填满，焊接金属的沟槽部分 咬边	1. 焊接电流过大	减小焊接电流
	2. 弧电压不合适、弧长过长（电压过高）	取合适的电压或偏低的电压
	3. 焊接速度过大	降低焊接速度
	4. 焊枪角度、焊丝尖端点对准不当（焊丝指向了立板侧）	① 取合适的焊枪角度和焊丝尖端点位置 ② 减少输入热量，降低电压，选择合适的焊枪角度，降低焊接速度 ③ 薄板水平角焊，焊丝应指向焊缝；厚板水平角焊，须考虑垂直侧与水平侧的散热情况，上板散热差，下板散热好，则焊丝应指向下板（距焊缝0.5~2mm的位置）
虚焊：焊接界面没有充分融合的状态 虚焊	1. 焊接条件不合适	加大输入热量，调整焊接电流、焊接速度，选择合适的焊枪角度
	2. 焊接表面不清洁	去除锈、油、水、灰尘等脏物
熔深不足：母材熔融部分的最深处到焊接表面的距离不够长 0.2t以下 0.2t以下	焊接条件不合适，焊接电流太低或对于电流来说电压太低的场合容易发生	选取合适的焊接电流、焊接速度、焊丝端点的位置、焊枪角度等方法予以解决
焊瘤：突出于焊趾或焊缝根部的焊缝金属与母材之间未熔合而重叠的部分（T形搭接焊时常见） 焊瘤	1. 焊接电流过大	① 设定较小的焊接电流，或设定合适的电压或稍高的电压 ② 适当提高焊接速度
	2. 焊丝尖端点位置不适，焊丝指向过于朝向底板	焊丝指向移向焊缝方向
	3. 焊枪角度不合适，焊枪与水平方向的倾角（工作角）过大	① 焊枪工作角为40°~45° ② 行走角（前倾角）80°~90°
驼峰：焊缝表面有突出部分，向上立焊或向下倾斜焊时常见 驼峰	1. 焊接电流太高	取合适的焊接电流
	2. 焊接电压太低	取合适的电压或稍高的电压
	3. 焊接速度太慢或太快	取合适的焊接速度

（续）

焊接缺陷	产生原因	解决方法
塌陷：焊缝表面有凹下的部分，向下立焊或向下倾斜焊时常见 塌陷	1. 焊接电压太高	① 降低焊接速度，使速度变慢 ② 选择合适的电压或稍高的电压
	2. 焊接速度太快	
蛇形焊道：焊缝像蛇一样	1. 焊丝弯曲、扭曲	① 缩短焊丝伸出长度 ② 使用桶装焊丝
	2. 导电嘴内经变大	更换导电嘴
	3. 磁偏吹的影响	① 改变地线安装位置 ② 改变焊接方向

5. 机器人示教点轨迹规划

根据焊接工艺分析结论，进行示教点轨迹规划，设定机器人姿态、焊枪角度和焊接顺序。

（1）四条立焊缝的轨迹点规划 四条立焊缝的示教顺序是 $ABC \rightarrow DEF \rightarrow GHI \rightarrow JKL$ 各点，其中 ABC 和 JKL 焊缝类型相同，DEF 和 GHI 焊缝类型相同，如图 29-9 所示。

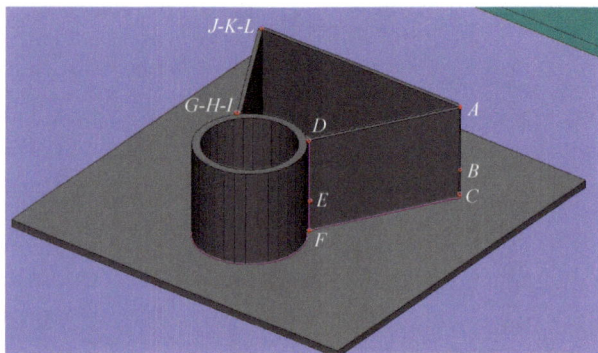

图 29-9 四条立焊缝的示教点

（2）平角焊缝的轨迹点规划 平角焊缝示教点及焊接方向如图 29-10 所示。焊接顺序是①～⑯点（图中为逆时针运行），由于平角焊一整周，焊枪要旋转 360°，为防止机器人限位，焊枪先沿着 Z 轴方向顺时针旋转 180°，然后，再从起弧点①开始示教，焊枪绕 Z 轴沿逆时针方向逐点回转。最后，收弧点⑯要越过起弧点①2～3mm 搭接收弧，完成整周焊接。

图 29-10 中，①和⑯是平角位焊接起始点和结束点，设为 MOVEL；②③④转角位设为 MOVEC；⑤⑥⑦转角位设为 MOVEC；⑦⑧⑨⑩转角位设为 MOVEC；⑩⑪⑫、⑬⑭⑮转角位设为 MOVEC。

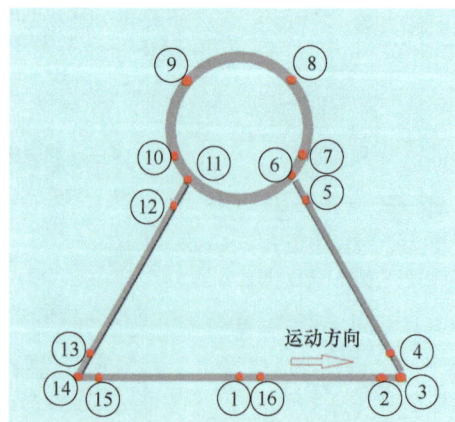

图 29-10 平角焊缝示教点及焊接方向示意图

注意：平角焊除第⑯点为空走点外，其他均为焊接点。其中，第⑤点和第⑫点重复登录2次，增设一个MOVEL点；第⑦点和第⑩点设为圆弧分离点（注：即在前、后两段圆弧指令中间插入一个MOVEL或POVEP焊接点，这是松下和安川机器人特有的编程处理方式）。

任务三 示教编程及焊接

1. 立焊缝示教

将立焊缝 ABC 分成 AB 和 BC 两段，焊枪与焊件以接近垂直（≥90°）夹角由上至下（拉焊），由于这种枪姿无法焊到底部，第二段 BC 应逐渐转换焊枪角度，枪姿向下（推焊）。B 点的位置尽量靠下，确保根部熔深，C 点的焊枪角度约为45°。焊丝伸出长度始终保持为12~14mm；立焊焊缝 ABC 点位的焊枪姿态如图29-11b~d 所示。

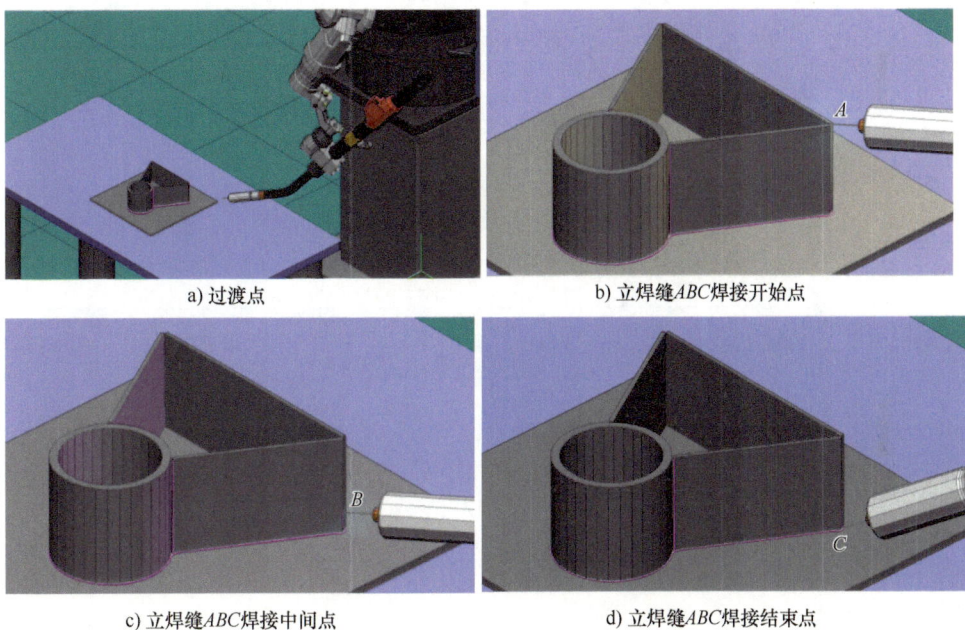

a) 过渡点

b) 立焊缝ABC焊接开始点

c) 立焊缝ABC焊接中间点

d) 立焊缝ABC焊接结束点

图 29-11 管 - 板组合件的四条立焊缝示教的方法

其他三条立焊缝的示教按照示教点规划顺序进行，方法与立焊缝 ABC 示教方法一致，示教顺序按照 ABC → DEF → GHI → JKL 依次进行，注意过渡点位置和插补指令的设置，避免发生撞枪和机器人姿态急速变化。

2. 平角焊示教

立焊缝示教结束后，机器人可回到原点设 MOVEP，然后将焊枪沿 Z 轴顺时针旋转180°，移动焊枪在平角焊起弧点斜上方设置过渡点，再进行起弧点①至收弧点的示教，逆时针方向对平角焊缝各示教点编程，要避免发生焊枪缠绕。平角焊示教枪姿如图29-12所示。

3. 程序编辑

（1）焊接参数设置 根据焊接工艺指导书（WPS）要求，管 - 板组合件焊接参数见表 29-4。

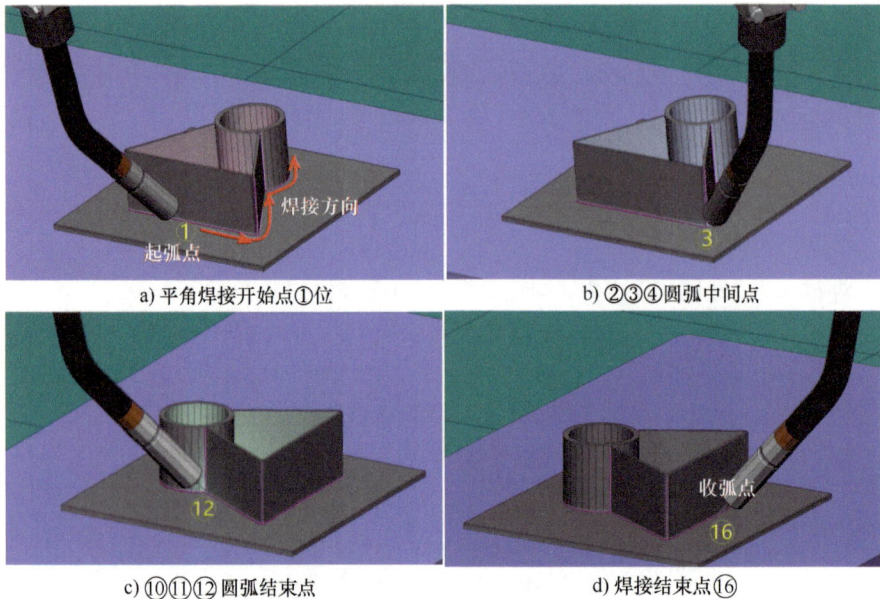

a) 平角焊接开始点①位   b) ②③④圆弧中间点

c) ⑩⑪⑫圆弧结束点   d) 焊接结束点⑯

图 29-12　平角焊示教枪姿

表 29-4　管 - 板组合件焊接参数（参考）

焊接位置	焊接电流 /A	焊接电压 /V	气体流量 /（L/min）	焊接速度 /（m/min）	收弧电流 /A	收弧时间 /s
立焊缝 ABC、JKL	120~130	17~18	14~15	0.5~0.6	80~90	0.0~0.1
立焊缝 DEF、GHI	130~140	17~18	14~15	0.45~0.55	90~100	0.0~0.1
底板平角焊	140~150	18~20	14~15	0.35~0.4	100~110	0.2~0.4

注意：机器人配置的不同品牌焊接电源设备，其焊接电流、焊接电压及焊接速度等参数规范各不相同，一元化数据库的参数匹配值也不同。应先在试板上进行焊缝类型试焊，再确定最终的焊接参数。

（2）指令编辑　操作者对程序中的插补指令、焊接指令等程序要素进行编辑，管 - 板组合件焊接程序如下：（注："〇"为空走或传感点；"●"为焊接点）

```
1:Mech1:Robot
Begin of Program
TOOL=1:TOOL01
〇 MOVEP  P001  20.00 m/min
```

○ MOVEP　P002　20.00 m/min

(1) 管 - 板组合件立焊缝 *ABC* 程序

● MOVEL　P003　20.00 m/min

　ARC-SET　AMP=120　VOLT=17.5　S=0.60

　ARC-ON　ArcStart1.prg　RETRY=0

● MOVEL　P004　20.00 m/min

○ MOVEL　P005　20.00 m/min

　CRATER　AMP=85　VOLT=16.0　T=0.1

　ARC-OFF　ArcEnd1.prg　RELEASE=0

○ MOVEP　P006　20.00 m/min

○ MOVEP　P007　20.00 m/min

(2) 管 - 板组合件平角焊程序

● MOVEL　P030　20.00 m/min

　ARC-SET　AMP=140　VOLT=18.5　S=0.40

　ARC-ON　ArcStart1.prg　RETRY=0

● MOVEC　P031　20.00 m/min

● MOVEC　P032　20.00 m/min

● MOVEC　P033　20.00 m/min

● MOVEL　P034　20.00 m/min

● MOVEC　P035　20.00 m/min

● MOVEC　P036　20.00 m/min

● MOVEC　P037　20.00 m/min

● MOVEL　P038　20.00 m/min

● MOVEC　P039　20.00 m/min

● MOVEC　P040　20.00 m/min

● MOVEC　P041　20.00 m/min

● MOVEL　P042　20.00 m/min

● MOVEC　P043　20.00 m/min

● MOVEC　P044　20.00 m/min

● MOVEC　P045　20.00 m/min

● MOVEL　P046　20.00 m/min

● MOVEC　P047　20.00 m/min

● MOVEC　P048　20.00 m/min

● MOVEC　P049　20.00 m/min

○ MOVEL　P050　20.00 m/min

　CRATER　AMP=100　VOLT=17.0　T=0.3

　ARC-OFF　ArcEnd1.prg　RELEASE=0

○ MOVEP　P0051　20.00 m/min

○ MOVEP　P0052　20.00 m/min

4. 跟踪检查

跟踪操作的作用是检查示教点位置和运行轨迹是否正确。通过操作示教器步进式移动机器人，对程序内容逐条进行再现，操作方法是：首先使跟踪图标灯 点亮，然后，左手按下向前 或向后 跟踪键的同时，右手按压拨动按钮跟踪到示教点，直至机器人逐条执行完所有动作程序，如图 29-13、图 29-14 所示。

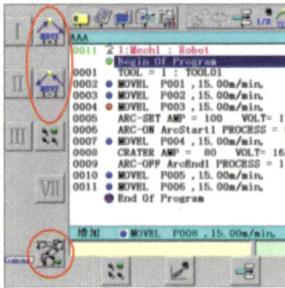

图 29-13　跟踪图标

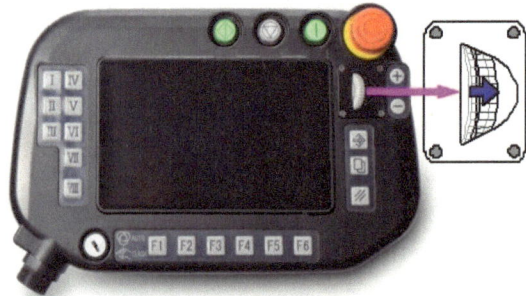

图 29-14　右手按压拨动按钮

确定管 - 板组合件各示教点和运行轨迹准确无误后，进行焊接操作。

5. 焊接操作

1）操作者在焊接作业前，首先应按照焊接作业要求穿戴好劳保用品和安全帽，并检查作业区内及周边区域无安全隐患，检查机器人和焊接设备均处于正常状态，才能开始焊接作业。

2）检查保护气瓶开关为开启状态，按下示教器的检气按钮，使用流量调节旋钮将保护气流量调至 14~15L/min，确认供气装置无漏气情况，然后关闭检气按钮。减压流量计检气状态如图 29-15 所示。

3）将示教器光标移至程序起始处后，将示教器的模式转换开关由"TEACH"旋至"AUTO"，模式转换开关如图 29-16 所示。然后按下伺服 ON 按钮，注意：再次确认工作区无人后，按下启动按钮。

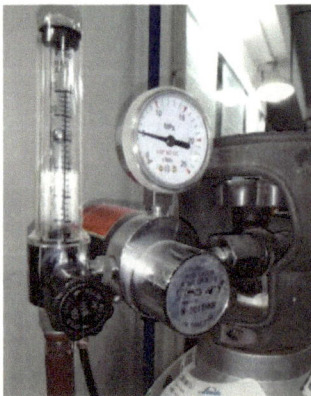

图 29-15　减压流量计检气状态

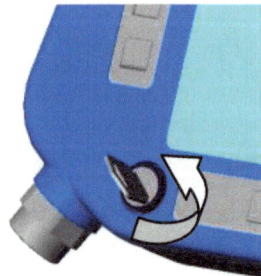

图 29-16　示教器模式转换开关

4）焊接过程中，操作者应退至工作区域之外，通过焊接防护面罩观察焊接区域，并注意观察机器人系统工作状态，如遭遇危险情况，应及时按下紧急停止按钮。

5）若因不明原因造成断弧，这时不要急于进入机器人工作区域，避免机器人重新自动起弧焊接造成危险。若断弧后确认不能正常焊接时，应按下紧急停止按钮，再检查断弧原因。

6）焊接完成后，先将示教器的模式转换开关旋至"TEACH"，或按下紧急停止按钮后再进入工作区域。

<h3 style="text-align:center">任务四　焊缝质量检测</h3>

1. 焊后焊件表面清理

焊后待焊件冷却后，使用錾子清理大颗粒飞溅，再使用钢丝刷进行表面清理。

2. 检测工具准备

1）HJC60 型焊接检验尺：测量管 - 板组合件焊缝外观尺寸。

2）五倍放大镜：用于观测表面缺陷和焊缝成形优劣。

3）游标卡尺：与焊接检验尺配合使用。

3. 测量焊缝外观尺寸

（1）测量角焊缝焊脚高　将焊缝测量尺正确放置到位，使滑尺上的标尺 0 位指示线对准主尺上的刻度，测得焊脚高，如图 29-17 所示。该例测得角焊缝焊脚高为 4~5mm。

（2）测量立焊缝宽度　在测量尺的背面，以主尺的棱边为测量基面，在测角尺配合下进行测量，测角尺刻线对准主尺刻度值部分，如图 29-18 所示，所测得两处内侧立焊缝宽度值为 5~6mm。

图 29-17　测量角焊缝焊脚高示意

图 29-18　测量立焊缝宽度示意

（3）目测立焊缝饱满度　通过目测，根据试件两外侧立焊"焊缝饱满、平直、高低宽窄"一致几项要求进行评判。以较差一侧立焊缝作为测量结果，如图 29-19 所示。

（4）测量焊缝咬边深度　首先把焊缝尺放置到位，然后使用焊缝尺测量咬边深度，看咬边尺指示值，即为咬边深度，如图 29-20 所示。该例所有焊缝无咬边。

（5）目测焊缝外观成形　通过借助五倍放大镜进行目测，根据试件"成形美观、焊纹均匀细密、高低宽窄"一致几项要求进行评判。以较差的焊缝部分作为测量结果。

图 29-19　目测立焊缝饱满度

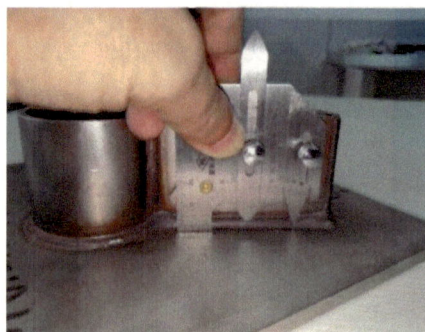

图 29-20　测量焊缝咬边深度示意

4. 检测报告

对评分标准逐项进行分析和理解，在充分理解试件考点和重、难点的情况下，公正、客观地评定及出具检测报告。管 - 板组合件评分标准见表 29-5。

表 29-5　管 - 板组合件评分标准（100 分）

检查项目	标准、分数	焊缝等级				得分
		I	II	III	IV	
角焊缝焊脚高	标准 /mm	≤ 4.3，>3.6	>4.3，≤ 3.6	>4.7，≤ 3.1	>5.2，≤ 2.8	
	分数	20	14	7	0	
立焊缝宽度	标准 /mm	≤ 5.5，>4.5	>5.5，≤ 4.5	>6，≤ 4	>6.5，≤ 3.5	
	分数	20	14	7	0	
立焊缝饱满度	标准	优	良	一般	差	
		焊缝饱满、平直、高低宽窄一致	高低宽窄基本一致，焊缝较饱满	高低宽窄不一致，焊缝总体高于棱边	焊缝弯曲，高低宽窄明显，或焊缝低于棱边	
	分数	20	14	7	0	
咬边	标准 /mm	0	深度 ≤ 0.5，且长度 ≤ 10。长度每 2mm 减 1 分		深度 >0.5 或总长度 >10	
	分数	20	按实际咬边长度计算		0	
焊缝外观成形	标准	优	良	一般	差	
		成形美观，焊纹均匀细密，高低宽窄一致	成形较好，焊纹均匀，焊缝平整	成形尚可，焊缝平直	焊缝弯曲，高低宽窄明显，有表面焊接缺陷	
	分数	20	14	7	0	
实际得分						

注：1. 焊缝表面如有修补，该试件作 0 分处理。

　　2. 焊缝表面有焊穿、裂纹、夹渣、未熔合、焊瘤等缺陷之一的，该试件为 0 分。

▶ 项目 30　焊接机器人工装夹具

【知识目标】

1. 了解典型焊接工装夹具基本概念；了解一般焊接工装夹具基本要求；了解机器人使用焊接工装夹具的基本要求。

2. 了解各类焊接工装夹具用途以及工装夹具在焊接机器人系统中的运用。

3. 了解工装夹具与焊接机器人系统组合的基本形式。

第三十讲：焊接机器人工装夹具

【能力目标】

能够进行工装夹具调整。

【职业素养】

培养学生焊接工装夹具知识的兴趣；初步掌握焊接工装夹具使用注意事项、保养及维护。

1. 工装夹具的基本概念

(1) 工装　工装即工艺装备，指制造过程中所用的各种工具的总称。用于焊接的工装是指在焊接结构生产的装配与焊接过程中起配合及辅助作用的夹具、机械装置或设备的总称，简称焊接工装。

(2) 夹具　夹具的使用范围相当广泛，它是用于工件装夹、定位的工具。焊接夹具装置的主要用途是固定焊件并保证定位精度，同时对焊件提供适当的支撑。由于被焊材料的几何形状、壁厚和零件的对称性均可影响能量向界面的传递，因此，在设计夹具时必须加以考虑。夹具属于工装，工装包含夹具，属于从属关系。也有一些企业把夹具称作"治具"。焊接夹具通常有手动、气动、液压、电动几种驱动类型，例如：弧焊手动夹具如图 30-1 所示，电阻点焊气动夹具如图 30-2 所示。

图 30-1　弧焊手动夹具

图 30-2　电阻点焊气动夹具

（3）工装夹具与焊接机器人系统组合的基本形式　对于小批量多品种、体积或质量较大的产品，可根据其焊缝空间分布情况，采用简易焊接机器人工作站或焊接变位机和机器人组合的机器人工作站，以适用于"多品种、小批量"的柔性化生产。

2. 焊接工装夹具分类

（1）按用途分类

1）装配用工艺装备。这类工装的主要任务是按产品图样和工艺上的要求，把焊件中各零件或部件的相互位置准确地固定下来，只进行定位焊，而不完成整个焊接工作。这类工装通常称为装配定位焊夹具，也叫暂焊夹具，它包括各种定位器、夹紧器、推拉装置、组合夹具和装配台架。

2）焊接用工艺装备。这类工装专门用来焊接已点固好的焊件。例如，移动焊机的龙门式、悬臂式、可伸缩悬臂式、平台式、爬行式等焊接机；移动焊工的移动升降台等。

3）装配焊接工艺装备。在这类工装上既能完成整个焊件的装配，又能完成焊缝的焊接工作。这类工装通常是专用焊接机床或自动焊接装置，或者是装配焊接的综合机械化装置，如一些自动化生产线。

应该指出，实际生产中工艺装备的功能往往不是单一的，如定位器、夹紧器常与装配台架合在一起，装配台架又与焊件操作机械合并在一套装置上；焊件变位机与移动焊机的焊接操作机、焊接电源、电气控制系统等组合，构成机械化自动化程度较高的焊接中心或焊接工作站。

（2）按应用范围分类　焊接工装通常有手动、气动、液压、电动几种类型，按应用范围分为几下几种：

1）通用焊接工装。指已标准化且有较大适用范围的工装。这类工装无须调整或稍加调整，就能适用于不同焊件的装配或焊接工作。

2）专用焊接工装。只适用于某一焊件的装配或焊接，产品变换后，该工装就不再适用。

3）柔性焊接工装。柔性焊接工装是一种可以自由组合的万能夹具，以适应在形状与尺寸上有所变化的多种焊件的焊接生产。

3. 焊接工装的作用

（1）保证和提高产品质量　采用工装夹具，不仅可以保证装配定位焊时各零件正确的相对位置，而且可以防止或减少焊件的焊接变形。尤其是批量生产时，可以稳定和提高焊接质量，减少焊件尺寸偏差，保证产品的互换性。

（2）提高劳动生产率，降低制造成本　能减少装配和焊接工时的消耗，减少辅助工序的时间，从而提高劳动生产率；降低对装配、焊接工人的技术水平要求；由于焊接质量高，因此可以减免焊后矫正变形或修补工序，简化检验工序等，缩短整个产品的生产周期，使产品成本大幅度降低。

1）减少辅助工序的时间。焊接结构生产过程一般包括：准备（焊接材料的清洗、烘干、焊件开坡口等），装配（对正、定位、夹紧或点固等），焊接，清理（从工装夹具上卸除焊件，清除焊渣等），检验，焊后热处理及矫正，最后检验等工序。焊前和焊后各项辅助工序的劳动量往往超过焊接工序本身。如果采用高效率的焊接工装夹具，则能够缩短生产周期，提高劳动生产率。除了采用自动化焊接工艺外，还要采用先进的装配工艺，以及自动化程度高的工装夹具。

2）降低制造成本。焊接工装能减少装配和焊接工时的消耗，从而提高劳动生产率；降低对装配、焊接工人的技术水平要求；由于焊接质量高，因此可以减免焊后矫正变形或修补工序，简化检验工序等，缩短整个产品的生产周期。

3）轻劳动强度，保障安全生产。采用工装夹具，焊件定位快速，装夹方便、省力，减轻了焊件装配定位和夹紧时的繁重体力劳动；焊件的翻转可以实现机械化，变位迅速，使焊接条件较差的空间位置焊缝变为焊接条件较好的平焊位置焊缝，劳动条件大为改善，同时有利于焊接生产安全管理。

4. 焊接工装夹具的基本要求

（1）足够的强度和刚度　夹具在生产中投入使用时要承受多种力度的作用，所以工装夹具应具备足够的强度和刚度。

（2）夹紧的可靠性　夹紧时不能破坏焊件的定位位置，同时要保证产品形状、尺寸符合图样要求。既不允许焊件松动滑移，又不使焊件的拘束度过大而产生较大的拘束应力。

（3）焊接操作的灵活性　使用夹具生产应保证足够的装焊空间，使操作人员有良好的视野和操作环境，使焊接生产的全过程处于稳定的工作状态。

（4）便于焊件的装卸　操作时应考虑制品在装配定位焊或焊接后能顺利地从夹具中取出，还要制品在翻转或吊运时不受损害。

（5）良好的工艺性　所设计的夹具应便于制造、安装和操作，便于检验、维修和更换易损零件。设计时还要考虑车间现有的夹紧动力源、吊装能力及安装场地等因素，降低夹具制造成本。

5. 工装安装调试

以汽车排气管中段工装应用为例，气动焊接夹具通过 PLC 控制电磁阀，再控制气缸动作夹紧焊件，如图 30-3 所示。

夹具的安装调试是决定焊接件质量的重要因素之一。如果夹具采用面定位，应根据标准样件定位面在夹具支座上安装定位件和夹紧件，利用三坐标检测仪检测并精确调整，确保定位精度。一般是以焊件作为试样，连续试制 5~10 件均检测合格即视为合格。

图 30-3　汽车排气管中段使用气动焊接夹具安装

6. 工装夹具特点

机器人焊接工装夹具与普通焊接夹具比较有如下特点：

1）对零件的定位精度要求更高，焊缝相对位置精度较高，应≤1mm。

2）由于焊件一般由多个简单零件组焊而成，而这些零件的装配和定位焊，在焊接工装夹具上是按顺序进行的，因此，它们的定位和夹紧是一个个单独进行的。

3）机器人焊接工装夹具前后工序的定位须一致。

4）由于变位机的变位角度较大，机器人焊接工装夹具应尽量避免使用活动手动插销。

5）机器人焊接工装夹具应尽量采用快速压紧件，且需配置带孔平台，以便将压紧件快速装夹压紧。

6）与普通焊接夹具不同，机器人焊接工装夹具除正面可以施焊外，其侧面也能够对焊件进行焊接，可以无限延伸。

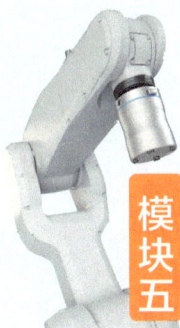

工业机器人系统典型应用

▶ 项目 31　　点焊机器人设备构成及原理

【知识目标】

1. 掌握点焊机器人点焊原理、点焊规范参数、点焊工艺、点焊机器人技术参数、系统构成、点焊机器人系统辅助设备。

2. 熟练掌握点焊机器人示教编程器的正确操作。

3. 熟练掌握点焊机器人编程方法及命令的运用。

第三十一讲：点焊机器人设备构成及原理

【能力目标】

1. 能够进行点焊机器人编程应用中的示教编程命令、系统数据设定及应用。

2. 能够进行点焊机器人示教编程器的正确操作。

3. 能够进行点焊机器人编程方法及命令的运用。

【职业素养】

点焊机器人在汽车生产制造中扮演非常重要的角色，例如白车身自动焊装线上各种类型的机器人协同作业，不差分毫，对工业机器人编程及运维人员提出了更高的技术和技能要求。

1. 点焊机器人技术概述

机器人点焊主要应用在厚度为 4.5mm 以下金属薄板的焊接，以汽车生产企业应用最多，如图 31-1 所示。

每台白车身约有 3000~5000 个焊点，某企业白车身焊点规划如图 31-2 所示。

图 31-1　汽车焊装生产线

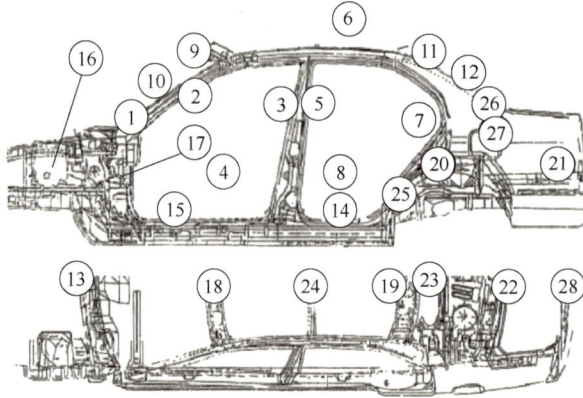

图 31-2　某企业白车身焊点规划

2. 点焊机器人系统构成及设备技术参数

点焊机器人系统如图 31-3 所示。

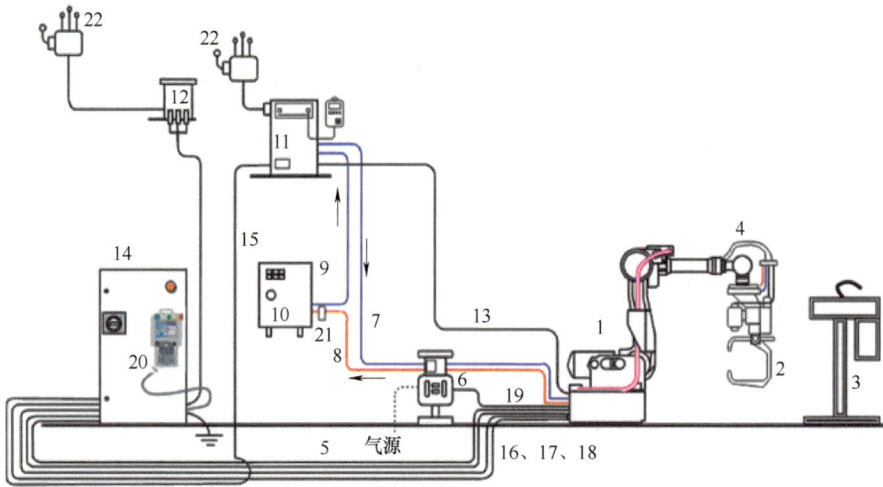

图 31-3　点焊机器人系统

1—机器人本体（ES165D/ES200D）★　2—伺服/气动点焊钳　3—电极修磨机　4—机器人腕部集合电缆（GISO）　5—焊钳（气动/伺服）控制电缆 S1　6—气/水管路组合体☆　7—焊钳冷水管◇
8—焊钳回水管◇　9—点焊控制箱冷水管　10—冷水机☆　11—点焊控制箱◇　12—机器人变压器★
13—焊钳供电电缆☆　14—机器人控制柜（DX100）★　15—点焊指令电缆（I/F）◇
16—机器人供电电缆 2BC ★　17—机器人供电电缆 3BC ★　18—机器人控制电缆 1BC ★
19—焊钳进气管☆　20—机器人示教盒（PP）★　21—冷却水流量开关☆
22—三相 380V 供电电源
注：标★为机器人标准配置；标◇为点焊设备标准配置；标☆焊接设备标准附件点焊机器人系统

点焊机器人设备主要由点焊机器人本体、点焊机器人焊钳（焊接变压器、气缸、焊接电极）等装置构成，如图 31-4 所示。各部分技术参数介绍如下。

（1）点焊机器人本体　以安川机器人 ES165D 为例，点焊机器人本体标准规格见表 31-1。

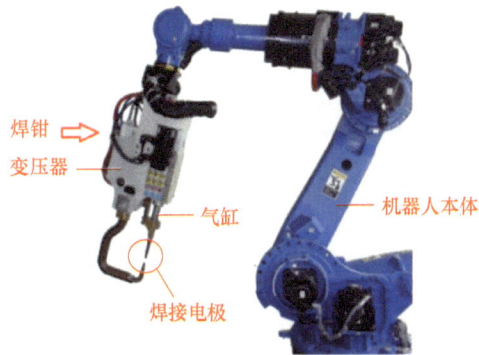

焊钳
变压器
气缸
机器人本体
焊接电极

图 31-4　点焊机器人

表 31-1　点焊机器人本体标准规格

名称		MOTOMAN-ES165D
式样		YR-ES0165DA00
构造		垂直多关节型（6自由度）
负载 /kg		165【151.5】③
重复定位精度①/mm		±0.2
运动范围 /(°)	S 轴（旋转）	−180～+180
	L 轴（下臂）	−60～+76
	U 轴（上臂）	−142.5～+230
	R 轴（手腕旋转）	−360～+360【−205～+205】③
	B 轴（手腕摆动）	−130～+130【−120～+120】③
	T 轴（手腕回转）	−360～+360【−180～+180】③
最大速度	S 轴（旋转）	1.92rad/s，/110°/s
	L 轴（下臂）	1.92rad/s，/110°/s
	U 轴（上臂）	1.92rad/s，/110°/s
	R 轴（手腕旋转）	3.05rad/s，/175°/s
	B 轴（手腕摆动）	2.62rad/s，/150°/s
	T 轴（手腕回转）	4.19rad/s，/240°/s
容许力矩 /(N·m)	R 轴（手腕旋转）	921【868】③
	B 轴（手腕摆动）	921【868】③
	T 轴（手腕回转）	490
容许惯性矩 /(kg·m²)	R 轴（手腕旋转）	85【83】③
	B 轴（手腕摆动）	85【83】③
	T 轴（手腕回转）	45

（续）

本体重量 /kg		1100
安装环境	温度 /℃	0 ~ +45
	湿度（%RH）	20 ~ 80（无结霜）
	振动 /（m/s²）	4.9 以下
	其他	1）远离腐蚀性气体或液体，易燃气体 2）保持环境远离水、油和粉尘 3）远离电气噪声源
电源容量②（kV·A）		5.0

① 该重复定位精度符合 JIS B8432 标准。
② 电源容量因用途、动作模式不同而不同。
③ 当配有装备电缆时，变成【 】内的值。

（2）点焊机器人焊钳 点焊机器人焊钳分类体系如下：

1）按焊钳的结构型式，点焊机器人焊钳可以分为"C"形焊钳和"X"形焊钳。

2）按焊钳的行程，点焊机器人焊钳可以分为单行程焊钳和双行程焊钳。

3）按加压的驱动方式，点焊机器人焊钳可以分为气动焊钳和电动焊钳（多为伺服电动机驱动）。

4）按焊钳变压器的种类，点焊机器人焊钳可分为工频焊钳和中频焊钳。

5）按焊钳的加压力大小，点焊机器人焊钳可以分为轻型焊钳和重型焊钳。一般地，电极加压力在 450kg 以上的焊钳称为重型焊钳，450kg 以下的焊钳称为轻型焊钳。

机器人一体式点焊焊钳如图 31-5 所示。

a) C形气动焊钳　　　　　　　　b) X形气动焊钳

图 31-5　机器人一体式点焊焊钳

（3）点焊控制器 焊钳变压器为点焊过程提供通电焊钳电极的电流，而点焊控制器（也称为"定时器"），是对点焊过程的各阶段进行时长（通常按周波数设定）控制的设备，如图 31-6 所示。如日本 NADEX 的 PH5-7003 型点焊焊接控制器，其控制方式为晶闸管同期式位相控制，具有根据焊接电流反馈的恒电流控制功能、电流升级功能、各种监控以及报警功能，它可根据预定的焊接监控程序，完成点焊时的焊接参数输入、点焊程序控制、焊接电流控制及焊接系统故障自诊断。焊接控制器与本体及示教盒的联系信号主要有：焊接电流增／减信息、焊接时间增减、焊接开始及结束、焊接系统故障等。

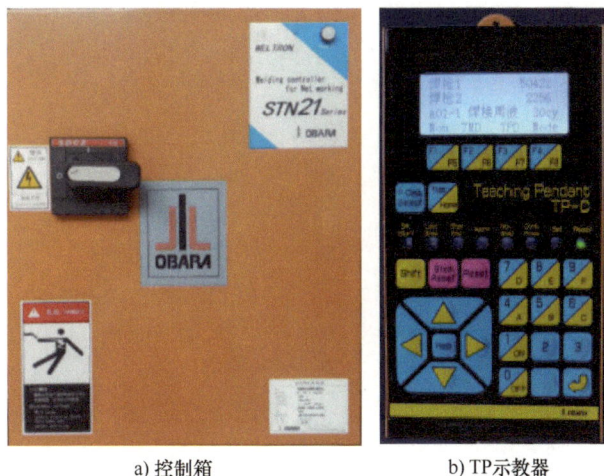

a) 控制箱　　　　　　b) TP示教器

图 31-6　点焊控制器

（4）点焊电极

1）主要功能。点焊电极是保证点焊质量的重要零件，其主要功能有：①向焊件传导电流；②向焊件传递压力；③迅速导散焊接区的热量。

2）点焊电极的结构类别。点焊电极的结构可分为标准直电极、弯电极、帽式电极、螺纹电极和复合电极五种。

3）点焊电极各部位的名称。点焊电极由四部分组成：端部、主体、尾部和冷却水孔。标准直电极是点焊中应用最为广泛的一种电极，其结构如图 31-7 所示。

4）点焊电极材料。基于电极的上述功能，就要求制造电极的材料应具有足够高的电导率、热导率和高温硬度，电极的结构必须有足够的强度和刚度，以及充分冷却的条件。此外，电极与焊件间的接触电阻应足够低，以防止焊件表面熔化或电极与焊件表面之间的合金化。常用的点焊电极材料有铬铌铜、铬锆铌铜和钴铬硅铜。

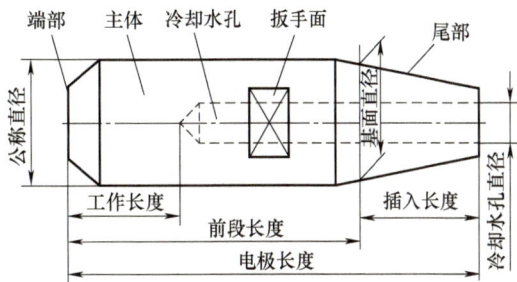

图 31-7　标准直电极结构

焊接次数的增多，会使电极表面磨损加重。电极表面粗糙会引起飞溅和造成焊件表面出现糙痕，影响焊件外观，因此，有必要多准备些研磨好的电极，根据焊接次数适当更换电极。使用新电极之前应先用焊件进行试焊和调试。

3. 点焊原理

点焊是电阻焊的一种，也称压力焊，其英文缩写为 RSW，简称点焊，是将焊件装配成搭接接头，并压紧在两电极之间，利用电阻热融化母材金属，形成焊点的电阻焊方法，如图31-8所示。

点焊时，由于两焊件间在接触处电阻较大，当通过足够大的电流时，在板的接触处会产生大量的电阻热，将中心最热区域的金属很快加热至高塑性或熔化状态，形成一个透镜形的液态熔核，熔化区温度由内至外逐渐降低。断电后继续保持压力或加大压力，使熔核在压力下凝固结晶，形成组织致密的焊点。

4. 点焊的主要工艺参数

点焊的四大工艺参数是焊接电流、通电时间、电极压力和电极形状（尺寸），如图31-9所示。

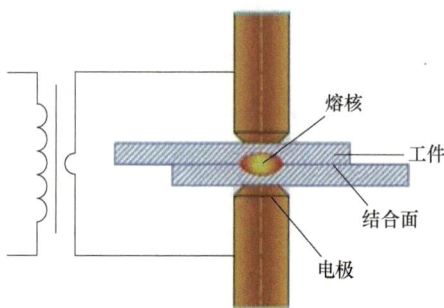

图31-8　点焊原理

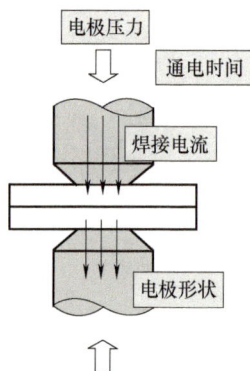

图31-9　点焊的四大工艺参数

（1）**焊接电流 I**　析出热量与电流的平方成正比（焦耳定律 $Q=I^2Rt$），所以焊接电流对焊点性能影响最敏感。在其他参数不变时，当电流小于某值时熔核不能形成；超过此值后，随电流增加，熔核快速增大，如图31-10所示。

（2）**焊接时间 t_w**　通电时间的长短直接影响输入热量的大小，在目前采用的同期控制点焊机上，通电时间是周（一周为20ms）的整倍数。在其他参数固定的情况下，只有通电时间超过某最小值时才开始出现熔核，而后随通电时间的增长，熔核先快速增大，拉剪力亦提高。

当选用的电流适中时，进一步增加通电时间熔核增长变慢，并渐趋恒定。如果加热时间过长，则组织变差，正拉力下降，塑性指标（延性比 F_σ/F_τ）随之下降。当选用的电流较大时，熔核长大到一定极限后会产生飞溅。

图31-10　电流与拉剪力（F_τ）的关系
1—厚1.6mm以上的板　2—厚1.6mm以下的板

（3）**电极压力 F_ω**　电极压力的大小一方面影响电阻的数值，从而影响发热量的多少，另一方面影响焊件向电极的散热情况，如图31-11所示。

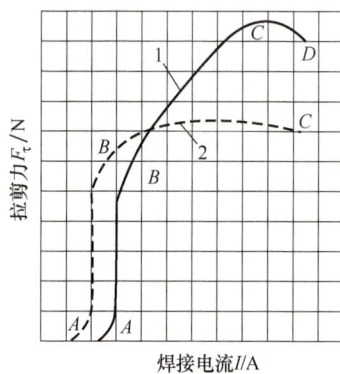

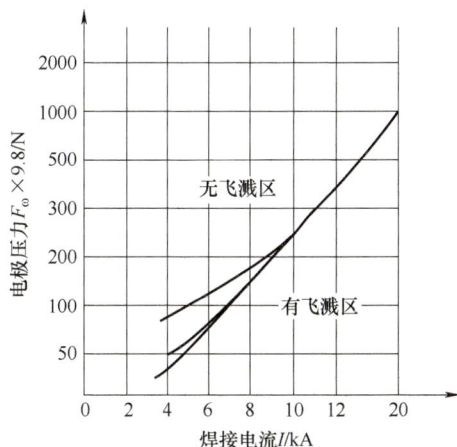

图 31-11　电极压力与焊接电流的关系

建议选用临界飞溅曲线附近无飞溅区内的工作点。

（4）电极形状（尺寸）　电极形状（尺寸）如图 31-12 所示。

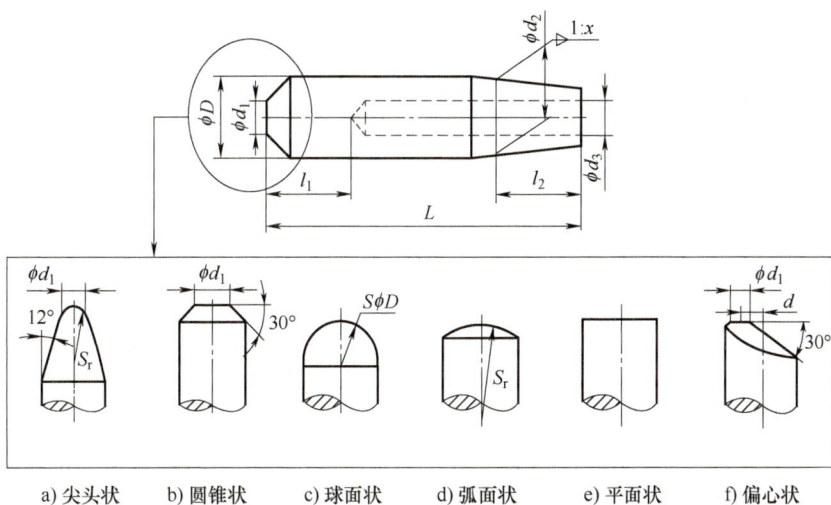

图 31-12　点焊电极端部形状及尺寸示意

5. 点焊的焊接循环过程

焊接循环是指完成一个焊点所包括的全部程序。点焊过程由预压、焊接、维持和休止四个基本程序组成焊接循环。点焊的焊接循环过程如图 31-13 所示。

6. 点焊的工艺缺陷与接头的质量检验

（1）点焊的工艺缺陷　点焊可能出现的工艺缺陷有焊点直径不足等，如图 31-14 所示。

（2）点焊接头的质量检验　点焊接头质量检验通常采用破坏性检验、非破坏性检验及金相检验。

1）破坏性检验项目。点焊接头破坏性检验项目见表 31-2。

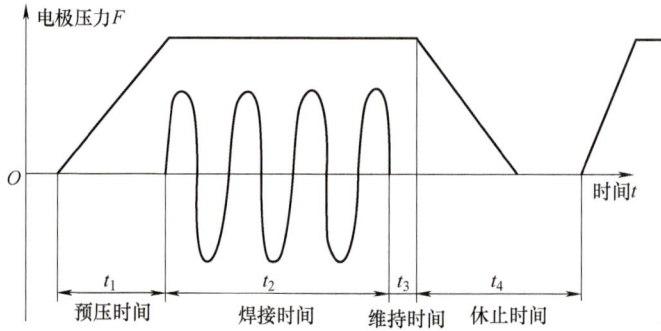

图 31-13　点焊的焊接循环过程

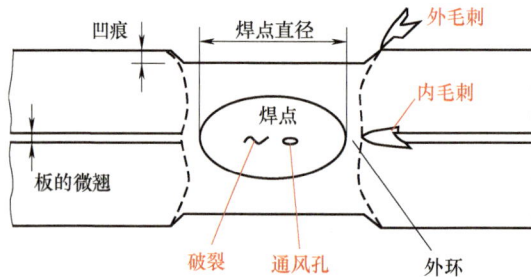

图 31-14　点焊的工艺缺陷

表 31-2　点焊接头破坏性检验项目

序号	检验项目	破坏性检验
1	薄板卷曲检验（现场检验）	×
2	厚板凿具检验（现场检验）	×
3	扭曲检验	×
4	对拉检验	×
5	剪拉试验 1）仅剪拉 2）带对拉的剪拉试验	×

注：× 表示检验。

破坏性撕裂实验和拉伸实验如图 31-15、图 31-16 所示。

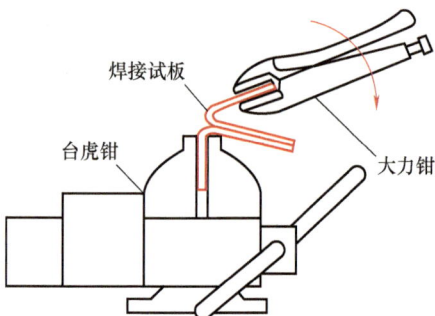

图 31-15　破坏性撕裂实验

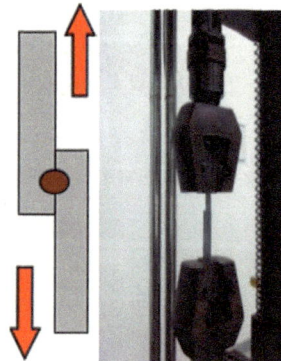

图 31-16　拉伸实验

2）非破坏性检验及金相检验。点焊接头非破坏性检验及微观检验项目见表31-3。

表31-3 点焊接头非破坏性检验及微观检验项目

序号	检验项目	宏观检验	微观检验
1	射线检验	—	—
2	超声波检验	—	—
3	脱脂（仅用于表面裂纹）	×	—
4	金相检验	—	（×）
5	宏观检验 1）目测检验 2）几何尺寸测量	×	—
6	微观接头试验	—	（×）
7	硬度检验	（×）	—

注：×表示检验；（×）表示有条件检验；—表示不检验。

3）金相检验的缺陷项目如图31-17所示。

7. 点焊的品质保证管理

点焊品质保证管理有以下几方面的内容：

1）压力检测：焊接发热量受电极与焊件间的接触电阻的影响极大。

2）电极修磨：焊接次数的增多，会使电极表面磨损加重。

3）电极过热：电极过热会缩短电极的寿命并导致焊件焊接品质不均一。

图31-17 金相检验的缺陷项目

4）焊件精度：因忽略了焊件厚度、镀层厚度、金属成分等的变化而导致焊接不良品出现的现象时有发生。

5）电流监测：对焊接电流的监测，可较容易地发现其他影响焊接品质的因素和变化原因，从而提高焊接品质的信赖性。

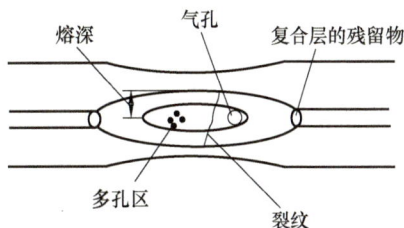

▶ 项目 32   点焊机器人编程与应用

【知识目标】

1. 掌握点焊机器人与其他机器人的组合应用。

2. 熟练掌握应用点焊机器人从示教到焊接及结束的操作全过程。

3. 了解点焊钳的选型及点焊机器人系统的安装维护。

第三十二讲：点焊机器人编程与应用

【能力目标】

1. 能够进行点焊机器人与其他机器人的组合应用。
2. 能够进行应用点焊机器人从示教到焊接及结束的操作全过程。
3. 能够进行点焊钳的选型及点焊机器人系统的安装维护。

【职业素养】

电阻点焊技术的应用实现了汽车车身制造的量产化与自动化。

1. 汽车车身机器人点焊案例

汽车车身焊装包括车架、地板（底板）、侧围、车门及车身总成合焊等的装配焊接，在装焊生产过程中大量采用了电阻点焊机器人操作工艺。据统计，每辆汽车车身上有 3000~5000 个点焊焊点。焊接完的车体基础骨架会形成"安全舱"式的车身结构，这种车身结构使车辆在侧面及正面碰撞时具有良好的吸能和抗撞击性能，构成优越的生存空间。汽车白车身结构如图 32-1 所示。

图 32-1　汽车白车身结构

2. 点焊机器人的编程与焊接

根据汽车白车身的材料、结构及位置特点，选取实训焊件材料：DC01（St12），其化学成分：$w_C \leqslant 0.10\%$；$w_{Mn} \leqslant 0.50\%$；$w_P \leqslant 0.035\%$；$w_S \leqslant 0.035\%$，属于低碳钢，一般用于冲压件或拉伸件。实训时可以用 Q235B 材料替代。

实训焊件尺寸：长 =120mm，宽 =50mm，厚度 =1.6mm，折边高度 =20mm，折边宽度 =20mm，如图 32-2 所示。焊件焊点数：8 个（两侧对称结构，一边各 4 个焊点），焊点间距：20mm。

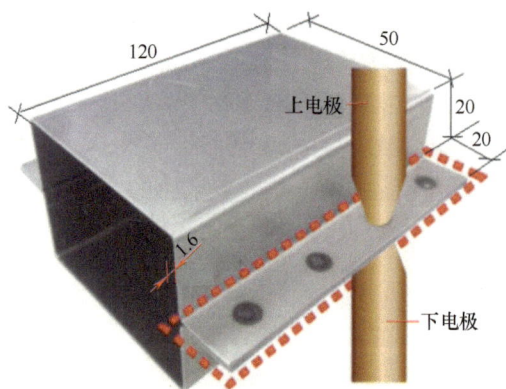

图 32-2　实训焊件尺寸

示教点（P_1~P_8）及轨迹规划如图 32-3 所示。

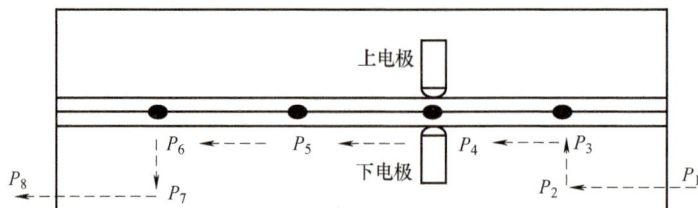

图 32-3　示教点（P_1~P_8）及轨迹规划

示教点（P_1~P_8）点焊程序及说明见表 32-1。

表 32-1　点焊程序及说明

行	命令	内容说明	
0000	NOP	开始	
0001	MOVJ　VJ=25.00	移到待机位置	（P_1）
0002	MOVJ　VJ=25.00	移到焊接开始位置附近（接近点）	（P_2）
0003	MOVJ　VJ=25.00	移到焊接开始位置（焊接点）	（P_3~P_6）
0004	SPOT　GUN#（1）	焊接开始	
	MODE=0	指定焊钳 no.1	
	WTM=1	指定单行程点焊钳	
		指定焊接条件 1	
0005	MOVJ　VJ=25.00	移到不碰撞焊件、夹具的地方（退避点）	（P_7）
0006	MOVJ　VJ=25.00	移到待机位置	（P_8）
0007	END	结束	

3. 点焊规范参数

参照低碳钢板点焊规范及参数，见表 32-2。

表 32-2　低碳钢板（w_C<0.25%）点焊规范及参数

板厚 /mm	电极			最小点距 /mm	最小搭边量 / mm	最佳规范				
	d 最大 / mm	D 最大 / mm	R /mm			通电时间 / ms	电极力 / kN	焊接电流 / kA	熔核直径 / mm	拉剪力（1±14%）/ kN
0.4	3.2			8	10	80	1.15	5.2	4.0	1.8
0.6	4.0	10	25	10	11	120	1.5	6.6	4.7	3.0
0.8	4.5			12	11	140	4.9	7.8	5.3	4.4
1.0	5.0			18	12	160	2.25	8.8	5.8	6.1
1.2	5.5	16	25	20	14	200	2.7	9.8	6.2	7.9
1.6	6.3			27	16	260	3.6	11.5	6.9	10.6
2.0	7.0			35	18	340	4.7	13.8	7.9	14.5
2.3	7.8	16	50	40	20	400	5.8	15	8.6	18.5
2.8	8.5			45	21	460	7.0	16.2	9.4	23.8
3.2	9.0	16	75	50	22	540	8.2	17.4	10.3	31
4	11.0	19	100	66	32	840	10	19	11.6	42
6	14.0	22	150	106	53	1840	15.5	23.5	16	79
8	16.0	25	250	144	72	2000	22	27	20	114
9	17.5	30	300	170	87	2340	26	29	28	121
10	19.0	30	350	190	98	3000	29.5	30	35	131.5

4. 汽车焊装生产中的各类机器人协同作业

汽车焊装生产中的各类机器人协同作业如图 32-4 所示。

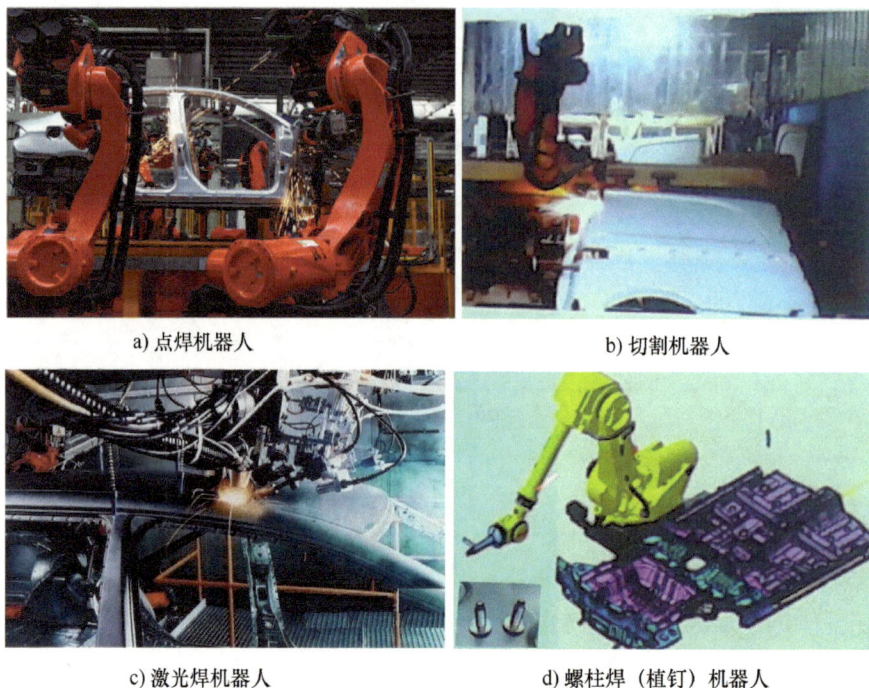

a) 点焊机器人

b) 切割机器人

c) 激光焊机器人

d) 螺柱焊（植钉）机器人

图 32-4　汽车焊装生产中的各类机器人协同作业

汽车车身机器人焊装生产线基本组成如图 32-5 所示。

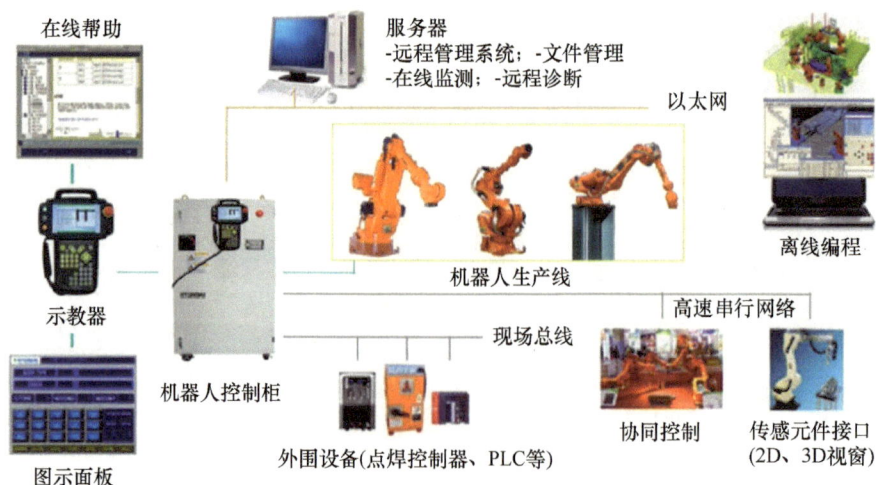

图 32-5　汽车车身机器人焊装生产线基本组成

5. 点焊机器人操作规范

1）凡是参与点焊机器人操纵工作的操作工必须持有人社部门颁发的考试合格证上岗。

2）点焊场所必须有灭火设备或防火沙箱，保证足够的照明和良好的通风。

3）检查劳防用品口罩、耳塞、眼镜、安全带等是否佩带整齐。

4）开机前应确保本体动作范围内无人、无杂物。

5）检查控制箱与本体及与其他设备连接是否正确。

6）检查供给电源与机器人所需电源是否相匹配。

7）检查各个急停和暂停按钮，确保其功能有效。

8）本体运转时，严禁人或物进入其工作范围之内。

9）机器人工作时，禁止进入安全围栏内。

10）进入围栏时，应将门上联锁开关拔出，通过围栏门进入。

11）使用中注意观察电极修磨器是否正常。

12）工作站开机操作后，观察机器人的第一步动作是否正常。等机器人正常焊完第一点后，开机操作才算是正常完成。

13）工作中，因焊件未到位而停止时，摆正焊件，按就绪按钮 6s 方能重新开始工作。

14）机器人报警时，机器人均处在暂停状态。按示教盒 SELECT（选择）键取消报警后，按操作台上的启动按钮，机器人继续运行。

15）随时观察机器人工作状态，着重注意以下几点：

① 焊点是否正确。

② 姿态是否合适。

③ 冷却系统是否完好。

④ 焊接电流是否异常。

⑤ 伺服电动机、RV 减速器、焊接电源等是否有异常噪声、振动、温升。

⑥ 发现问题，立即停机，找有关维修工或技术人员检查修理。

16）示教安全。

① 示教时尽量避免站在机器人与焊件或机器人与固定物之间，以免机器人异常动作产生对人体的伤害。

② 示教时一定要注意示教速度：机器人与焊钳、焊钳与焊件较近时应用较低的速度示教。避免机器人与焊钳、焊钳与焊件相撞。

③ 示教过程和工作过程中，一个程序未结束，严禁示教另一程序（主程序和其子程序除外）。

④ 示教或修改完成后，一定要认真验证程序的正确性，验证后方可切换到正常工作状态（验证时应采取较低的速度）。

17）点焊机器人安全警示。设立安全警示牌，遵守操作规程，保障人身安全。点焊机器人可能对人造成伤害隐患的安全警示如图 32-6 所示。

| a) 机器人动作 | b) 电极移动 | c) 高电压 |

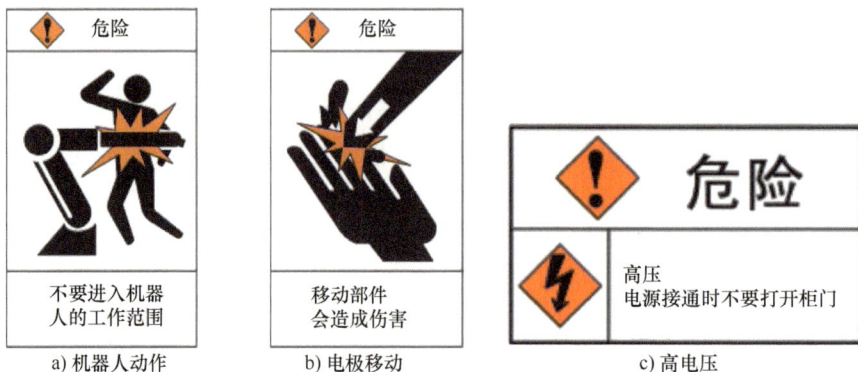

图 32-6　点焊机器人可能对人造成伤害隐患的安全警示

▶ 项目 33　示 教 误 差

第三十三讲:
示教误差

【知识目标】

认识示教误差对机器人焊接产生的影响;掌握误差的类型、起因以及解决方法。

【能力目标】

能够分析和解决示教误差对机器人焊接的影响以及消除方法。

【职业素养】

进一步了解机器人、热爱机器人示教编程岗位,争做一名优秀的机器人操作技能人员。培养和养成具有精准、快速、协同、规范的职业素养。

总结多年的机器人焊接教学经验,职业教育普遍存在注重实践,轻视理论,造成实训中的盲动现象。因此,要掌握正确的观测方法,减少误差的产生,培养精益求精的职业特质,克服"基本可以"和"差不多"的思维习惯。要克服由于工作责任心不强造成的示教误差,应着力培养认真、快速、精准、规范的职业特质。由于焊接机器人设备的重复定位精度应 ≤ ±0.1mm,因此,示教的精准度不仅取决于操作者的经验,还与观测方法和设备等诸多因素相关,机器人示教误差会直接影响机器人焊接质量。例如:采用 CO_2/MAG 方法进行编程与焊接时,示教误差如果超过焊丝直径的一半,就会导致焊偏;而在生产过程中,如果机器人工具中心点 TCP 不准或焊件超差,也将导致焊接失败。通过大量的科学实验证实:机器人示教误差不仅与观测误差有关,还与工艺误差、系统误差、焊件误差以及其他因素产生的误差密切相关。

1. 观测误差

（1）观测特点　观测误差是指操作者所观测到的示教点位置与真实点位置之间的偏差。主要有视距误差和视角误差。

由于焊接机器人的示教编程过程是通过操作者"眼（观测）"→"脑（判断）"→"手（动作）"的熟练配合来完成的，因此，示教点的准确程度主要取决于编程人员眼睛的观测结果，如图33-1所示。

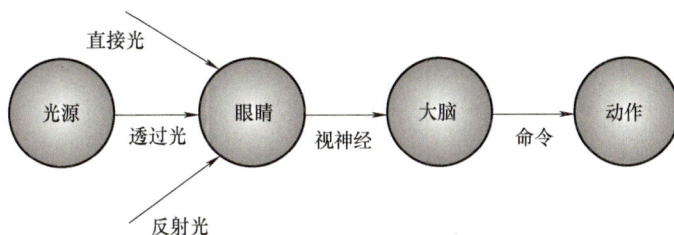

图33-1　示教编程过程中眼、脑、手（动作）的配合示意图

（2）视距误差　眼睛能够观测较远和较近的物体，并在视网膜形成倒立缩小的实像。当眼睛从较远处向物体靠近时，根据凸透镜原理，成像会逐渐变大。眼睛成像放大原理如图33-2所示。

如果操作人员在较远的距离观察示教点位置，很容易因视距过大，景物缩小而产生误差，使焊丝偏离焊缝程度增加。因此，操作人员的眼睛与示教点最佳观测距离为100~500mm。

（3）视角误差　人以左、右眼看同样的物体，两眼所观测的角度不同，在视网膜上形成的像并不完全相同，这两个像经过大脑综合以后就能区分物体的前后、远近，从而产生立体成像。对于机器人编程人员，如果仅从一个方向目测焊丝端部与焊缝位置来确定示教点，由于视角误差，眼睛所观测到的位置是前点，而实际位置在后点，这就产生了视角误差，如图33-3所示。

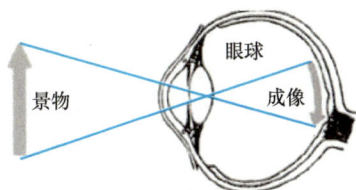

图33-2　眼睛成像放大原理

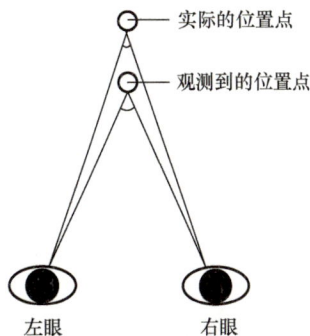

图33-3　视角误差

所以，对一个示教点的确定，除要近距离观测外，还须前后、左右、上下观测并修正焊枪位置，以消除因观测方法不正确而产生的视角误差。

2. 工艺误差

1）忽视焊丝伸出长度变化。焊丝伸出长度变化会导致弧长及焊接电流变化。正确焊丝伸出长度：薄板为15mm、厚板为20mm。

2）用手掰直焊丝端部（错误）。应保持焊丝端部自然状态；注意导电嘴磨损使孔径扩大。

3）焊枪姿态不对。应保证正确的焊枪前进角与工作角。

3. 系统误差

1）TCP（工具中心点）不准会造成在线示教误差。应定期进行TCP校准，或设置一个基准点（尖点），定期检查TCP是否偏离。

2）机器人重复定位精度不够，当重复定位精度大于 ±0.1mm 时，通知机器人生产企业维修。

3）工装夹具设计制作不合格，要改进工装夹具或重新设计。

4. 焊件误差

焊件重复精度不够，属于上道工序问题。CO_2 焊接时，若焊件重复精度大于 ±0.5mm，或TIG焊接时，焊件的重复精度大于 ±0.2mm，会导致焊偏或焊接失败。解决方法是改进制造工艺。

5. 其他因素产生的误差

（1）光线不足　在较暗的光线下，瞳孔会变大，是为了让更多的光线进入眼中，而在明亮的光线下，瞳孔变得很小，是为了防止过多的光线射入眼中损坏视网膜。所以，示教现场的光线强弱对眼睛的视力会有一定影响。应增加示教处的照明和亮度。

（2）身体条件　示教人员身体条件应满足现场示教要求。

（3）身体疲劳　如果眼睛的晶状体肌肉总是处于紧张状态，时间长了，肌肉就会疲劳，失去调节能力，看到的景物就会模糊，如图33-4所示。

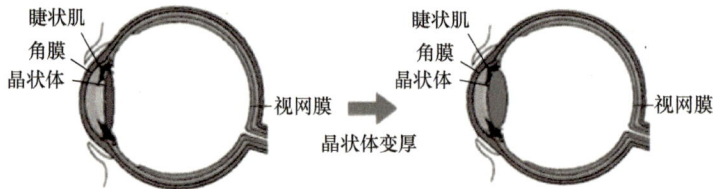

睫状肌　角膜　晶状体　视网膜　晶状体变厚　视网膜

图33-4　由远至近眼睛的晶状体的调节作用图示

（4）工作态度　应避免由于工作责任心不强造成的示教误差，着力培养精准、快速、协同、规范的职业特质。

焊接机器人虽然是一种自动化程度很高的现代装备，但它还是要通过操作者进行编程和示教，才能进行焊接作业，这就需要从业者不仅应具有操作应用技能，而且要有精益求精的工作责任感，才能使机器人设备在工业生产中发挥更大的作用。机器人焊接误差产生的原因如图33-5所示。

实际工作中，示教编程人员在工作中需要具有精准、快速、协同、规范的职业素养，这是做好这项工作的基本条件。图33-6所示为全国首届焊接机器人操作大赛现场，参赛选手正在聚精会神地进行示教编程。由于竞赛题目为使用机器人焊接一个密闭容器，并设计了一些不适合机器人焊接作业的位置和角度，不仅考核选手的机器人熟练操作能力，还重点考验选手的焊接机器人工艺应用能力；不但要力求焊缝尺寸达到要求、成形美观，还要达到水压密封性测试要求和焊缝内部质量的无损检测要求；不但要考核选手操作过程的规范性，还要将焊接试件的焊接质量作为重要的评判依据。因此，大赛从机器人焊接的作业特点出发，不只注重焊接结果，还要看重操作过程。图 33-7 所示为某企业自行车三角架示教案例，固定双工位，由于是薄管焊接，焊缝复杂，接近于全位置焊，很容易发生焊枪干涉，编程人员必须反复修改示教点，优化工作节拍，才能达到生产工艺要求。因此，焊接难度较大，对焊件的加工精度要求也比较高，要求焊枪角度、行走速度、焊接参数非常精准，稍有一点点偏移，钢管就会焊穿。通过现场人员严谨认真的努力，最终达到了焊接工艺和生产工艺要求。

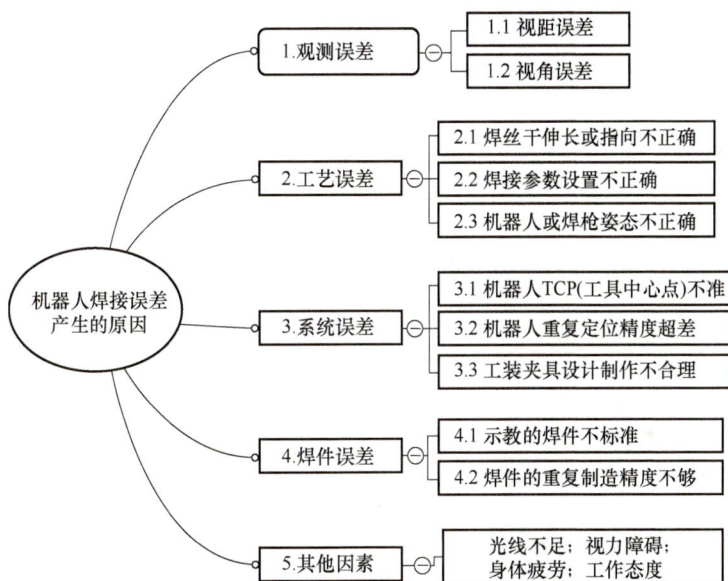

图 33-5 机器人焊接误差产生的原因

图 33-6 参赛选手正在示教编程

图 33-7 某企业自行车三角架示教案例

通过以上列举的两个焊接机器人应用案例，充分反映出焊接机器人应用的技术特点和技能形成规律。

▶ 项目 34　装配机器人

第三十四讲：
装配机器人

【知识目标】

1. 掌握装配机器人系统构成及辅助设备。
2. 熟练掌握装配机器人示教编程器的正确操作。
3. 熟练掌握装配机器人编程方法及命令的运用。

【能力目标】

1. 能够进行装配机器人编程应用中的示教编程命令、系统数据的设定及应用。
2. 能够进行装配机器人示教编程器的正确操作。
3. 能够进行装配机器人编程方法及命令的运用。

【职业素养】

装配机器人的应用特点及使用要求。

1. 装配机器人及其工作站的概念

装配机器人是为完成装配作业而设计的工业机器人。

装配工业机器人工作站是指使用一台或多台装配机器人，配有控制系统、辅助装置及周边设备，进行装配生产作业，从而达到完成特定工作任务的生产单元。

装配机器人工作站中使用的装配机器人是专门为装配而设计的机器人，与其他工业机器人比较，它除具有精度高、柔性好、工作范围小、能与其他系统配套使用等特点外，其结构也与其他机器人有所不同，如图 34-1 所示。

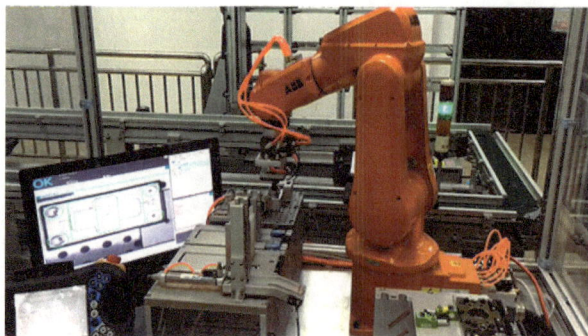

图 34-1　装配机器人应用案例

2. 装配机器人的分类与组成

（1）装配机器人的分类　装配机器人的分类如图 34-2 所示。

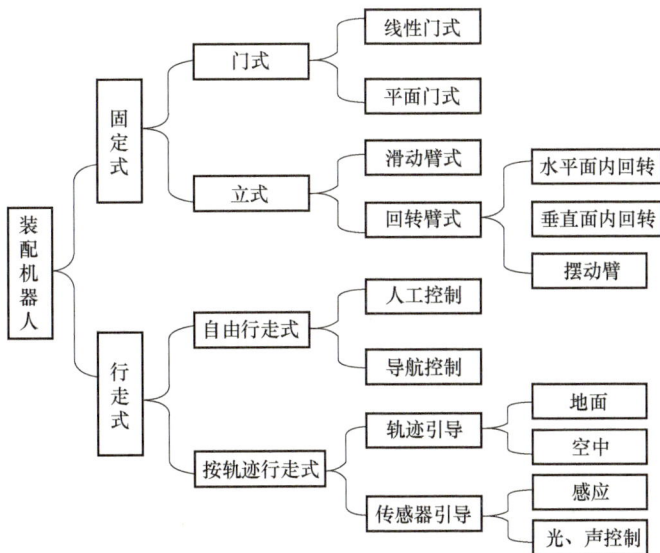

图 34-2　装配机器人的分类

（2）装配机器人的组成　装配机器人由工业机器人、手爪、控制器、示教器、驱动装置和传感器组成，根据其机械手臂的结构型式，有串联和并联之分，如图 34-3 所示。

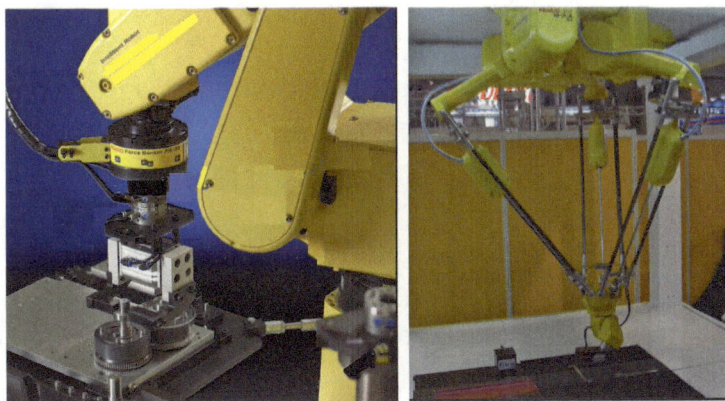

a）六轴串联式装配机器人　　　　　b）三轴并联式装配机器人

图 34-3　装配机器人

1）工业机器人。工业机器人是装配机器人的主机部分，由若干驱动机构和支持部分组成。为适应各种用途，它有不同组成方式和规格。机器人手臂各关节部分根据装配任务需要，产生不同的自由度运动，自由度数越多，则执行任务时越灵活，对完成装配的复杂性有好处。

2）手爪。手爪安装在手部前端，担负抓握对象物的任务，相当于人手。事实上，用一种手爪很难适应形状各异的工件，通常，按抓拿对像不同，需要设计特定的手爪。在一些机器人上配备各种可换手，以增加其通用性。手爪的驱动以压缩空气居多，使用压缩空气吸取装配对象是一种手爪形式，可以抓取平面类零件；使用空气驱动机械机构抓紧或松开，从而模拟人手抓取零件是另一种形式。电动机驱动也是手爪驱动的主要模式之一，可通过电磁吸引或电动机驱动来抓取零件。

由于机器人双指气动手爪价格便宜，因此经常使用。如果给手腕赋予柔顺性，便可以在一定程度上消除装配时零件相互的定位误差，对配合作业很有利。手的形式根据装配任务不同可能是不一样的，比如抓取大面积的板类零件时，可能用到气动吸取或电磁吸引的方式；抓紧特殊结构零件时可能需要特制对应的手来抓取。因此，手的外形、工作原理、结构样式等均因装配任务不同而变化，设计者需要根据具体情况做出相应处理，如图 34-4 所示。

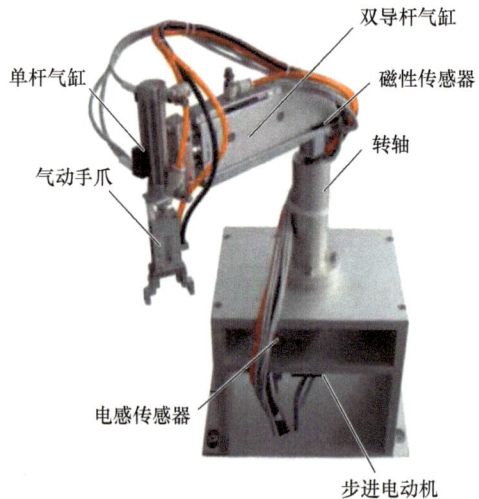

图 34-4　机器人双指气动手爪系统

3）控制器。控制器的作用是记忆机器人的动作，对手臂和手爪实施控制。控制器的核心是微型计算机，它能完成动作程序、手臂位置的记忆、程序的执行、工作状态的诊断、与传感器的信息交流、状态显示等功能。

4）示教器。示教器主要由显示部分和输入键组成，用来输入程序、显示机器人的状态等，是人机对话的主要渠道。显示部分一般采用液晶显示器（LCD）。借助传感器的感知，机器人可以更好地顺应对象物，进行柔软的操作。通过示教器的帮助，可以让机器对工作过程进行初步认知，然后再经过精确调整来完成装配操作，这就使机器的智能化程度得到提高，减少了操作人员负担。

5）驱动装置。驱动装置是带动臂部到达指定位置的动力源。动力一般是直接或经电缆、齿轮箱或其他方法送至臂部。目前主要有液、气动、电动三种驱动方式。电动驱动又有直流电动机驱动、步进电动机驱动和交流电动机驱动。关节型装配机器人几乎都采取伺服电动机驱动方式。由于交流伺服电动机速度快，容易控制，现在已十分普及。只有部分廉价的机器人采用步进电动机。在实际应用中，使用何种驱动器，均要根据任务情况来灵活确定，以能完成装配任务要求为准则。

6）传感器。装配机器人经常使用的传感器有听觉、视觉、触觉、接近觉和力传感器等。视觉传感器主要用于零件或工件位置补偿，零件的判别、确认等，如图 34-5 所示。

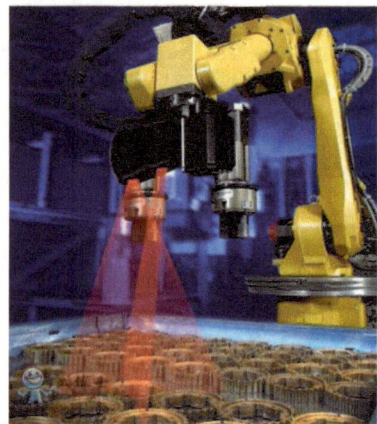

图 34-5　装配机器人使用的视觉传感器

触觉和接近觉传感器一般固定在指端，用来补偿零件或工件的位置误差，防止碰撞等。恰当地配置传感器能有效地降低机器人的价格，改善它的性能。力传感器一般装在腕部，用来检测腕部受力情况，一般在精密装配或去飞边一类需要力控制的作业中使用。

3. 装配机器人的周边设备

机器人进行装配作业时，除上面提到的机器人主机、手爪、传感器外，零件供给装置和工件搬运装置也至关重要。无论从投资额的角度还是从安装占地面积的角度，它们往往比机器人主机所占的比例大。周边设备包括可编程序控制器、台架、安全栏等。

（1）零件供给器　零件供给器是为机器人装配时能不断为机器人提供装配时需要用到的零件的装置，作用是保证机器人能逐个正确地抓拿待装配零件，保证装配作业正常进行。零件供给器形式与种类众多，根据机器人装配的性质进行设计，图 34-6 所示为其中一种形式的零件供给器。目前，机器人利用视觉和触觉传感技术，已经达到能够从散堆（适度的堆积）状态把零件一一分检出来的水平，部分技术已投入实用。可以预料，不久之后，在零件的供给方式上可能会发生显著的改观。

图 34-6　装配机器人零件供给器

（2）输送装置　在机器人装配线上，输送装置承担把工件搬运到各作业地点的任务。输送装置中以传送带居多，其他形式如圆盘回转式也常用。输送装置也需要根据装配情况来进行灵活设计，不同装配要求就有不同的装配输送装置，例如，装置的零件大、复杂，就可能用输送带形式，零件较小，工序不多，可能用圆盘回转式。理论上，零件即使随传送带一起移动，借助传感器的识别能力，机器人也能实现所谓"动态"装配，但原则上，作业时工件都处于静止，所以最常采用的传送带为游离式，这样，装载工件的托盘容易同步停止。输送装置的技术难点是停止时的定位精度、冲击和减振，用减振器可以吸收冲击能。图 34-7 所示为汽车发动机装配线。

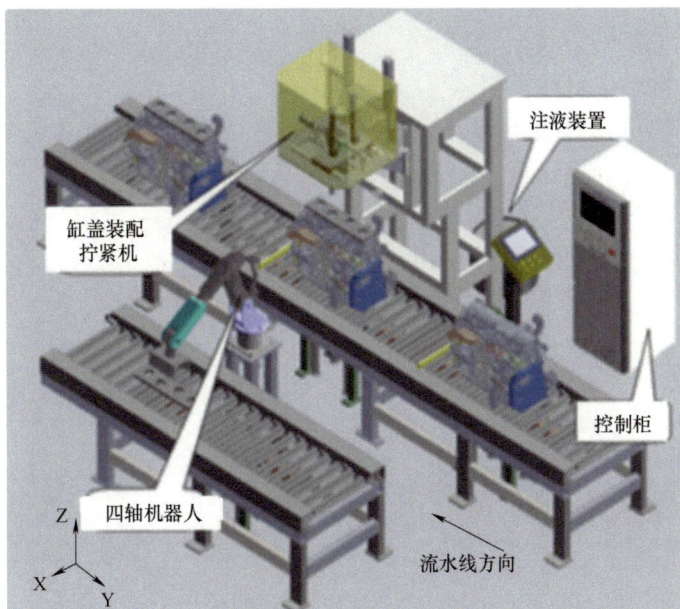

图 34-7　汽车发动机装配线

4. 装配机器人工作站的结构

装配机器人工作站的结构如图 34-8 所示。实际工作中，应根据不同的生产特点及装配工艺要求，选择相应的装配机器人工作站结构。

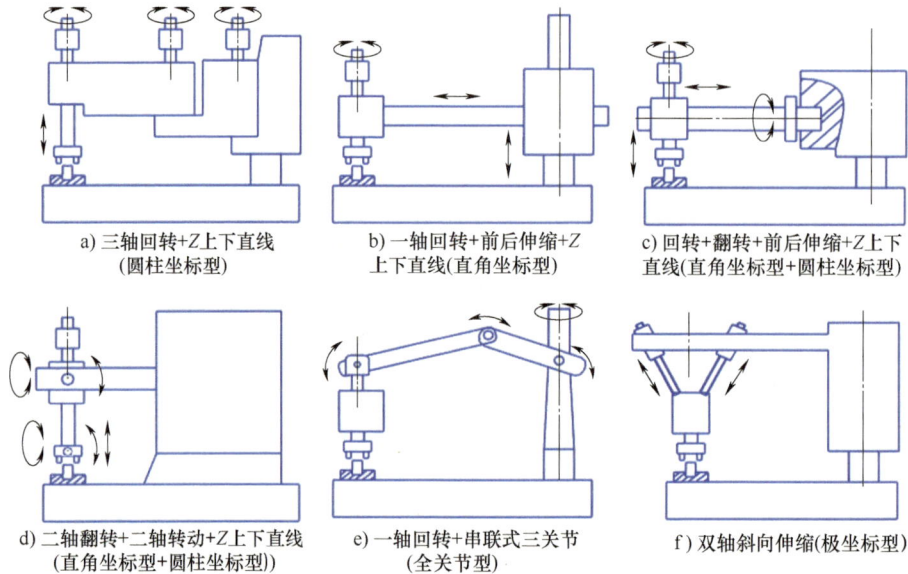

a) 三轴回转+Z上下直线
(圆柱坐标型)

b) 一轴回转+前后伸缩+Z
上下直线(直角坐标型)

c) 回转+翻转+前后伸缩+Z上下
直线(直角坐标型+圆柱坐标型)

d) 二轴翻转+二轴转动+Z上下直线
(直角坐标型+圆柱坐标型))

e) 一轴回转+串联式三关节
(全关节型)

f) 双轴斜向伸缩(极坐标型)

图 34-8　装配机器人工作站的结构

大量的装配作业是垂直向下的，它要求手爪的水平（X，Y）移动有较大的柔顺性，以补偿位置误差。而垂直（Z）移动以及绕水平轴转动则有较大的刚性，以便准确有力地装配。另外还要求绕 Z 轴转动有较大的柔顺性，以便于键或花键配合。其控制系统也比较简单，如机器人采用微处理机对 θ_1、θ_2、Z 三轴（直流伺服电动机）实现半闭环控制，对 s 轴（步进电动机）进行开环控制。

5. 装配机器人的工作空间

大部分装配机器人的工作空间是圆柱形或球形的，因为在这样的空间内容易实现运动速度、运动精度和运动灵活性的最佳化。

装配机器人运动空间如图 34-9所示，如果按概率来统计各机器人的运动空间，可以得到以下的结果：直角形空间 18%，圆柱形空间 38%，球形空间 19%，环行空间 25%。

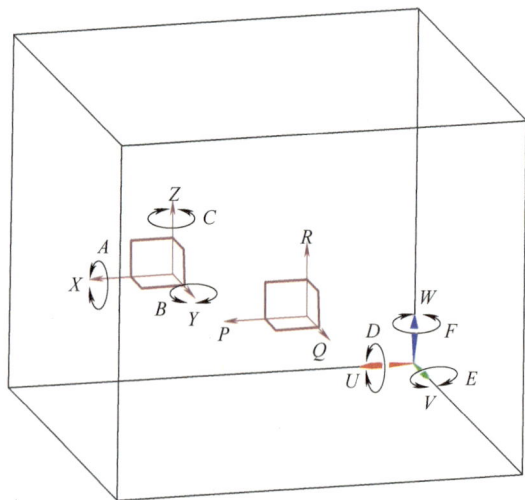

图 34-9　装配机器人运动空间

6. 装配机器人实训项目：装配机器人螺栓紧固作业

（1）**Fanuc 垂直串联式装配机器人 LR Mate 200ic**　Fanuc 垂直串联式装配机器人 LR Mate 200ic 是多功能 6 轴小型机器人，如图 34-10 所示，其有以下特点：

1）根据不同的应用需求，可提供多种规格的选择：标准型号、高速型号（5H）、洁净等级为 100 的型号（5C，5LC）、应用干清洗作业的防水型号（5WP）和加长臂型号（5L）。

2）机械臂横截面优化缩小，更适合狭窄空间场合的作业。

3）机械结构最轻化设计，使得机械安装和吊顶安装更容易。

4）高刚性的手臂和最先进的伺服技术，保证高速作业时运动平稳无振动。

5）手腕负载能力大幅增强，可以通过抓取更多的工件来提升效率。

6）封闭式 R-30iA 控制器能够可靠地运行在恶劣的工厂环境下（如粉尘、油污等）。

图 34-10　Fanuc 垂直串联式装配机器人 LR Mate 200ic

7）可应用多种智能化功能，如：多台机器人同步运动的 "robot link" 功能、跟踪抓取工件的在线跟踪功能、将检验周边设备干涉碰撞导致的损伤降低到最小限度的防碰撞功能。

8）提供 iRVision（集成视觉）和压力感应嵌入等先进智能功能选项。

其应用参数规格见表 34-1。

表 34-1　Fanuc robot LR Mate 200ic 应用参数规格

型号	控制器	轴数	手腕部负重/kg	重复定位精度/mm	机构部重量/kg	运动半径/mm
LR Mate 200ic	R-30iA Mate	6	5	±0.02	27	704

（2）**TCP 确定**　Fanuc 装配机器人与其他工业机器人作业示教一样，需确定运动轨迹，即确定各程序点处工具中心点（TCP）的位姿。对于装配机器人，末端执行器结构不同，TCP 设置点亦不同，吸附式、夹钳式可参考搬运机器人工具中心点 TCP 设定；专用式末端执行器（拧螺栓）TCP 一般设在法兰中心线与手爪前端平面交点处，如图 34-11 所示。组合式 TCP 设定点需依据起主要作用的单组手爪确定。

（3）**作业示教流程**　以图 34-12 所示工件装配为例，选择 Fanuc 垂直串联式装配机器人 LR Mate 200ic，末端执行器为专用式螺栓手爪。采用在线示教方式为机器人输入装配作业程序，以 A 螺纹孔紧固为例，阐述装配作业编程，B、C、D 螺纹孔紧固可按照 A 螺纹孔操作进行扩展。此程序由编号 1~9 的 9 个程序点组成，机器人装配运动轨迹如图 34-12 所示。

具体作业编程可参照图 34-13 所示螺栓紧固机器人作业示教流程进行。

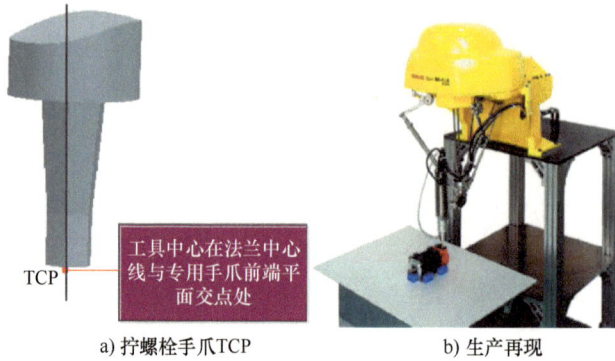

工具中心在法兰中心线与专用手爪前端平面交点处

TCP

a) 拧螺栓手爪TCP　　　　　b) 生产再现

图 34-11　专用式末端执行器 TCP 及生产再现

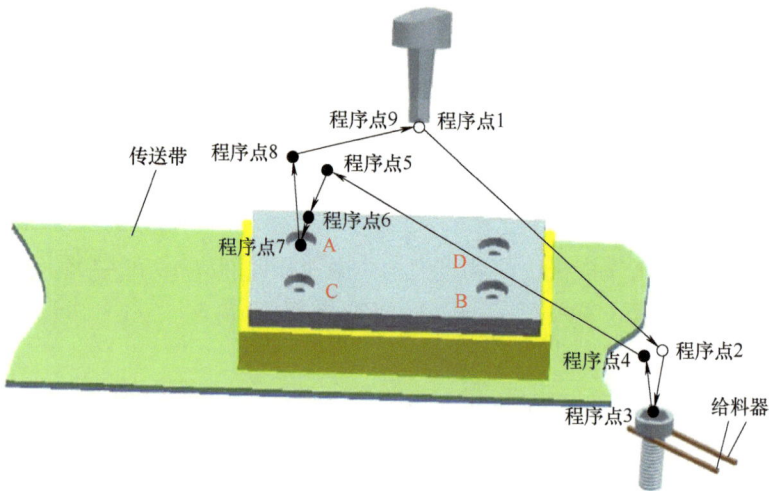

图 34-12　机器人装配运动轨迹

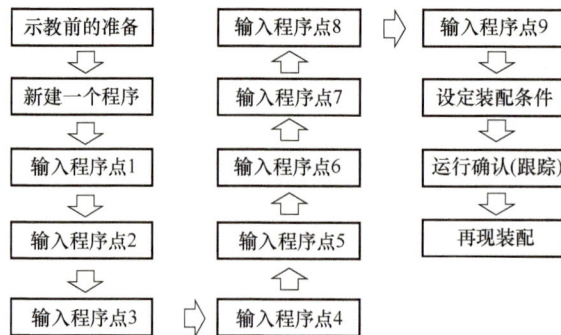

图 34-13　螺栓紧固机器人作业示教流程

每个程序点的用途说明见表 34-2。

表34-2 程序点的用途说明

程序点	说明	手爪动作	程序点	说明	手爪动作
程序点 1	机器人原点	—	程序点 6	装配作业点	抓取
程序点 2	取料临近点	—	程序点 7	装配作业点	放置
程序点 3	取料作业点	抓取	程序点 8	装配规避点	—
程序点 4	取料规避点	抓取	程序点 9	机器人原点	—
程序点 5	移动中间点	抓取			

1）示教前的准备。

① 给料器准备就绪。

② 确认操作者和机器人之间保持安全距离。

③ 机器人原点确认。

2）新建作业程序。点按示教器的相关菜单或按钮，新建一个作业程序"Assembly_bolt"。

3）程序点的输入。在示教模式下，手动操作直角式（或 SCARA）装配机器人按图 34-12 轨迹设定程序点 1~9 移动，为提高机器人运行效率，程序点 1 和程序点 9 需设置在同一点，且程序点 1~ 程序点 9 需处于与工件、夹具互不干涉位置，具体示教方法可参照表 34-3。

表34-3 螺栓紧固机器人作业示教方法

程序点	示教方法
程序点 1 （机器人原点）	① 手动操作机器人，移动机器人到装配原点 ② 插补方式选择"PTP" ③ 确认并保存程序点 1 为装配机器人原点
程序点 2 （取料临近点）	① 手动操作装配机器人到取料作业临近点，并调整末端执行器姿态 ② 插补方式选择"PTP" ③ 确认并保存程序点 2 为装配机器人取料临近点
程序点 3 （取料作业点）	① 手动操作装配机器人移动到取料作业点，且保持末端执行器位姿不变 ② 插补方式选择"直线插补" ③ 再次确认程序点，保证其为取料作业点
程序点 4 （取料规避点）	① 手动操作装配机器人到取料规避点 ② 插补方式选择"直线插补" ③ 确认并保存程序点 4 为装配机器人取料规避点
程序点 5 （移动中间点）	① 手动操作装配机器人到移动中间点，并适度调整末端执行器姿态 ② 插补方式选择"PTP" ③ 确认并保存程序点 5 为装配机器人移动中间点
程序点 6 （装配作业点）	① 手动操作装配机器人移动到装配作业点，且调整抓手位姿以适合安放螺栓 ② 插补方式选择"直线插补" ③ 再次确认程序点，保证其为装配作业开始点 ④ 若有需要可直接输入装配作业命令

（续）

程序点	示教方法
程序点 7 （装配作业点）	① 手动操作装配机器人到装配作业点 ② 插补方式选择"直线插补" ③ 确认并保存程序点 7 为装配机器人作业终止点
程序点 8 （装配规避点）	① 手动操作装配机器人到装配作业规避点 ② 插补方式选择"直线插补" ③ 确认并保存程序点 8 为装配机器人作业规避点
程序点 9 （机器人原点）	① 手动操作装配机器人到机器人原点 ② 插补方式选择"PTP" ③ 确认并保存程序点 9 为装配机器人原点

4）设定作业条件。

① 在作业开始命令中设定装配开始规范及装配开始动作次序。

② 在作业结束命令中设定装配结束规范及装配结束动作次序。

③ 依据实际情况，在编辑模式下合理选择配置装配工艺参数及选择合理的末端执行器。

5）检查试运行。确认装配机器人周围安全，按如下操作进行跟踪测试作业程序：

① 打开要测试的程序文件。

② 移动光标到程序开头位置。

③ 按住示教器上的有关跟踪功能键，实现装配机器人单步或连续运转。

6）再现装配。

① 打开要再现的作业程序，并将光标移动到程序的开始位置，将示教器上的【模式开关】设定到"再现/自动"状态。

② 按示教器上伺服 ON 按钮，接通伺服电源。

③ 按启动按钮，装配机器人开始运行。

▶ **项目 35** **码垛机器人**

第三十五讲:
码垛机器人

【知识目标】

1. 掌握码垛机器人系统构成及辅助设备。

2. 熟练掌握码垛机器人示教编程器的正确操作。

3. 熟练掌握码垛机器人编程方法及命令的运用。

【能力目标】

1. 能够进行码垛机器人编程应用中的示教编程命令、系统数据设定及应用。

2. 能够进行码垛机器人示教编程器的正确操作。

3. 能够进行码垛机器人编程方法及命令的运用。

【职业素养】

码垛机器人的应用特点及使用要求。

1. 码垛机器人

码垛机器人主要由机械主体、伺服驱动系统、手臂机构、末端执行器、末端执行器调节机构以及检测机构组成，按不同的物料包装、堆垛顺序、层数等要求进行参数设置，实现不同类型包装物料的码垛作业。

2. 码垛机器人工作站

码垛机器人工作站是一种集成化的系统，以搬运物料袋为例，它包括以下装置：

1）排袋机构，采用带输送机将编排好的包装袋送至排袋机构。

2）排袋机构，采用带输送机集中编排好的包装袋。

3）抓袋码垛机构，采用码垛机器人机构完成码垛作业。

4）进袋机构，采用带输送机完成码垛机供袋任务。

5）转向机构，按设定程序对包装袋做转向编排。

6）托盘库。成摞的托盘由叉车送入，按程序逐个排放至托盘辊道输送机，有规律地向码垛工序供应空托盘，达到层数后的成垛托盘，由辊道输送机输送至成垛托盘库，后由叉车取出送至仓库贮存，系统采用可编程序控制器控制，如图 35-1 所示。

3. 码垛机器人码垛工艺界面

(1) 基本设置界面　码垛工艺是指通过对托盘的外形尺寸、工件外形尺寸、间隔等参数设置，对垛的摆放位置进行简单确认就能实现整垛的整齐摆放。其基本设置界面如图 35-2 所示。

图 35-1　码垛机器人工作站

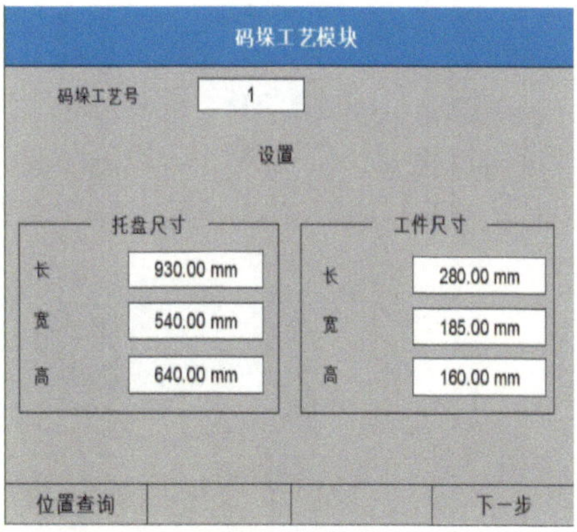

图 35-2　码垛工艺基本设置界面

图中输入码垛工艺编号（范围 1~10），一个工艺编号对应一个托盘，共支持 10 个托盘。

托盘尺寸设置：设置托盘长、宽、高。托盘长宽是指托盘平面可放置工件后整体长和宽范围，高是指托盘上可放置物品的总高度，一般取值为工件高乘以跺的总层数。

工件尺寸设置：要设置工件的长、宽、高，按照实际尺寸输入即可。

码垛总的层数：层数＝托盘高度／（工件高度＋垫片高度）。

（2）**垫片尺寸设置**　如果没有垫片，则可以不做设置。X 方向工件间隔、Y 方向工件间隔：是指两个工件间的间距，主要应用在 1~4 号自动生成的跺型中，此参数对 5~14 号模板无效，如图 35-3 所示。

（3）**基础位置 ID**　第一个工件的位置变量。第一个工件的位置是一个基础点，后面工件的位置都是根据第一个工件的位置自行生成的，需要在位置型变量中标定此位置，这个位置标定时，夹爪需要尽量放在工件的正中间位置，如图 35-4 所示。

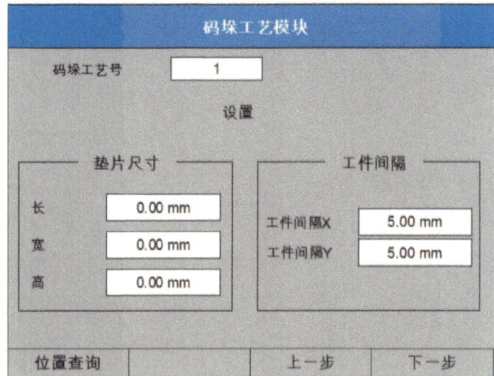

图 35-3　码垛工艺垫片尺寸设置

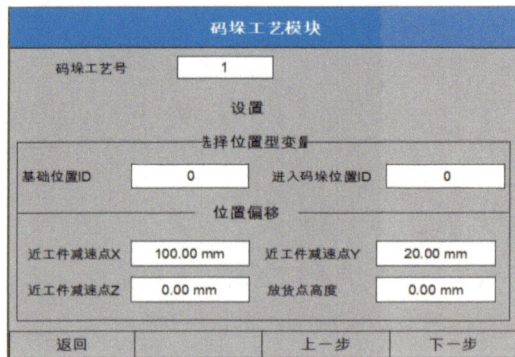

图 35-4　码垛机器人码垛工艺界面——基础位置 ID

（4）**进入码垛位置 ID**　码垛的进入点，一般设置在整跺外面略高于第一层的位置。在码垛的过程中，码垛系统会根据工件所在的层数自动计算进入码垛位置。码垛位置 ID（位置标识）如图 35-5 所示。

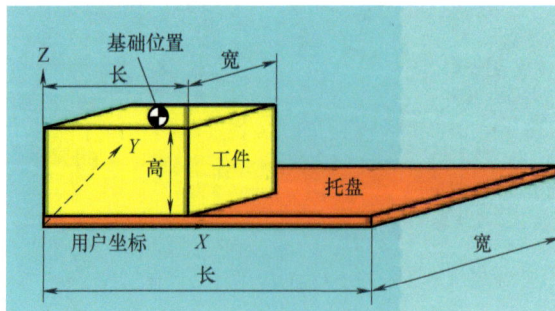

图 35-5　码垛位置 ID（位置标识）

（5）位置偏移 放或者取工件的辅助位置点，辅助点位置距离工件的位置偏移量，如图 35-6 所示。

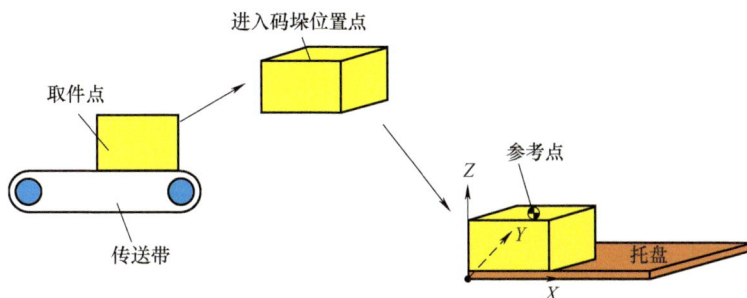

图 35-6 位置偏移量

（6）放件点高度补偿 一般情况下，放件点和取件点为同一点，但有时候放件点会稍高于取件点 1~2mm，如图 35-7 所示。

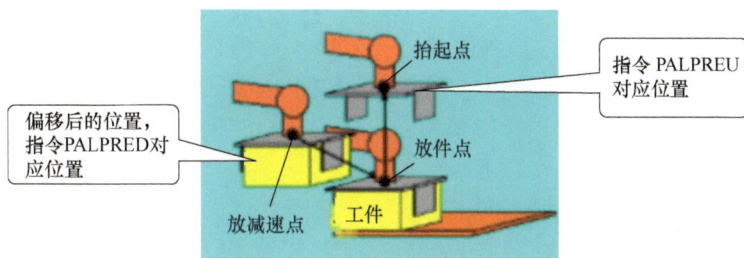

图 35-7 放件点高度补偿

4. 码垛机器人层模板选择界面

如图 35-8 所示，选择每层的层模板：设置在整个托盘中有多少种排样方式。

1）说明：通常工件每层都一样的排放，那就只有一种排样。如果分奇偶方式排样，那就有两种排样，即奇数层一样，偶数层一样，如果每一层的排放都不一样的话，那就有多少层就会有多少种排样。层模板方式表示就是每层的摆放方式，模板 AB 层相同或者 AB 层不同，选择好层模式以后，就可以选择每层的模板。

2）相同：是指 AB 层选择一模一样的模板。选择 A 模板，B 模板自动生成。

3）AB 层横向对调：是指 AB 层选择同一个模板，但是 B 层会在 A 层的基

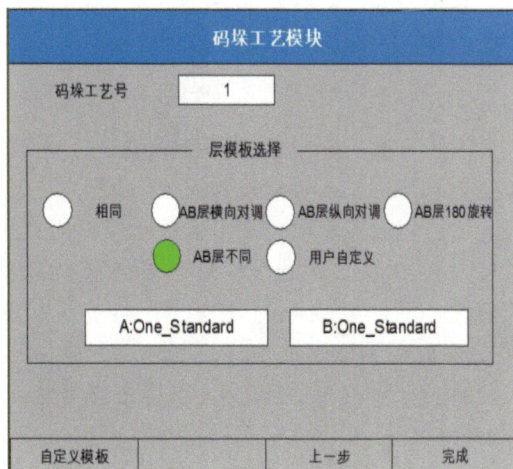

图 35-8 层模板选择界面

础上横向对调。选择A模板，B模板自动生成。

4）AB层纵向对调：是指AB层选择同一个模板，但是B层会在A层的基础上纵向对调。选择A模板，B模板自动生成。

5）AB层180°旋转：是指AB层选择同一个模板，但是B层会在A层的基础上180°旋转。选择A模板，B模板自动生成。

6）AB层不同：是指AB层各用一个模板。

7）用户自定义：每层模板进行单独设置。所有参数均设置完毕后，单击"完成"按钮，即可生成码垛矩阵，自动进入位置查询界面。生成码垛矩阵后，可以在位置查询界面中查看位置信息。

5. 码垛机器人位置查询界面

如图35-9所示，输入位置ID后，即可查询工件位置。按下手持操作器上的上移键、下移键可切换位置ID。如果位置信息有小的偏差，可以对单个位置姿态手动调整。单击"手动修改"按钮后，修改位置信息，单击"位置记录"按钮后，修改完成。一旦码垛矩阵生成后，不再允许设置参数，如果需要重新设置，则需要单击"清除所有位置"按钮，然后重新设置参数，生成码垛矩阵。

6. 码垛机器人手动设置跺型界面

（1）模板查看模式　进入模板查看模式，如图35-10所示：模板一共有1~14号共14种，其中1~4号模板为四种标准模板；5~14号模板为自定义模板。

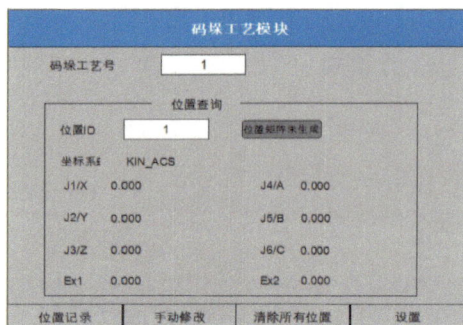

图 35-9　位置查询界面　　　　图 35-10　模板查看模式

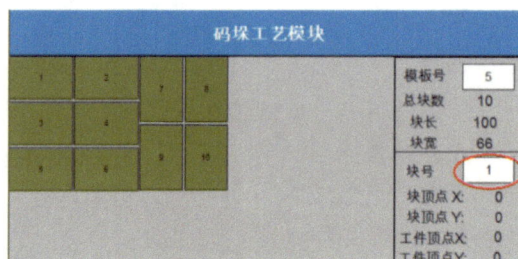

标准模板：标准模板只能查看，不能编辑，是根据托盘尺寸、工件尺寸和模板格式自动生成的。标准模板如图35-11所示。

（2）模板编辑模式

1）选择块号。选择块号可以查看模版块的顶点坐标和工件顶点坐标（工件顶点坐标不是工件实际坐标，而是以（0，0）为基准生成的，便于查看），如图35-12所示。

2）模板编辑模式。

① 进入模板编辑模式：选择模板号5~14，单击编辑模板进入模板编辑界面，如图35-13所示。

② 输入总块数和长度，宽度可以根据工件尺寸自动生成。单击"是"按钮后进入模板编辑模式。码垛机器人码垛指令见表35-1。

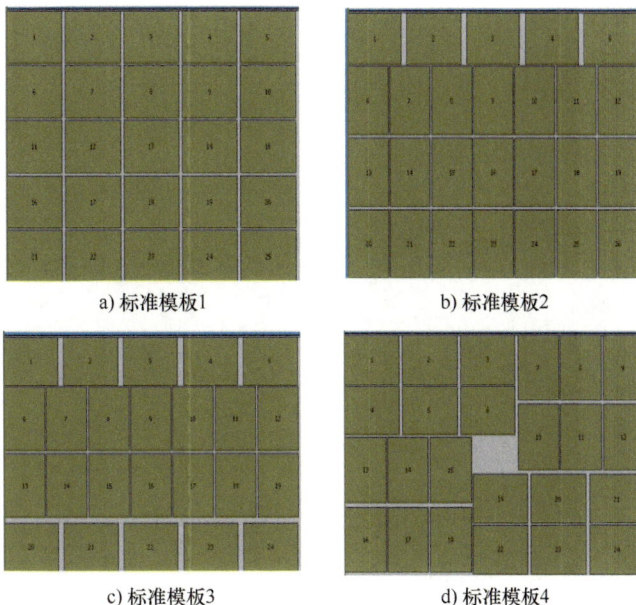

a) 标准模板1

b) 标准模板2

c) 标准模板3

d) 标准模板4

图 35-11　标准模板

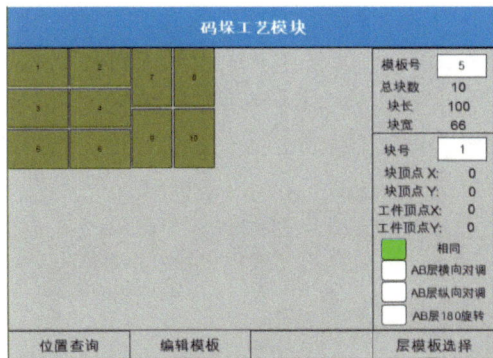

图 35-12　选择块号

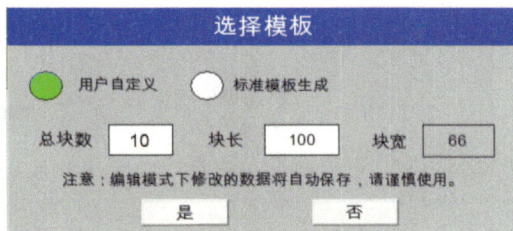

图 35-13　模板编辑界面

表 35-1　码垛机器人码垛指令

序号	指令	功能	指令格式	参数
1	PAIINI	设置码垛机初始化	PAIINI ID=1 TYPE=0	"ID=" 码垛机 ID，"TYPE=" 码垛类型 Type=0 码垛 Type=1 取踩
2	PALPREU	读取离开工件加速点位置到位置型变量中，I=1 中保存的是当前正在码垛的工件是第几个工件	PALPREU P=1004 I=1	"P=" 位置型变量 Pxxxx（xxxx 为变量 1000~1019） "I=" 存放工件 ID 的整型变量

（续）

序号	指令	功能	指令格式	参数
3	PALPRED	读取工件的近工件减速点位置到位置型变量中，I=1 中保存的是当前正在码垛的工件是第几个工件	PALPRED P=1001 I=1	"P="位置型变量 Pxxxx（xxxx 为变量 1000~1019） "I="存放工件 ID 的整型变量
4	PALENT	读取工件的进入码垛过渡位置到位置型变量 1000 中，I=1 中保存的是当前正在码垛的工件是第几个工件	PALENT P=1002 I=1	"P="位置型变量 Pxxxx（xxxx 为变量 1000~1019） "I="存放工件 ID 的整型变量
5	PALTO	读取工件放物品点位置到位置型变量中，I=1 中保存的是当前正在码垛的工件是第几个工件	PALTO P=1003 I=1	"P="位置型变量 Pxxxx（xxxx 为变量 1000~1019） "I="存放工件 ID 的整型变量
6	PALFROM	读取工件位置到位置型变量中，I=1 中保存的是当前正在码垛的工件是第几个工件	PALFROM P=1005 I=1	"P="位置型变量 Pxxxx（xxxx 为变量 1000~1019） "I="存放工件 ID 的整型变量
7	PALFULL	判断码垛模块是否执行完成	PALFULL B=1 I=1	"B="是否完成标志存放在 BOOL 型 1 号变量中，执行此条指令后，完成 B1 赋值 1，未完成 B1 赋值 0。 "I="存放工件 ID 的整型变量

③ 输入块号后，可以对本块的位置和角度进行编辑，按下手持操作器上移键可使块上移。

④ 按下手持操作器下移键可使块下移。按下手持操作器左移键可使块左移。

⑤ 按下手持操作器右移键可使块右移。

⑥ 移动量：手持操作器移动键按下时每次移动的单位量，可根据需要进行修改。

⑦ 块顶点坐标：可直接修改块位置。将示教器操作键 DEG 单击一下"+"后，块的角度进行旋转，每次转 90°。

7. 码垛机器人码垛操作步骤

（1）标定工件坐标系　工件坐标系的零点可以设定为工件摆放的基础位置（第一个工件）的顶点。

坐标系标定完成后，先把坐标系编号设定为当前，然后检查 X 正向、Y 正向、Z 正向是否和要求相符，如果没有问题就进入下一步，如图 35-14 所示。

注意：要求 PALENT、PALPREU、PALPRED、PALTO、PALFROM 中"P="位置型变量值不能相同。标定要求：标定工件坐标系时，X、Y 的坐标轴方向需定义，Z 轴正向为竖直向上。

（2）标定位置　需要标定基础位置和进入码垛位置两个位置型变量。

进入变量——位置型变量界面，标定基础位置点坐标。标定基础位置和进入码垛位置时，必须选用一种标定的工件坐标系下的点，如图 35-15 所示。

（3）设置托盘尺寸和工件尺寸　单击"下一步"按钮，根据码垛实际情况输入托盘尺寸和工件尺寸，如图 35-16 所示。

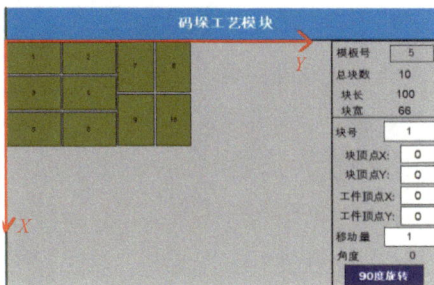

图 35-14　标定工件坐标系

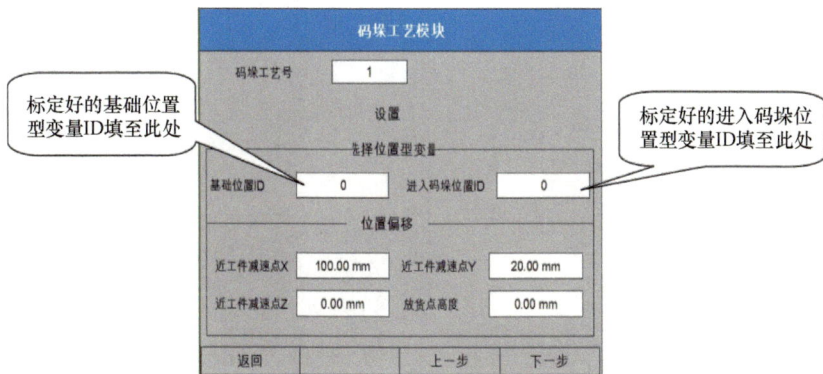

图 35-15　标定位置

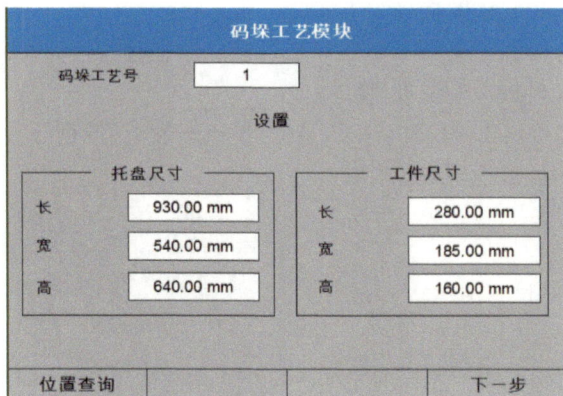

图 35-16　设置托盘尺寸和工件尺寸

（4）设置垫片尺寸和工件间隔

1）单击"下一步"按钮，继续设置垫片尺寸和工件间隔，如图 35-17 所示。

2）单击"下一步"按钮，设置位置型变量和位置偏移，如图 35-18 所示。

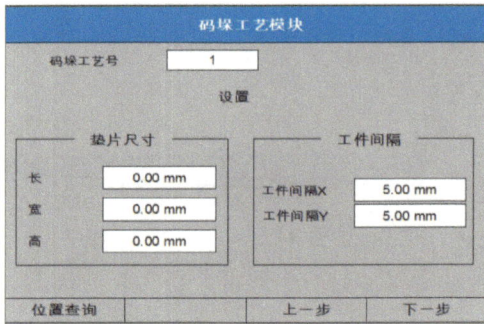

图 35-17　设置垫片尺寸和工件间隔

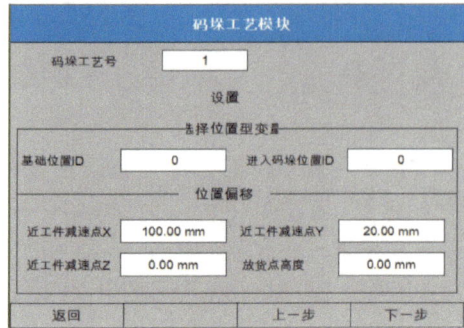

图 35-18　设置位置型变量和位置偏移

（5）设置层模板信息　设置层模板信息如图 35-19 所示，单击【层模板选择】（A：One_Standard 和 B：One_Standard 两个模准模板中的一个）后进入层模板设置界面。如果需要编辑模板，单击"自定义模板"按钮，进入模板设计界面，设计完毕后进入下一步骤。

（6）码垛机器人码垛操作注意事项　应用层模板设置时，应根据 A 层和 B 层模板之间的不同摆放类型选择相应的层模板设置方式：

1）A、B 层相同：是指 A、B 层选择一模一样的模板，模板摆放方式一样。选择 A 模板，B 模板自动生成。

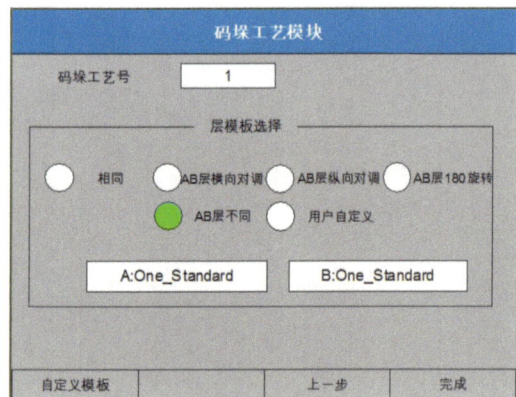

图 35-19　设置层模板信息

2）A、B 层横向对调：是指 AB 层选择同一个模板，但是 B 层会在 A 层的基础上横向对调。选择 A 模板，B 模板自动生成。

3）A、B 层纵向对调：是指 A、B 层选择同一个模板，但是 B 层会在 A 层的基础上纵向对调。选择 A 模板，B 模板自动生成。

4）A、B 层 180° 旋转：是指 A、B 层选择同一个模板，但是 B 层会在 A 层的基础上 180° 旋转。选择 A 模板，B 模板自动生成。

5）A、B 层不同：是 A、B 层各用一个模板。

6）用户自定义：每层模板进行单独设置。

选择完成后，单击"完成"按钮，即自动生成码垛矩阵，完成后自动进入位置查询界面。

（7）生成码垛矩阵信息　生成码垛矩阵信息如图 35-20 所示。

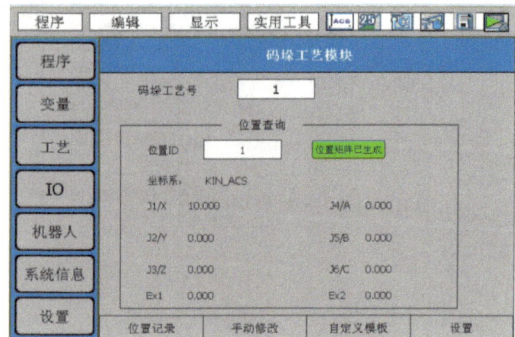

图 35-20　生成码垛矩阵信息

（8）编写示教文件

1）码垛机器人码垛的示教程序文件如下：

1，PALINI，ID=1，TYPE=0\\ 设置码垛工艺 ID 为 1，垛类型为码垛

2，SET，I=1，VALUE=1\\ 取第一个整形变量存储正在码垛的工件编号，设置为 1

3，PALFULL，B=1，I=1\\ 检查码垛是否完成，把变量存在 bool 型变量 1 中

4，SET，B=2，VALUE=1\\ 设置 bool 型变量 2 的值为 1

5，WHILE，B=1，NE，B=2，DO\\ 判断码垛是否完成，也就是码垛完成标志位变量 1

6，SPEED，SP=20\\ 设置整体速度

7，DYN，ACC=20，DCC=5，J=84\\ 设置整体加速度、减速度、加速时间

8，MOVJ，P=110，V=100，BL=0，VBL=0\\ 运动到取货点取货

9，PALENT，P=1000，I=1\\ 获取当前码垛工件的进入码垛的过渡位置点保存到位置型变量 1000 中

10，PALPREU，P=1004，I=1\\ 获取当前码垛离开工件的加速位置点保存到位置型变量 1004 中

11，PALPRED，P=1001，I=1\\ 获取当前码垛近工件的减速位置点保存到位置型变量 1001 中

12，PALTO，P=1002，I=1\\ 获取当前码垛工件的放货位置点保存到位置型变量 1002 中

13，MOVJ，P=1000，V=100，BL=20，VBL=0\\ 运动到进入码垛过渡位置点 1000

14，MOVJ，P=1001，V=100，BL=10，VBL=0\\ 运动到近工件减速位置点 1001

15，MOVP，P=1002，V=15，BL=0，VBL=0\\ 运动到工件放货位置点 1002

16，MOVP，P=1004，V=20，BL=10，VBL=0\\ 运动到离开工件加速位置点 1004

17，MOVJ，P=1000，V=100，BL=30，VBL=0\\ 运动到进入码垛过渡位置点 1000

18，INC，I=1\\ 把整型变量 1 加 1，设置为下一个工件点

19，PALFULL，B=1，I=1\\ 检查码垛是否完成，把变量存在 bool 型变量 1 中

20，END_WHILE

21，SET，B=1，VALUE=0\\ 码垛完成后把 bool 型变量置为 0

2）码垛机器人取垛的示教程序文件如下：

1，SET，I=1，VALUE=40\\ 跺工件的总数量为 40

2，PALINI，ID=2，TYPE=1\\ 设置取垛工艺 ID 为 2，垛类型为取垛

3，PALFULL，B=1，I=1\\ 检查取垛是否完成，把变量存在 bool 型变量 1 中

4，SET，B=2，VALUE=1\\ 取第一个整形变量存储正在取垛的工件编号，设置为 1

5，WHILE，B=1，NE，B=2，DO\\ 判断取垛是否完成，也就是取垛完成标志位变量 1

6，SPEED，SP=10\\ 设置整体速度

7，DYN，ACC=20，DCC=5，J=84\\ 设置整体加速度、减速度、加速时间

8，PALENT，P=1000，I=1\\ 获取当前码垛工件的进入取垛的过渡位置点保存到位置型变量 1000 中

9，PALPREU，P=1003，I=1\\ 获取当前码垛离开工件的加速位置点保存到位置型

变量 1003 中

    10，PALFROM，P=1002，I=1

    11，MOVJ，P=1000，V=100，BL=20，VBL=0\\ 运动到放货点放货

    12，MOVJ，P=1001，V=100，BL=10，VBL=0\\ 运动到近工件减速位置点 1001

    13，MOVP，P=1002，V=15，BL=0，VBL=0\\ 运动到工件取货位置点 1002

    14，MOVP，P=1003，V=20，BL=10，VBL=0\\ 运动到离开工件加速位置点 1003

    15，MOVJ，P=1000，V=100，BL=30，VBL=0

    16，MOVJ，P=110，V=100，BL=0，VBL=0\\ 运动到进入取垛过渡位置点 1000

    17，DEC，I=1\\ 把整型变量 1 减 1，设置为下一个工件点

    18，PALFULL，B=1，I=1\\ 检查取垛是否完成，把变量存在 bool 型变量 1 中

    19，END_WHILE

    20，SET，B=1，VALUE=0\\ 取垛完成后把 bool 型变量置为 0

▶ 项目 36　中厚板焊接机器人

第三十六讲：
中厚板焊接机
器人

【知识目标】

    1. 熟悉中厚板软件及数据库的使用。

    2. 掌握中厚板机器人接触传感、电弧传感和多层焊接的示教和文件编辑。

    3. 掌握中厚板机器人焊接工艺。

【能力目标】

    1. 具有进行中厚板焊接机器人安装、示教编程的操作技能。

    2. 能够使用中厚板焊接机器人接触传感和电弧传感及多层焊功能，完成中厚板结构件焊接。

    3. 具有对机器人水冷焊枪校准及设备日常维修保养的技能。

【职业素养】

    1. 结合企业产品特点培养适应产业升级和焊接自动化岗位需求的实用型人才。

    2. 培养能适应现代企业中厚板机器人岗位需求的在生产制造、工艺管理、自动化应用、质量提升和技术服务等一线工作的高素质劳动者和机器人焊接岗位技能型人才。

    3. 培养学生的综合职业能力、创新精神和良好的职业道德。

1. 中厚板焊接的概念

钢板厚度的定义：厚度 ≤ 4.5mm 为薄板、厚度 >4.5~20mm 的钢板称为中板，

厚度 >20~60mm 之间的钢板称为厚板，厚度 >60mm 的钢板称为特厚板。一提到机器人中厚板焊接技术，大多数人的第一感觉是焊接板材很厚的焊件，这种理解是不全面的。简单来说，适应机器人中厚板焊接的焊件，它通常具备以下几个主要特点：

1）使用机器人焊接之前，焊件预先在工装上进行组对点焊。

2）焊件重复定位精度远不能满足 ±0.5mm 范围以内，需要配合接触传感进行初始点寻位（接触传感），有些焊件由于焊接热变形等因素的影响需要配备电弧传感器实施焊缝跟踪。

3）多数焊件需要通过变位机，使焊件焊缝处于船形焊或角焊缝的最佳焊接位置进行焊接。

4）焊缝需要采用多层多道的方式进行焊接。

具有以上特点的焊件，采用机器人中厚板焊接技术能够适应和解决。本书所讲的"中厚板焊接"主要系指厚度 4.5mm 以上的钢板焊接。

中厚板焊接涉及的行业主要包括工程机械（挖掘机、装载机、推土机）、建筑机械、煤炭机械、铁路机车、建筑机械（塔吊升降机）、机床、风电、锅炉及压力容器、钢结构、造船和桥梁制造等大型结构件。以工程机械行业为例，由于其产品各部件符合标准化、批量化的生产特点，适合采用自动化设备进行焊接，而焊接自动化未来的重点发展方向是焊接机器人系统，它以其系统柔性化等诸多方面的显著特点将逐步替代焊接专机和人工焊接作业。

中厚板机器人焊接的特点：示教量大，示教修改频繁，存在焊件的装配误差、夹具定位误差、变位器的误差以及焊接热变形等因素。为解决以上这些生产和应用中的难题，可以采用接触传感，电弧传感等机器人传感技术予以解决。

2. 中厚板焊接主要解决的问题

1）解决示教量大、示教修改频繁问题。需要有减轻作业者负担的操作性和应答性，以及接触式传感器功能的完善从而能正确检验出焊件的误差。

2）适应焊件的装配误差、夹具定位误差、变位器的误差等因素。用传感器进行矫正成为基础和前提条件，需要有可变幅的电弧传感器，具有自动矫正坡口偏移功能。

3）解决焊缝焊脚高，必须进行多层焊接带来的示教量大的问题。容易设定多层焊接条件，变更时的操作性提高，既要能反映出电弧传感器对热变形的位置补偿，还要保证变位机与机器人的动作协调不受影响。由于多层焊接功能的增加，因此需要详细设定各焊道的参数。

4）具备"省人化、无人化的对应"功能。

3. 中厚板焊接主要传感类型

（1）接触传感功能　该功能设置了自动检测一轴接触式传感和角焊传感功能：①一轴接触式传感如图 36-1 所示；②上、下和左、右两方向的角焊传感如图 36-2 所示；③坡口接触传感功能从坡口内读出左、右方向并识别坡口中心线位置，如图 36-3 所示。接触传感功能使读出动作在机器人内实现了书面化，正在向更为容易应用的明细化方向发展。

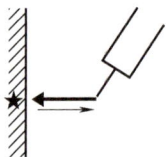

图 36-1　一轴接触式传感　　　图 36-2　角焊传感　　　图 36-3　坡口接触传感

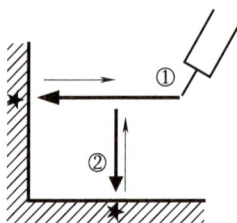

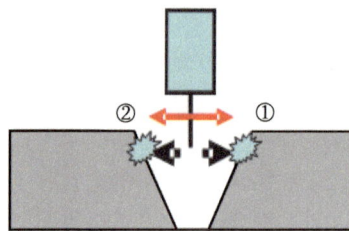

（2）电弧传感功能

1）电弧传感原理。在中厚板长焊缝多层多道焊接作业中，首先遇到的问题是焊接热变形，其次是坡口加工及安装过程中很难使焊道的坡口幅度保持一致的问题，这种焊接热变形和焊缝开口幅度不规则会导致机器人偏离焊接位置，使焊接无法正常进行。采用中厚板软件的电弧传感功能，能够根据弧长变化进行焊接位置识别，实时控制焊枪摆动振幅及焊接速度，即使坡口幅度宽窄不一，仍可控制坡口内的焊丝填充量，以保证焊缝表面的平整。电弧传感原理如图 36-4 所示。

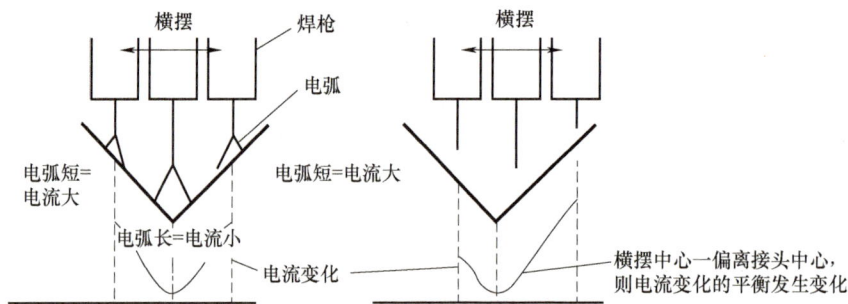

图 36-4　电弧传感原理

2）电弧传感使用注意事项。电弧传感使用的几点注意事项：焊缝表面有定位焊点过大、存在焊渣、遗留焊丝头等影响电弧传感判断的情形，使用前要处理干净；TCP 调整一定要准确；大电流（250A 以上）效果较好；推荐在 MAG 焊接时使用；推荐在脉冲焊接时使用。

3）电弧传感可变幅度焊接。中厚板焊接中可变幅度电弧传感器自动摇摆功能，是指对于坡口宽度不一致，仍可进行摇摆振幅、焊接速度的自动调整，焊接成形状一致的焊缝，如图 36-5 所示。

（3）激光焊缝跟踪传感技术

这是近年来发展迅速的一项传感技术，应用于中厚板焊接，可实现快速、精准、实时跟踪。其研究成果层出不穷，具有非常广阔的发展前景，由于在项目 26 中已有较为详细的介绍，此处不再赘述。

4. 多层焊接功能

需要进行多层多道焊接的厚板焊件，明细化的多层焊接条件和容易实现焊道路径数据的路径转换可以实现这一功能，包含焊枪姿势调整明细以及相关设定的功能如下：

1）明细化的多层焊接条件。

2）路径转换功能。

3）焊枪姿势调整功能。

4）线方向调整功能。

5）往返多层焊接功能。

6）多层路径间的可移动焊接。

多层多道焊应用示例如图 36-6 所示。

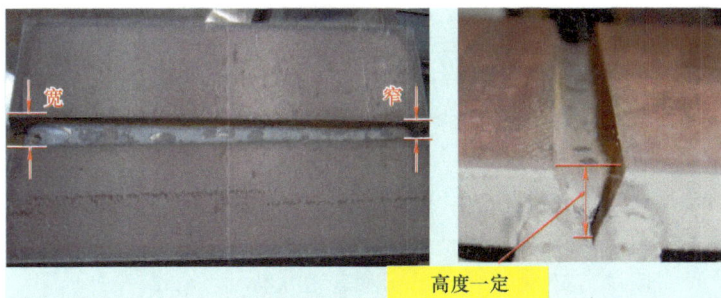

图 36-5 可变幅度电弧传感器自动摇摆功能

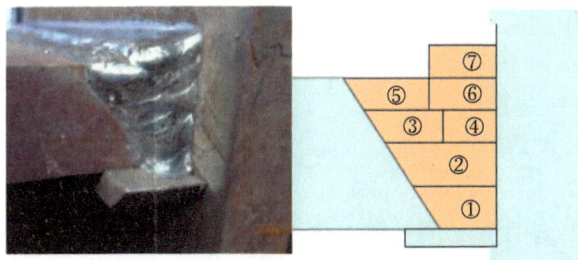

图 36-6 多层多道焊应用示例

▶ 项目 37 机器人工作站系统形式

【知识目标】

1. 掌握机器人工作站的构成及周边设备。

2. 掌握机器人工作站的基本要素及构成原理。

3. 了解机器人生产线基本知识。

第三十七讲：
机器人工作站
系统形式

【能力目标】

1. 能够根据焊件类型选择机器人工作站的基本构成。
2. 能够根据机器人的工艺要求选配周边设备。
3. 能够针对机器人工作站的工作特点提出安全生产应对措施。

【职业素养】

掌握各类机器人工作站的应用特点及使用要求。

1. 焊接机器人工作站基本要求

机器人工作站是指以一台或多台机器人为主，配以相应的周边设备，如变位机、输送机、工装夹具等，或借助人工的辅助操作一起完成相对独立的一种作业或工序的一组设备组合。机器人工作站应满足以下基本要求：

1）必须充分分析作业对象，拟订最合理的作业工艺。
2）必须满足作业的功能要求和环境条件。
3）必须满足生产节拍要求。
4）整体及各组成部分必须全部满足安全规范及标准。
5）各设备及控制系统应具有故障显示及报警装置。
6）便于维护修理。
7）操作系统便于联网控制。
8）工作站便于组线。
9）操作系统简单明了，便于操作和人工干预。
10）经济实惠，快速投产。

2. 焊接机器人工作站构成

实际应用于生产的弧焊机器人系统在工程上也称为弧焊机器人工作站，除弧焊机器人设备外，它还包括电气控制系统、焊接变位机、公共底座、工装夹具、触摸屏、防护围栏等非标设备，此外，还有弧焊机器人系统安全装置、清枪装置、净化设备、除尘设备等。图 37-1 所示为 L 形变位机弧焊机器人工作站。

（1）焊接变位机　在现代工业生产中，随着机器人应用得越来越普遍，为充分发挥机器人的功效，其通常与各种焊接变位机组合使用，从而实现高效、优质的焊接生产。目前，焊接变位机已成为弧焊机器人工作站不可缺少的组成部分。一台较复杂的多轴焊接变位机的价格往往超过标准机器人本身的价格，可见焊接变位机的重要性。

1）焊接变位机的特点。
① 使用焊接变位机可得到最合适的焊接姿态，实现高焊接品质。
② 提高焊道美观和熔深稳定程度，提高焊接速度。
③ 焊接变位机＋协调控制软件，可大幅减少示教点，同时容易提高示教焊接速度。
④ 即便是焊接枪角度难调的复杂焊件，也可用最少的示教点数实现焊接。
2）焊接变位机的种类。目前与机器人配套使用的焊接变位机有多种结构型式。最常用的焊接变位机简述如下：

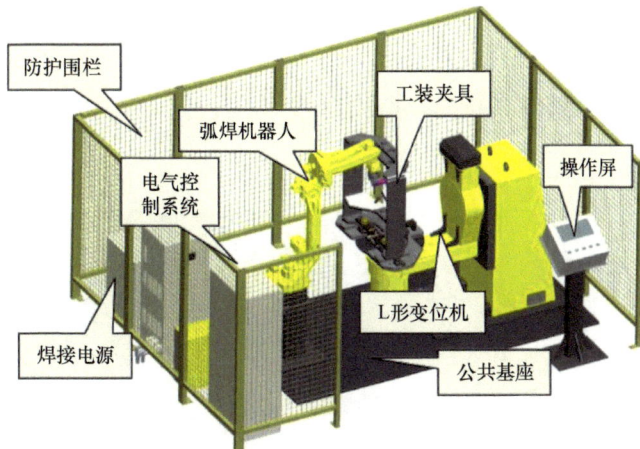

图 37-1 L 形变位机弧焊机器人工作站

① 固定式回转平台。这是一种最简单的单轴变位机，其结构型式如图 37-2a 所示。工作平台可采用电动机或气马达驱动。通常工作平台的回转速度是固定不变的，其功能是配合机器人按预编程序将焊件旋转一定的角度。

② 头架变位机。头架变位机也是一种单轴变位机，其结构型式如图 37-2b 所示。其卡盘通常由电动机驱动。与回转平台不同，其旋转轴是水平的，适用于装卡短小型焊件，可配合机器人将焊件焊缝转到适于焊接的位置。

③ 头尾架变位机。头尾架变位机由头架和尾架组成，其结构型式如图 37-2c 所示，它是机器人工作站最常用的变位机。在一般情况下，头架装有驱动机构，带动卡盘绕水平轴旋转。尾架则是从动的。如焊件长度较大或刚度较小，亦可将尾架装上驱动机构，并与头架同步起动。严格地说，头尾架变位机仍属于单轴变位机。尾架在机座轨道上的水平移动在装卡焊件时起作用，不与机器人协调动作。

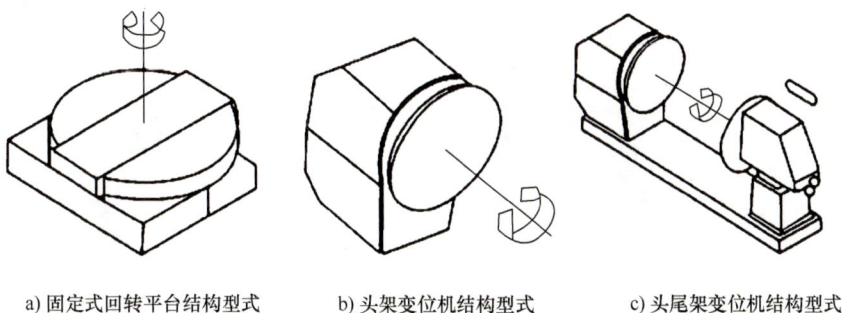

a) 固定式回转平台结构型式　　b) 头架变位机结构型式　　c) 头尾架变位机结构型式

图 37-2 三种典型焊接变位机

④ 座式变位机。座式变位机是一种双轴变位机，可同时将焊件旋转和翻转，其结构型式如图 37-3a 所示。与机器人配套使用的座式变位机的旋转轴和翻转轴均由电动机驱动，可按指令分别或同时进行旋转和翻转运动，适用于焊缝三维布置结构较复杂的焊件。

⑤ L形变位机。L形变位机可以设计成二轴变位机，即悬臂回转轴和工作平台旋转轴，如图 37-3b 所示；也可以设计成三轴变位机，即在上述二轴的基础上增加悬臂上下移动轴。这种变位机的最大特点是回转空间较大，适用于外形尺寸较大，质量不超过 5t 的框架构件焊接。

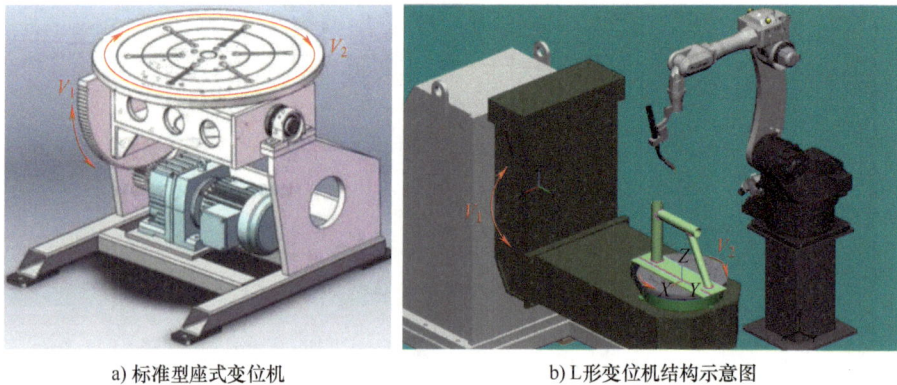

a) 标准型座式变位机   b)L形变位机结构示意图

图 37-3 大型机器人变位机

3）机器人外部轴。由变频调速电动机、伺服电动机制成的变位装置其特点结构简单，系统成本相对较低，但无法与机器人进行协调作业，对于曲面焊缝难以达到优质的焊接效果。

机器人外部轴，习惯称作机器人的第七轴，能与机器人实现协调作业。由外部轴组成的变位机可与机器人本体配合，使焊接过程中通过对焊件的变位或移位，使焊缝的空间位置转变为船形焊、平焊、平角焊等最佳焊接位置，提高焊接质量和焊接效率。实际工作中，为使焊件的多个侧面处于最佳焊接位置，以及便于工位变换或机器人行走，或进行相贯线焊接和一些焊接要求较高的弧线焊缝时，经常借助外部轴变位机和机器人协调动作来完成。外部轴装置由伺服电动机、减速机构、编码器和驱动电路等组成。机器人外部轴协调变位机应用案例如图 37-4 所示。

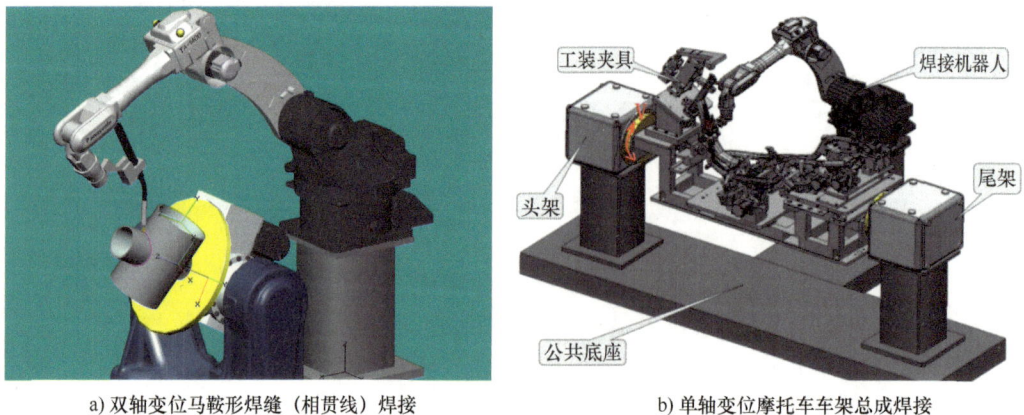

a) 双轴变位马鞍形焊缝（相贯线）焊接   b) 单轴变位摩托车车架总成焊接

图 37-4 机器人外部轴协调变位机应用案例

目前，外部轴属于标准化设备，能很方便地与机器人组合。例如，松下较为典型的四种外部轴规格和技术参数见表37-1。选择外部轴时，除考虑外部轴变位机的变位（行走）功能外，还要考虑它所能承载的负载（功率）、形式和几个方向的变位等因素。

表 37-1 四种外部轴规格和技术参数

名称		单持双轴回转倾斜变位机			
型号		YA-1GJB23	YA-1RJB11	YA-1RJB21	YA-1RJB31
适合机器人		松下 G Ⅱ 系列之后的所有机型			
最大负载 /kg		500	250	500	1000
最高输出转速	/ [(°) /s]	96	180	96	120
	/ (r/min)	16	30	16	20
动作范围		最大 ±10 转，带多回转复位功能			
容许力矩 / (N·m)		1470	1470	1470	6125

（2）**弧焊机器人系统安全装置** 该项内容在项目 15 中已有讲述，此处不再赘述。

（3）**工装夹具** 该项内容在项目 30 中已有讲述，此处不再赘述。

（4）**清枪装置** 熔化极气体保护焊在焊接过程中，电弧会产生金属飞溅物，部分飞溅物会粘结到焊枪的喷嘴上和导电嘴上。作为与机器人自动化焊接相匹配的清枪装置应作为标准配置，一是代替人工定期对焊枪进行清理；二是减少机器人焊接时人员的参与，既可以减少人工，也能提高安全性；三是可以增加机器人作业效率。

根据生产作业需要，清枪装置每个工作周期启动一到数次，它的功能有：

1）自动清理焊枪喷嘴内的飞溅物，确保喷嘴内的保护气体通道畅通，保证气体保护效果，提高焊缝质量。

2）给焊枪喷嘴喷洒清枪剂，降低焊接飞溅对喷嘴、导电嘴的粘连，提高喷嘴和导电嘴的寿命。

3）自动剪切焊丝，保证在每次重新开始工作时剪掉焊丝端部的熔球，并保证焊丝伸出长度一致，确保焊接机器人接触传感功能和引弧性能的精准、可靠和稳定。清枪装置如图 37-5 所示。

（5）**净化、除尘设备** 根据生产环境的要求，在机器人焊接时，应配套焊接烟尘的净化、除尘设备。净化、除尘设备可分为固定式和可移动式。可移动式焊接烟尘净化器可用于焊接、抛光、切割、打磨等工序中产生烟尘和粉尘的净化，可净化大量悬浮在空气中对人体有害的细小金属颗粒，具有净化效率高、噪声低、使用灵活、占地面积小等特点。图 37-6 所示的是可移动式焊接烟尘净化器。

（6）**触摸屏技术**

1）触摸屏技术概述。触摸屏又称为触控屏、触控面板，是一种可接收触头等输入信号的感应式液晶显示装置，当接触了屏幕上的图形按钮时，屏幕上的触觉反馈系统可根据预先编程的程式驱动各种连结装置，可用以取代机械式的按钮面板，并借由液晶显示画面制造出生动的影音效果。触摸屏作为一种最新的计算机输入设备，属于计算机控制类多媒体技术范畴，它是目前最简单、方便、自然的一种人机交互方式。它赋予了多媒体以崭新的面貌，是极富吸引力的全新多媒体交互设备，在工业自动化控制领域主要用于系统的编程、操作、信息查询、显示、监测等。

图 37-5　清枪装置

图 37-6　可移动式焊接烟尘净化器

工作原理：为了操作上的方便，人们用触摸屏来代替鼠标或键盘。工作时，首先用手指或其他物体触摸安装在显示器前端的触摸屏，然后系统根据手指触摸的图标或菜单位置来定位选择信息输入。触摸屏由触摸检测部件和触摸屏控制器组成。触摸检测部件安装在显示器屏幕前面，用于检测用户触摸位置，接收后送触摸屏控制器；而触摸屏控制器的主要作用是从触摸点检测装置上接收触摸信息，并将它转换成触点坐标，再送给 CPU，它同时能接收 CPU 发来的命令并加以执行。触摸屏技术方便了人们对计算机的操作使用，是一种极有发展前途的交互式输入技术。

触摸屏就是输入和输出合二为一，不再需要机械的按键或滑条，显示屏就是人机接口。整个触摸屏系统由 LCD、触摸屏、触摸屏控制器、主 CPU、LCD 控制器构成。

多点触摸屏控制器是触摸屏模组的核心，触摸屏控制器采用 PSoC（可编程序系统芯片）技术，PSoC 是集成了可编程序模拟和数字外围以及 MCU 核的混合信号阵列，因为 PSoC 的灵活性、可编程性、高集成度等特性而被广泛应用于触摸屏控制器。现在搭建的触摸屏幕有 32in、46 in 和 70 in，支持 1080p FullHD 分辨率，无须任何额外设置就可以支持多点触摸控制，可以纵向或横向摆放。更为方便的是，它采用标准的 HDMI、FireWire 和 USB 接口，插上电源并连接 Mac、Linux 或 Windows PC 即可开始使用。工业自动化控制用触摸屏示例如图 37-7 所示。

图 37-7　工业自动化控制用触摸屏示例

2）触摸屏的种类。按照触摸屏的工作原理和传输信息的介质，触摸屏分为五种，分别为电阻式、电容感应式、压电式、红外线式以及表面声波式。每一类触摸屏都有其各自的优缺点，要了解每种触摸屏适用于何种场合，关键在于要懂得每一类触摸屏技术的工作原理和特点。

① 电阻式触摸屏。这种触摸屏利用压力感应进行控制。电阻式触摸屏的主要部分是一块与显示器表面非常配合的电阻薄膜屏，这是一种多层的复合薄膜，它以一层玻璃或硬塑料平板作为基层，表面涂有一层透明氧化金属（透明的导电电阻）导电层，上面再盖有一层外表面经过硬化处理、光滑防擦的塑料层，它的内表面也涂有一层涂层、在它们之间有许多细小的（小于 1/1000in）的透明隔离点把两层导电层隔开绝缘。当手指触摸屏幕时，两层导电层在触摸点位置就有了接触，使电阻发生变化，从而在 X 和 Y 两个方向上产生信号，该信号被送至触摸屏控制器，控制器接收到这一信号后计算出 (X, Y) 的位置，再根据模拟鼠标的方式运作，这就是电阻式触摸屏的基本工作原理。所以电阻式触摸屏可用较硬物体操作。电阻式触摸屏的关键在于材料，常用的透明导电涂层材料有氧化铟和镍金涂层。

② 电容式触摸屏。电容式触摸屏是利用人体的电流感应进行工作的。电容式触摸屏是一块四层复合玻璃屏，玻璃屏的内表面和夹层各涂有一层 ITO（纳米铟锡金属氧化物），最外层是一薄层稀土玻璃保护层。夹层 ITO 涂层作为工作面，四个角上引出四个电极，内层 ITO 为屏蔽层，以保证良好的工作环境。当手指触摸在金属层上时，由于人体电场作用，用户和触摸屏表面形成一个耦合电容，对于高频电流来说，电容是直接导体，于是手指从接触点吸走一个很小的电流。这个电流分别从触摸屏的四角上的电极中流出，并且流经这四个电极的电流与手指到四角的距离成正比，控制器通过对这四个电流比例的精确计算，得出触摸点的位置。

③ 压电式触摸屏。电阻式触摸屏设计简单，成本低，但由于其物理局限性，如透光率较低，高线数的大侦测面积造成处理器负担，使其易于老化从而影响使用寿命。电容式触控支持多点触控功能，拥有更高的透光率、更低的整体功耗，其接触面硬度高，无须按压，使用寿命较长，但精准度不足，不支持手写笔操控。

压电式触控技术介于电阻式触控技术与电容式触控技术之间。压电式触摸屏幕同电容式触摸屏一样，支持多点触摸，而且支持任何物体触摸，不像电容屏只支持类皮肤的材质触摸。这样，压电式触摸屏既具有电容屏幕的多点触摸触感，又具有电阻屏的精准性。

④ 红外线式触摸屏。红外线式触摸屏是利用 X、Y 方向上密布的红外线矩阵来检测并定位用户的触摸的。红外线式触摸屏在显示器的前面安装一个电路板外框，电路板在屏幕四边排布红外发射管和红外接收管，一一对应形成横竖交叉的红外线矩阵。用户在触摸屏幕时，手指就会挡住经过该位置的横竖两条红外线，因而可以判断出触摸点在屏幕的位置。任何触摸物体都可改变触点上的红外线而实现触摸屏操作。

⑤ 表面声波式触摸屏。表面声波是超声波的一种，是在介质（例如玻璃或金属等刚性材料）表面浅层传播的机械能量波。通过楔形三角基座（根据表面波的波长严格设计），可以做到定向、小角度的表面声波能量发射。表面声波性能稳定、易于分析，并且在横波传递过程中具有非常尖锐的频率特性，近年来在无损检测、造影和退波器方向上应用发展很快。表面声波相关的理论研究、半导体材料、声导材料、检测等技术都已经相当成熟。表面声波式触摸屏的触摸屏部分可以是一块平面、球面或是柱面的玻璃平板，安装在 CRT、LED、LCD 或是等离子显示器屏幕的前面。玻璃屏的左上角

和右下角各固定了竖直和水平方向的超声波发射换能器，右上角则固定了两个相应的超声波接收换能器。玻璃屏四个周边则刻有呈 45° 角由疏到密间隔排列、非常精密的反射条纹。

3. 机器人系统形式

（1）八字形机器人系统　机器人通常采用八字形双工位布局，与变位装置配合，可以最大限度地满足机器人作业空间。带有安全栅的卷帘门自动上下，既保证了人员安全，又起到与外界隔离的作用。另外，八字形焊位便于遮光栅的摆放，使装卸焊件的操作者免受弧光侵害。如果通过触摸屏操作外部程序，将使整个系统功能更完备。八字形机器人双工位系统和操作流程如图 37-8 和图 37-9 所示。

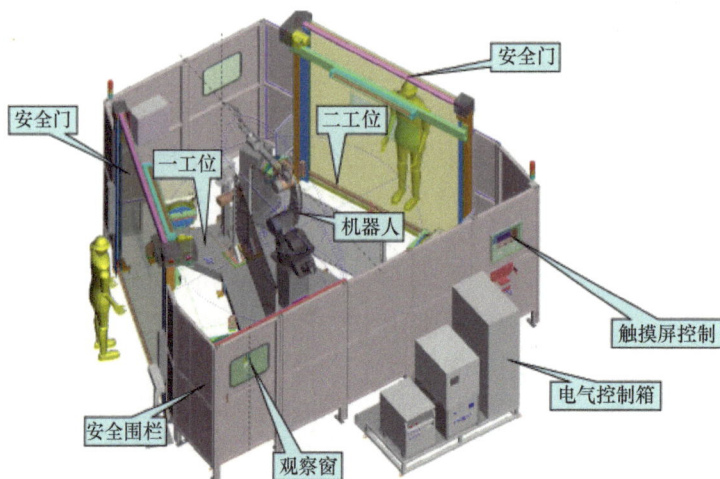

图 37-8　八字形机器人双工位系统

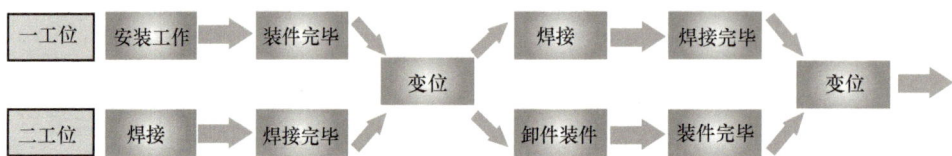

图 37-9　八字形机器人双工位系统操作流程

（2）水平回转系统　水平回转台式双工位机器人焊接系统和操作流程如图 37-10 和图 37-11 所示。

各工位分别装有相同的夹具各一套，机器人在第一工位进行焊接时，操作人员把被焊焊件安装到第二工位夹具上，用气动夹具或手工夹紧焊件，然后按下焊接系统主操作盒的预约启动按钮；当机器人在第一工位完成焊接后，180° 变位装置实现自动变位，机器人对第二工位的焊件进行焊接，同时操作人员可在第一工位进行焊件装卸；焊件焊接所需时间与装卸时间重合，由于装卸时间不包含在生产节拍内，可实现连续作业，因此生产率高。与两工位固定工作台相比，装取焊件在同一地点，节省人力，避免了固定两工位装卸焊件不在一处带来的不便。该系统在汽车配件、健身器材等生产批量较大的企业广泛应用。

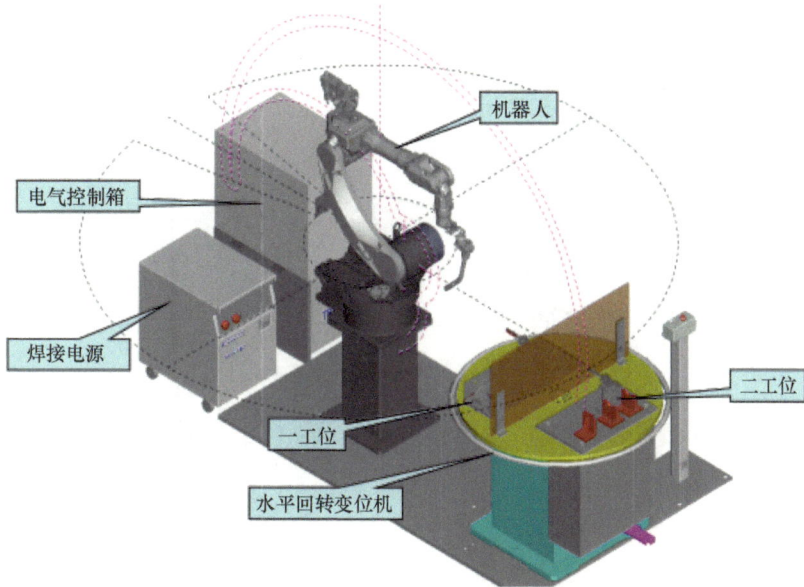

图 37-10　水平回转台式双工位机器人焊接系统

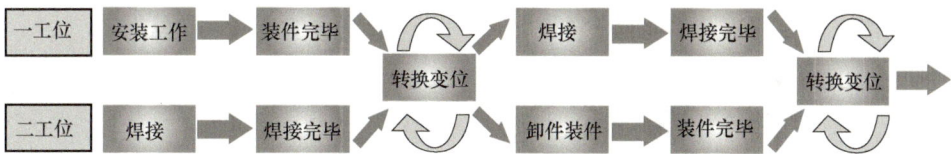

图 37-11　水平回转台式双工位机器人焊接系统操作流程

（3）垂直翻转系统

1）系统构成：以装载机驱动桥的焊接机器人系统为例，它以伺服变位机作为驱动装置，使装载机驱动桥垂直翻转，实现圆周焊接，其系统构成还包括弧焊机器人本体、焊接电源 500GR3、伺服变位机、定位夹具、系统底座、PLC 控制柜及其他外围设备等，如图 37-12 所示。

2）安全防护：焊接机器人手臂的动作范围在半径为 1400mm 的圆形范围内，可对驱动桥的任何位置进行焊接，系统中设置 1 个焊接工位，为改善操作者的工作环境并确保操作人员的人身安全，在系统中设置有安全防护栏。该防护栏设有光电保护、门开关等安全保护装置并与焊接机器人具有联动互锁功能。

3）焊接工装：焊接工装一端采用自动定心的三爪自定心卡盘，另一端采用顶尖形式定位、夹紧焊件。顶尖的移动通过顶进滑座，调整尾座的位置实现，既可用于定位夹紧焊件，又可适应焊件长度的变化。

4）作业过程：操作人员用专用行车吊将焊件吊入焊接工装位置，焊件一端插入三爪自定心卡盘，并将焊件初步夹紧，另一端用尾座顶紧焊件，松开吊装绳，将焊件可靠定位夹紧。操作人员启动焊接机器人系统，焊接机器人自动确定焊接位置并开始自动焊接，按预先编制好的程序实现各个焊缝的起弧、焊接（摆动）、收弧的整个焊接过程。对于不同位置的焊缝，变位器转速可自动调节。

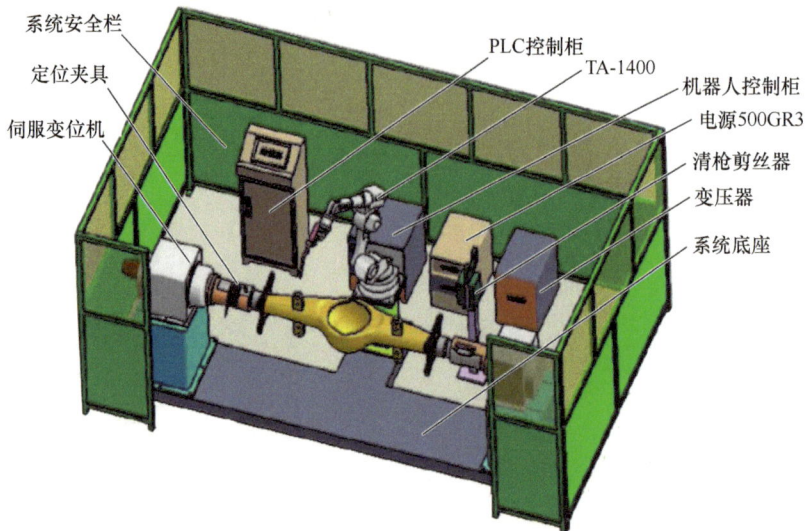

系统安全栏
定位夹具
伺服变位机

PLC控制柜
TA-1400
机器人控制柜
电源500GR3
清枪剪丝器
变压器
系统底座

图37-12　装载机驱动桥的焊接机器人系统

（4）其他系统形式　根据实际生产需要，还有其他一些机器人系统形式，如图37-13所示。

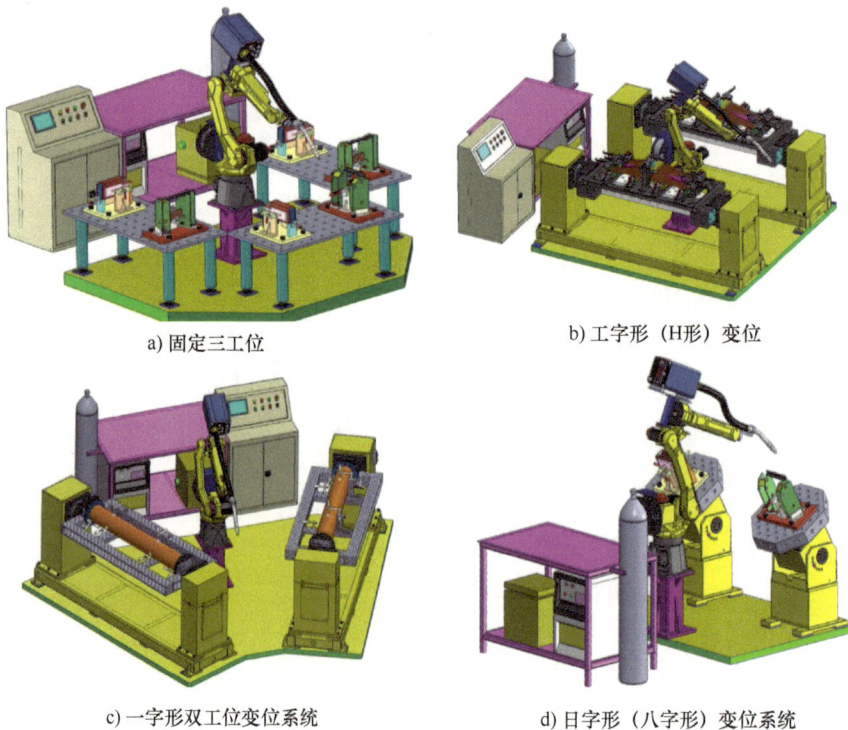

a)固定三工位

b)工字形（H形）变位

c)一字形双工位变位系统

d)日字形（八字形）变位系统

图37-13　各种类型的焊接机器人系统形式

e) L形三维柔性变位工装　　　　　f) 三轴垂直翻转机器人系统

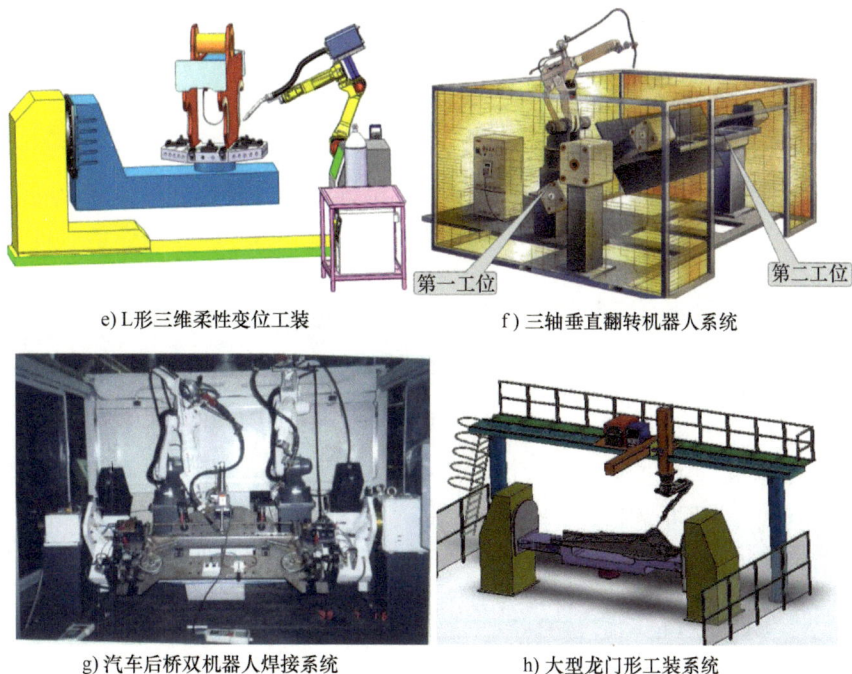

g) 汽车后桥双机器人焊接系统　　　　h) 大型龙门形工装系统

图 37-13　各种类型的焊接机器人系统形式（续）

4. 焊接机器人生产线简介

（1）焊接机器人生产线控制系统结构原理　焊接机器人生产线各工作站控制系统结构原理如图 37-14 所示。

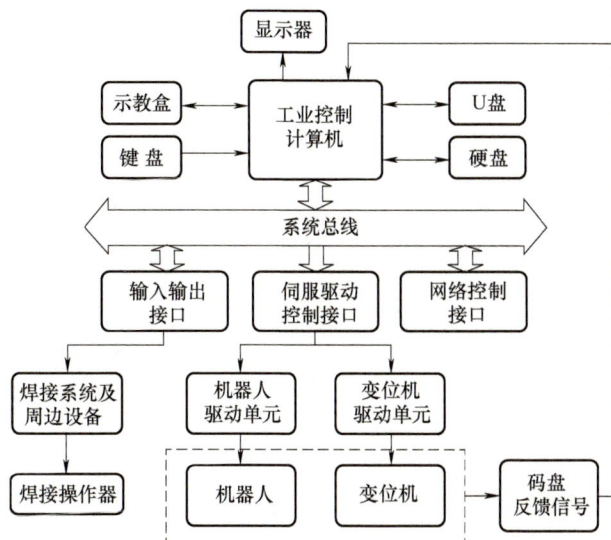

图 37-14　焊接机器人生产线各工作站控制系统结构原理

比较简单的焊接机器人生产线是把多台工作站（单元）用焊件输送线连接起来组成

一条生产线，这种生产线仍然保持单站的特点，即每个站只能用选定的焊件夹具及焊接机器人的程序来焊接预定的焊件，在更改夹具及程序之前的一段时间内，这条线是不能焊其他焊件的。

另一种是焊接柔性生产线（FMS-W）。焊接柔性生产线也是由多个站组成，不同的是被焊焊件都装卡在统一一形式的托盘上，而托盘可以与线上任何一个站的变位机相配合并被自动卡紧。焊接机器人系统首先对托盘的编号或焊件进行识别，自动调出焊接这种焊件的程序进行焊接，这样每一个站无须做任何调整就可以焊接不同的焊件。焊接柔性生产线一般有一个轨道子母车，子母车可以自动将点固好的焊件从存放工位取出，再送到有空位的焊接机器人工作站的变位机上，也可以从工作站上把焊好的焊件取下，送到成品件流出位置，整个柔性焊接生产线由一台调度计算机控制。因此，只要白天装配好足够多的焊件，并放到存放工位上，夜间就可以实现无人或少人生产了。汽车白车身柔性化焊接生产线如图 37-15 所示。

图 37-15　汽车白车身柔性化焊接生产线

（2）机器人生产线系统控制案例　点焊机器人控制系统多用于汽车生产厂焊装车间流水线上，完成汽车地板、侧围、顶盖等整个车外壳的拼装焊接过程。以某企业点焊机器人生产线为例：其系统硬件主要由工业机器人、焊机、电极修磨器、水电供应系统、PLC、触摸屏、DEVICENET 模块、ETHERNET 总线、服务器等组成。点焊系统的软硬件功能特点及通信网络系统如下：

1）服务器：整条流水线生产数据的管理系统，包括日产量、当前产量、每个工位的车型信号等数据，然后传给 PLC。PLC 是控制的核心，控制机器人的程序选择，包括不同车型的点焊程序、电极帽修磨程序和更换电极帽程序等。机器人生产线控制系统如图 37-16 所示。

通过软件程序的编制实现对流水线上工作流程、夹具等的电气控制，PLC 又通过网络完成对机器人的程序选择和信息交换。每个 PLC 可通过串行端口与 1~2 个触摸屏通信，操作人员可通过触摸屏操作不同的工位，检查不同工位的生产信息。

2）通信网络系统。机器人点焊系统的通信网络分为三个层，分别是计算机层、控制器层和设备层。

① 计算机层。系统的计算机层网络是 ETHERNET（以太网），PLCA 通过系统模块接入以太网，使用 TCP/IP 协议从服务器上获取需生产的车体生产信息数据。

② 控制器层。系统的控制器层网络是 Controller Link 网络。PLC 通过功能模块接入下一级的 Controller Link 网络，使 PLC 之间可以传送信息。

③ 设备层。系统的设备层采用 DEVICE 网络，PLC 所控制的工位和机器人之间是通过 DEVICENET 网络实现通信的。

3）柔性控制系统软件。该系统的软件主要分为两个部分：PLC 软件编制和触摸屏软件的编制。PLC 程序主要用来实现对传送带变频电动机的控制、工位夹具的电磁阀动作、控制机器人的点焊程序及生产数据的跟踪移动等。触摸屏主要是一个操作平台和监视平台，通过它可以实现运行模式的切换、机器人修磨参数设置、故障状态的实时报告、机器人焊接程序状态显示、机器人修模状态显示、各工位车型参数显示等功能。好的操作平台对一个系统应用过程至关重要。

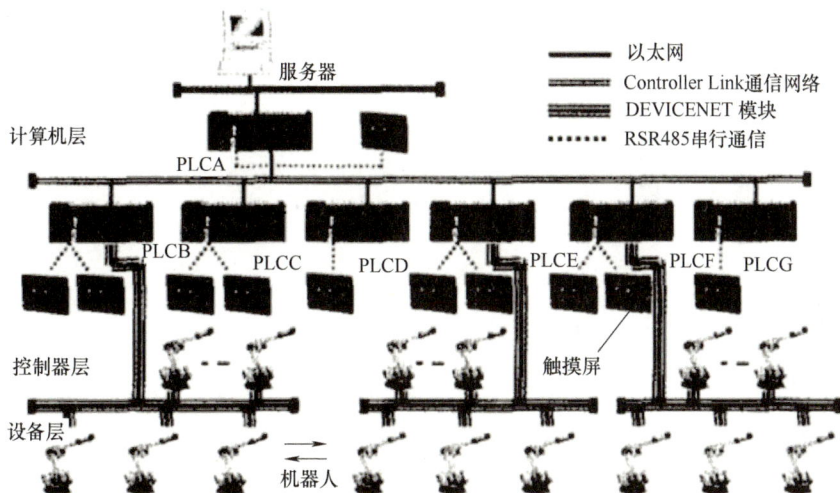

图 37-16　机器人生产线控制系统

① PLC 调用机器人程序。通过 PLC 的程序来调用机器人的程序是 PLC 在机器人系统中特有的应用。机器人的 I/O（输入 / 输出）信号通过机器人程序来控制 ON/OFF（开 / 关）状态，由此可用来和 PLC 进行通信，通过 I/O 信号可以控制机器人调用程序、暂停程序、重启动程序、停止程序等。

② 触摸屏程序。触摸屏程序使用软件编制，分别监管不同的工位，如：监视整条线的急停、光栅、工位原点等状态，其他还有实现手动、自动切换；机器人电源、示教、原点、工作完成、启动条件、是否焊接、有无故障等状态；生产数据的记数、显示和在条件允许的情况下手动更改生产数据；机器人修磨电极帽、修磨次数、修磨电动机正反转时间和转动圈数、修磨电动机停顿时间的参数设置，启动手动修磨程序，同时还可监控修磨状态，记录故障发生的时间和内容，为保证第一时间排除故障提供依据。

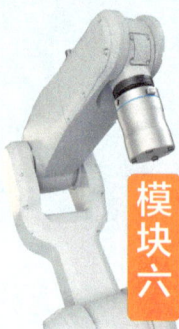

▶ 项目 38　工业机器人系统安装

第三十八讲:
工业机器人系
统安装

【知识目标】

1. 掌握工业机器人系统安装的内容及要求。
2. 掌握工业机器人系统安装要素及流程。

【能力目标】

1. 能够根据现场条件对工业机器人系统进行安装。
2. 能够对机器人周边设备进行安装。
3. 能够根据工艺要求对工业机器人系统进行调试及运行。

【职业素养】

能够区分各类工业机器人工艺应用及结构特点,有针对性地对其进行调试及运行。

1. 工业机器人系统安装注意事项

由于各种功能的工业机器人作业方式不同,安装要求有所不同,下面以点焊机器人系统为例予以介绍。

1)点焊机器人系统一般由点焊机器人、点焊钳、点焊控制箱、气/水管路、电极修磨机及各类线缆等构成。

2)点焊机器人系统具有管线繁多的特点,特别是机器人与点焊钳间的连接上,包括点焊钳控制电缆、点焊钳电源电缆、水气管等。而机器人在生产线上的工作空间相对比较紧张,管线的处理、排布在实际生产过程中,直接影响到机器人的运动速度和示教的质量,也会给设备的生产维护留下很多隐患。

3)机器人的安装对其功能的发挥十分重要,底座的固定和地基要能够承受机器人加减速运动时的动载荷以及机器人和夹具的静态重量。

另外,机器人的安装面不平整时,有可能发生机器人变形,使性能受影响。机器人安装面的平面度，要确保在 0.5mm 以下。

4）应按照急停时机器人最大动载荷和加减速时最大的力矩对机器人地基进行设计和施工。

以 ES165D 点焊机器人为例，急停时机器人最大动载荷加减速时数值和最大力矩数值见表 38-1。

表 38-1　急停时机器人最大动载荷加减速时数值和最大力矩数值

回转转矩	类型	
	急停时机器人最大动载荷	加减速时最大力矩
水平面回转时最大转矩（S 轴动作方向）/ [（N·m）/（kgf·m）]	32000/3265	9400/960
垂直面回转时最大转矩（LU 轴动作方向）/ [（N·m）/（kgf·m）]	78500/8000	23900/2434

2. 安装场所和环境

机器人安装现场必须满足以下环境条件：

1）周围温度：0~45℃。

2）湿度：20%~80%RH，不结露。

3）灰尘、粉尘、油烟、水等较少的场所。

4）不存在易燃、易腐蚀液体及气体的场所。

5）不受大的冲击、振动的场所 [4.9m/s^2（0.5g）]。

6）远离大的电气噪声源。

7）安装面的平面度 0.5mm 以下。

3. 机器人本体和底座的安装

首先，在地面固定底板需要有足够的强度。安装步骤如下：

第 1 步：使用地脚螺栓完成件 1 与地基联接。

第 2 步：利用水平仪调整件 2 的调平螺栓。

第 3 步：将螺栓穿过机器人底部的定位孔与底座（件 2）锁紧，如图 38-1 所示。

4. 焊钳的安装

1）焊钳在机器人末端轴法兰盘上的安装位置关系如图 38-2 所示，显示的是机器人法兰上的初始工具坐标系（侧视）。

2）图 38-3 所示为机器人法兰部位主视图（A 向）。

3）焊钳电缆及管线的连接。

① 伺服电极电缆的连接。

② 焊钳焊接动力电缆的连接。

③ 焊钳控制 I/O 电缆的连接。

④ 冷却水的连接，如图 38-4、图 38-5 所示。

内六角螺栓M20×8

弹簧垫圈

平垫圈

机器人底座

一体底座

40

平面度
0.5mm以下

地脚螺栓

件2

件1

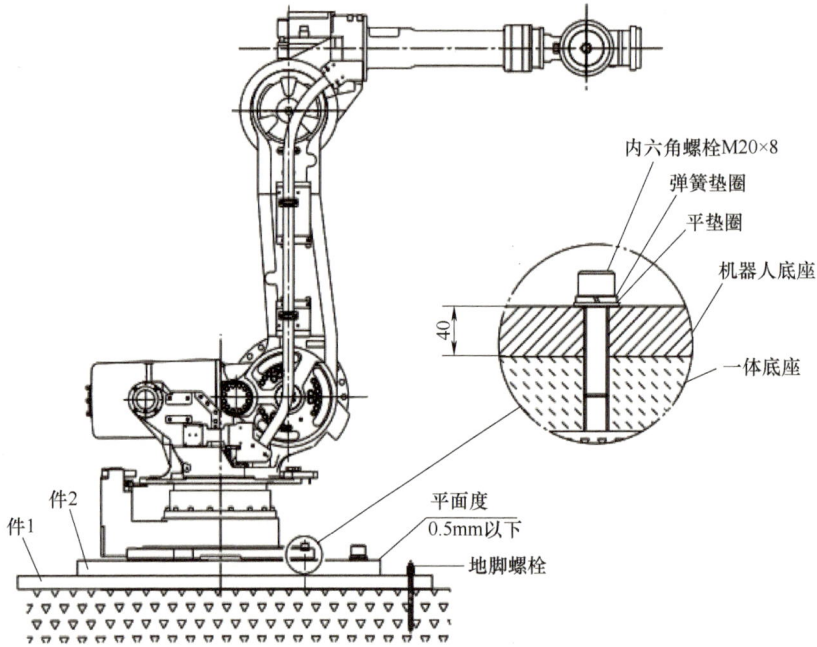

图 38-1　机器人底座的固定示意图

件 1—机器人安装底座的基板　件 2—机器人安装底座 / 底板

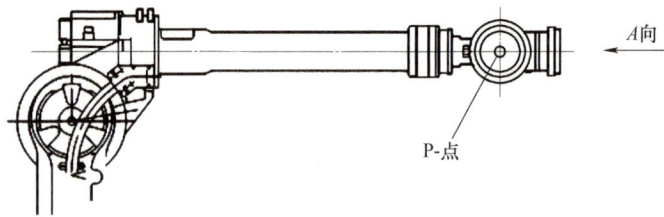

A向

P-点

图 38-2　机器人法兰部位侧视图

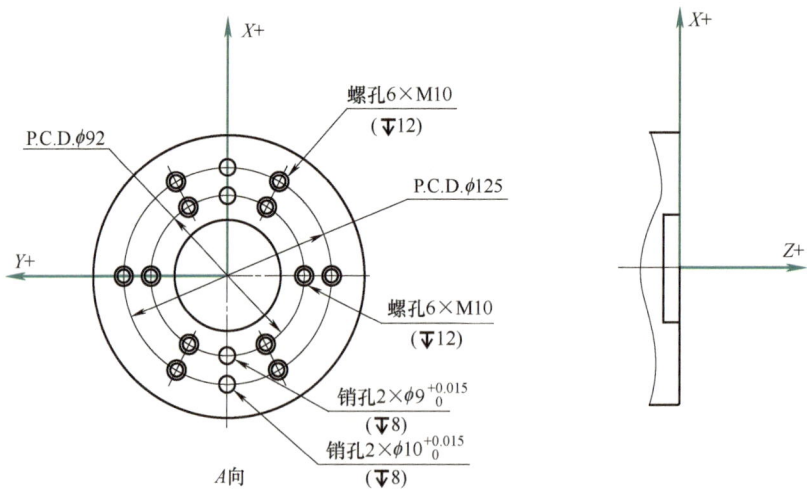

X+

X+

螺孔6×M10
(▽12)

P.C.D.φ92

P.C.D.φ125

Y+

Z+

螺孔6×M10
(▽12)

销孔2×φ9$^{+0.015}_{0}$
(▽8)

销孔2×φ10$^{+0.015}_{0}$
(▽8)

A向

图 38-3　机器人法兰部位主视图（A 向）

注：图中 X+/– 方向是销孔所在的位置

回水口

图 38-4　回水口的连接

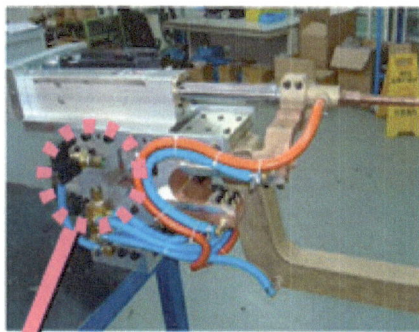

进水口

图 38-5　进水口的连接

4）电缆的梳理固定。在完成焊钳所有的电缆及水管连接后，要对管线进行捆扎和捆绑处理，必要时安装固定块进行固定，梳理电缆管线要遵守以下方面：

① 固定电缆是使电缆尽量远离焊钳电极臂，防止焊钳使用过程中对电缆和管线的摩擦。

② 电缆过长部分要平行绑扎，禁止绑成螺旋状。

③ 电缆梳理时，一定要借助机器人的几个腕关节轴的操作来进行观察、确认：a. 电缆的预留长度是否合适；b. 电缆与机器人手臂有无干涉；c. 电缆与焊钳钳体有无干涉；d. T 轴旋转时，电缆的移动状况。

机器人运行过程中，焊钳的姿态变换会非常频繁且速度很快，电缆的扭曲非常严重，为了保证所有连接的可靠性及安全性，一定要采用以下措施：

Ⅰ. 接头连接器，尤其是焊接变压器动力电缆接头（CN-WE），一定要通过固定板与点焊钳紧固在一起，并且保证电缆有足够的活动余量，确保不会因焊钳的姿态变换时电缆的扭转造成接头的连接松动，否则会引起接头的严重损坏及重大事故发生，如图 38-6 所示。

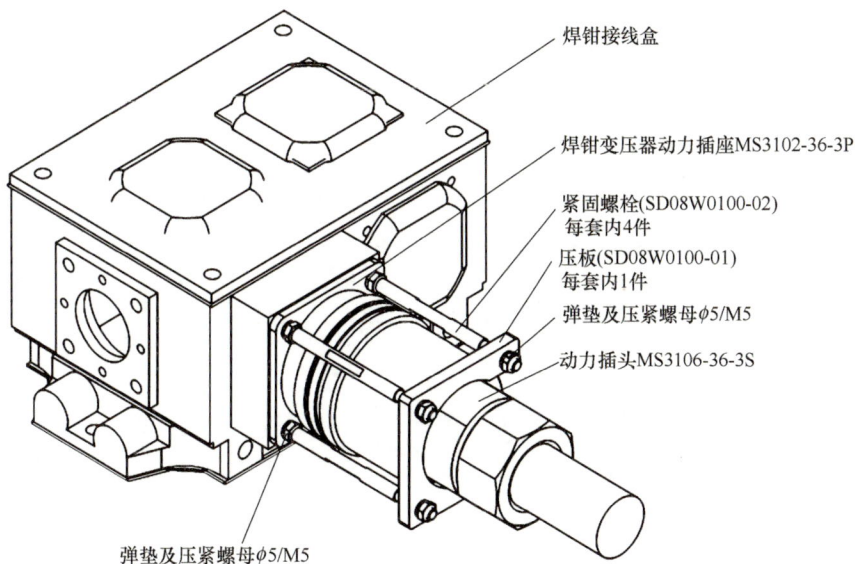

焊钳接线盒

焊钳变压器动力插座MS3102-36-3P

紧固螺栓(SD08W0100-02)
每套内4件

压板(SD08W0100-01)
每套内1件

弹垫及压紧螺母φ5/M5

动力插头MS3106-36-3S

弹垫及压紧螺母φ5/M5

图 38-6　焊钳的电线、电缆连接器部位示意

Ⅱ．调试人员在示教时，应反复推敲机器人的姿态，力争使焊钳在姿态变换时过渡自然，避免电缆的过分拉伸及扭转。

5. 点焊机器人工具中心点 TCP 校准

首先判断工具中心点是否偏离，采取中心点不变的操作方法，即不改变工具尖端点（TCP）的位置，只改变工具姿态的轴操作，此项操作可在关节坐标以外的坐标系进行。按住轴操作键时，TCP 的位置及焊钳动作方向示意，如图 38-7 所示。

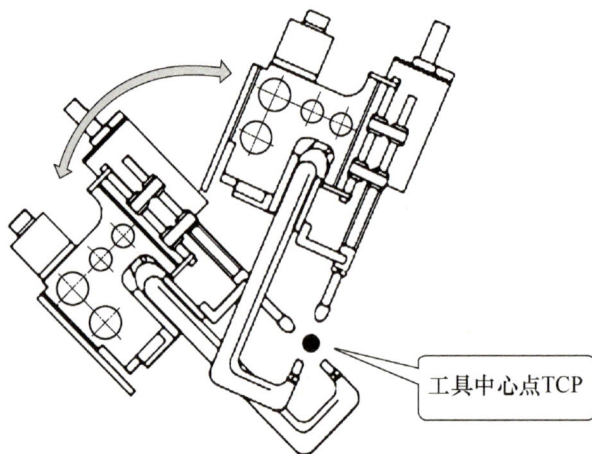

图 38-7　TCP 的位置及焊钳的动作方向示意

6. 点焊机器人通信接口

（1）机器人输入接线图　点焊机器人信号反馈、点焊控制器及外部控制信号等输入接线，如图 38-8 所示。

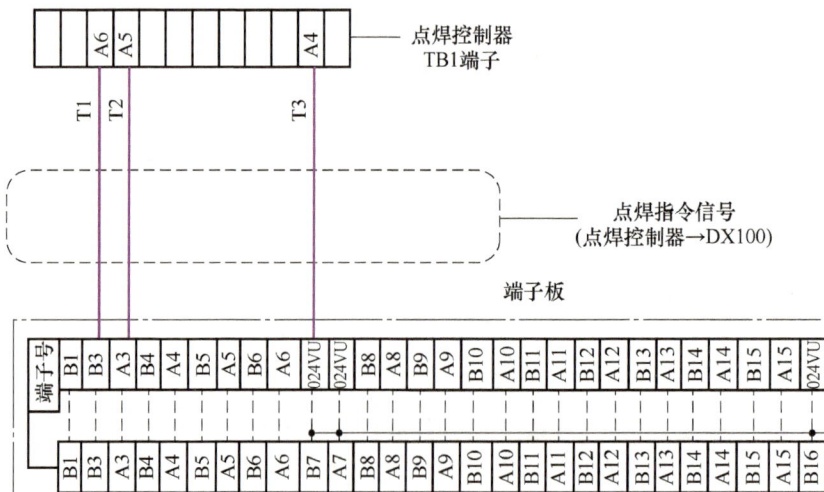

图 38-8　机器人输入接线图

（2）机器人输出接线图　点焊机器人各种指令、电水气等控制信号的输出接线，如图 38-9 所示。

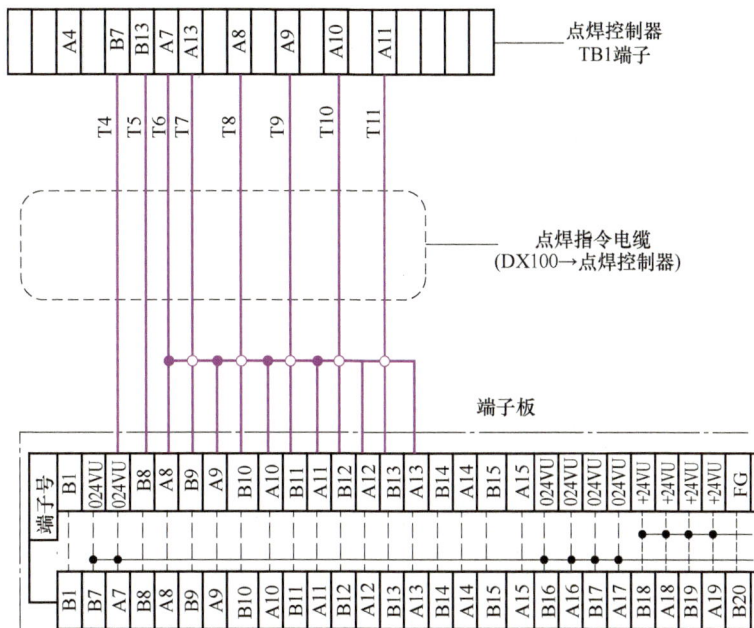

图 38-9　点焊机器人输出接线图

7. 焊钳的连接与供气系统

（1）机器人焊钳的连接　焊钳连接的气管、水管、I/O 电缆及动力电缆都已经被内置安装于机器人本体的手柄内，这样，机器人在进行点焊生产时，焊钳移动自由，可以灵活地变动姿态，同时可以避免电缆与周边设备的干涉。

机器人基座部分接口（电缆、气管、水管的接入），如图 38-10 所示。机器人 U 臂连接部分，如图 38-11 所示。机器人与气动焊钳的连接，如图 38-12 所示。

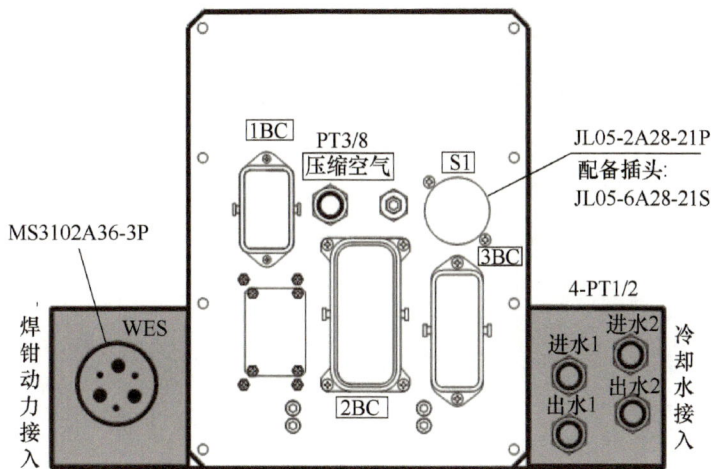

图 38-10　机器人基座部分接口

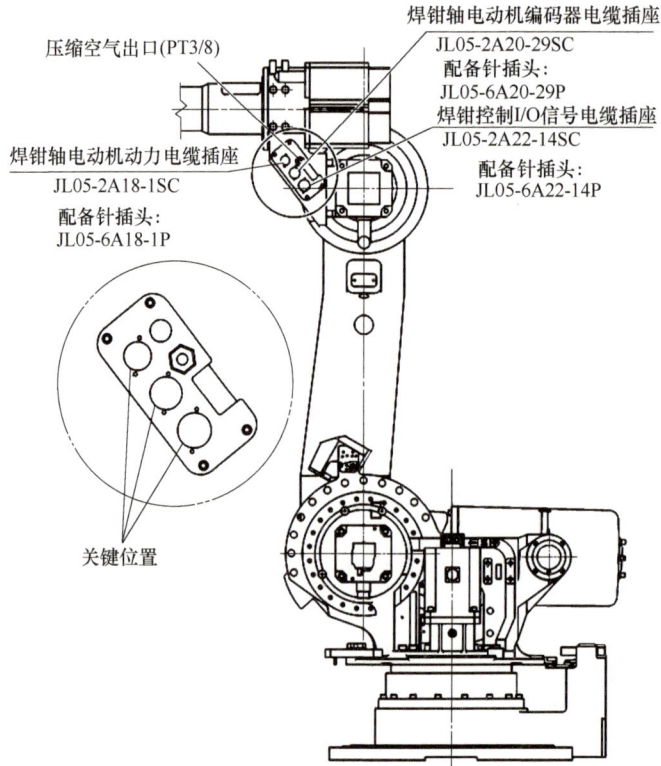

压缩空气出口(PT3/8)

焊钳轴电动机编码器电缆插座
JL05-2A20-29SC
配备针插头：
JL05-6A20-29P
焊钳控制I/O信号电缆插座
JL05-2A22-14SC

焊钳轴电动机动力电缆插座
JL05-2A18-1SC

配备针插头：
JL05-6A22-14P

配备针插头：
JL05-6A18-1P

关键位置

图 38-11　机器人 U 臂连接部分

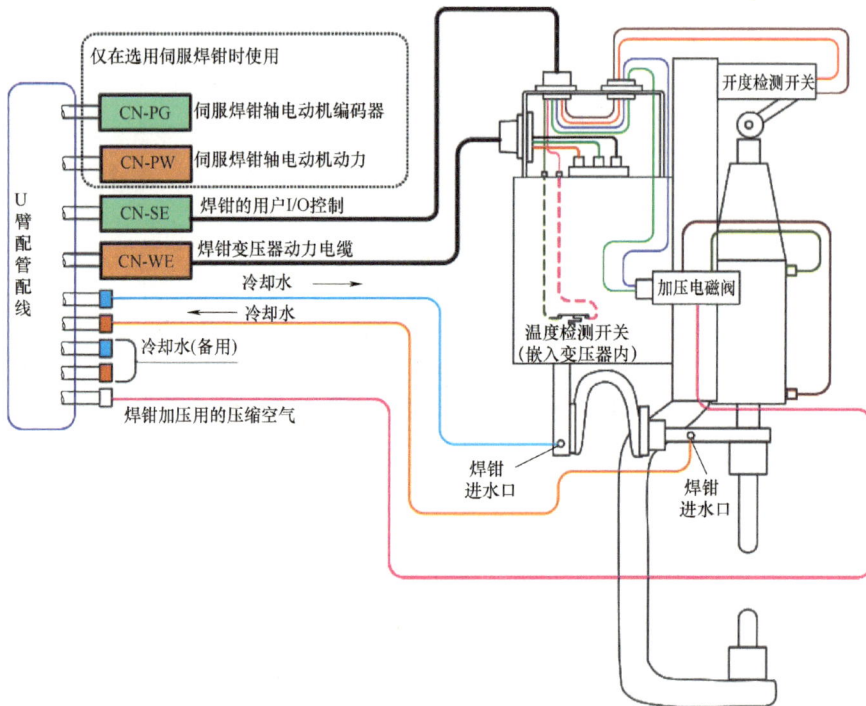

仅在选用伺服焊钳时使用

CN-PG　伺服焊钳轴电动机编码器

CN-PW　伺服焊钳轴电动机动力

CN-SE　焊钳的用户I/O控制

CN-WE　焊钳变压器动力电缆

冷却水

冷却水

冷却水(备用)

焊钳加压用的压缩空气

U 臂配管配线

开度检测开关

加压电磁阀

温度检测开关
(嵌入变压器内)

焊钳
进水口

焊钳
进水口

图 38-12　机器人与气动焊钳的连接示意图

焊钳上的冷却水回路，如图 38-13 所示。

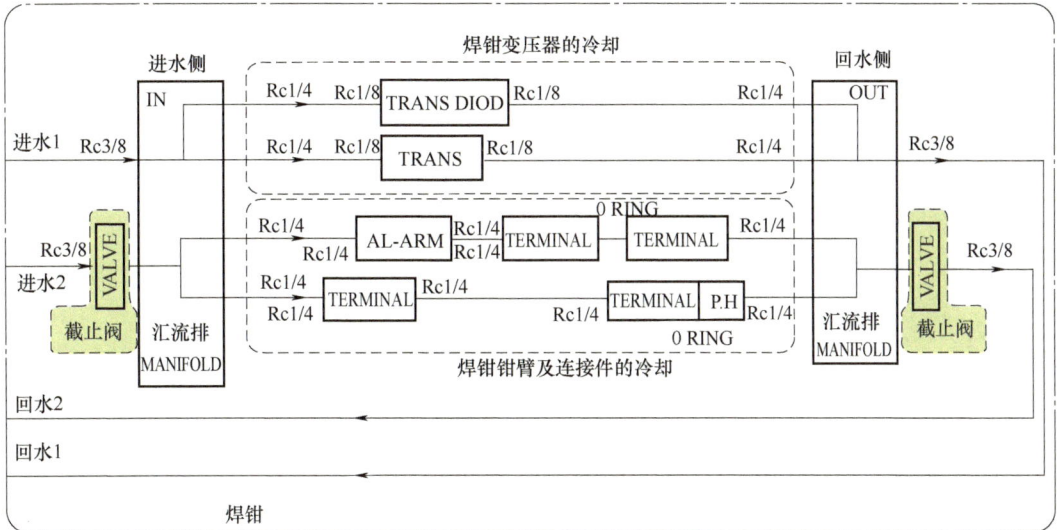

图 38-13　焊钳上的冷却水回路
注：截止阀根据需要加装

（2）点焊机器人系统供气单元　在选用气动点焊钳组成点焊机器人系统时，采用如下两种提供压缩空气压力的气路设计是必要的，因为：

1）压缩空气的压力决定着点焊钳的加压力，为了达到焊钳的正常使用压力，必须保证焊钳的设计气压。所以在采用气动点焊钳时，为了保证打点焊接的质量，需配用压力检测开关。

2）电极修磨机的刀头所能承受的压力一般低于打点焊接时的压力，约在 2.0kN 左右。在修磨电极时，必须向焊钳提供相对低的气压，以确保刀头免于压碎。点焊机器人系统供气单元如图 38-14 所示。

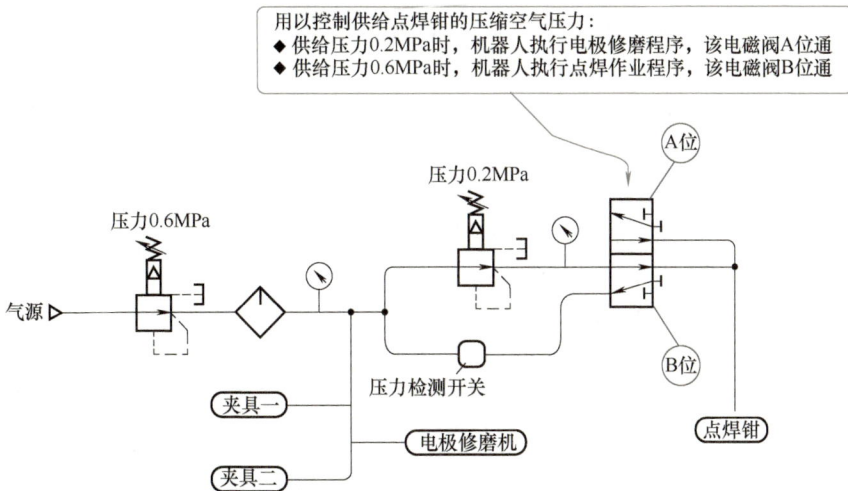

图 38-14　点焊机器人系统供气单元

▶ 项目 39　机器人系统故障诊断及设备保养

第三十九讲：机器人系统故障诊断及设备保养

【知识目标】

1. 掌握警报代码的作用及解除注意事项。
2. 掌握机器人警报代码及编码错误。
3. 掌握焊接机器人编码错误及解决案例。
4. 掌握焊接机器人保养及机械故障和焊接缺陷处理。

【能力目标】

1. 能够对机器人警报代码及编码错误进行解除。

2. 能够根据工艺要求消除焊接缺陷的产生。

3. 能够对焊接机器人设备进行保养并处理一般性的机械故障。

【职业素养】

能够对工业机器人运行中的故障以及排除方法进行分析和总结，进而形成经验。

1. 警报代码的作用及解除注意事项

（1）警报代码的作用　机器人在运行过程中如果出现故障，都会停下来并且在示教器上显示警报代码。可以通过警报代码来判断机器人出现故障的原因，根据原因检查和维修机器人。警报代码属于机器人自诊断功能的范畴。

以安川机器人为例，警报代码分为四个等级，分别是：9□□□（轻故障，I/O 警报）；4□□□~8□□□（轻故障）；1□□□~3□□□（重故障）；0□□□（重故障）。等级 9 为轻故障，可根据提示予以排除，根据显示警报信息（专用输入信号）查找对应的原因后，通过画面中的重置或通过外部输入信号（专用输入）开启"警报重置"专用信号来清除报警。等级 4~8 也是轻故障，可以直接通过重置来清除警报后接着工作。等级 0~3 报警为重故障，发生此警报时，伺服电源会关闭，需要确定原因并解除后才可以继续使用，在使用前请开启伺服电源，如果故障没有得到解决，重新开机还会出现此警报。机器人的警报代码可以有效地帮助分析机器人的故障原因及解决方法，缩短机器人故障检查和维修的时间和成本。

以下用具体实例来说明错误代码的应用。

1）系统故障（警报代码）。以 FANUC 机器人为例，在示教器状态栏中查看到警报代码（如：SRVO-002），如图 39-1 所示。

通过警报代码，查找该品牌机器人警报代码所对应的显示信息和发生原因及处理方法，不同品牌的机器人处于同样的警报类型，其显示信息和发生原因及处理方法的对比见表 39-1。

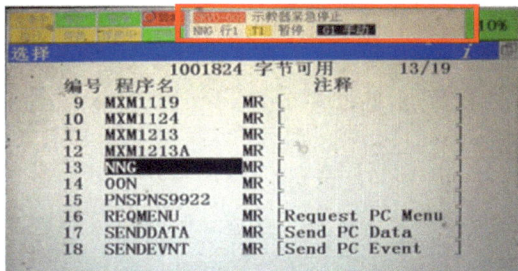

图 39-1　示教器显示界面上部方框内显示警报信息

表 39-1　对比列表

显示代码	显示信息	发生原因	处理方法
SRVO-002（FANUC）	示教盒紧急停止	按下了示教操作盘的 EMERGENCY STOP（急停）按扭	1. 顺时针方向转动示教操作盘的 EMERGENCY STOP（急停）按钮解除警报，然后按 RESET（复位）按钮 2. 如果无法复位该警报，请更换示教操作盘
A4010（松下）	通信错误：TP（示教器）紧急停止	电路保护，如果继续运转，安全卡可能被损坏	1. 检查示教器上的 TP 急停按钮有无损坏，旋动解除 2. 检查连接到安全卡上的电缆有无损坏 3. 检查 TP 电缆（AWC32693）有无损坏 4. 更换 TP（若有多台机器人）
10013（ABB）	紧急停止状态	任何与紧急停止输入端连接的紧急停止设备已被断开	1. 顺时针方向转动示教操作盘的 EMERGENCY STOP（急停）按钮解除警报 2. 然后在控制柜上按通电按钮

2）解决故障。按照机器人警报代码所对应的显示信息和发生原因及处理方法后，警报消除，如图 39-2 所示。

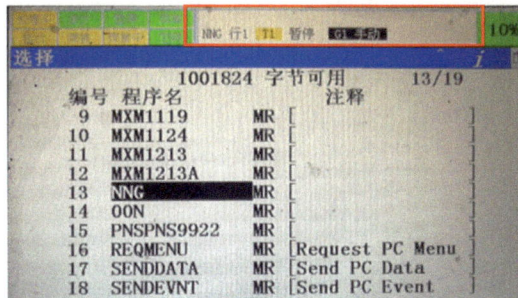

图 39-2　示教器显示界面上部方框内显示警报信息消除

（2）警报代码显示和解除注意事项

1）警报的显示和解除。

① 若在动作过程中发生警报，机器人会立即停止动作。

② 示教编程器上会显示警报画面，告知发生警报，停止动作。

③ 同时发生多个警报时，会以一览表形式显示所有发生的警报。

④ 无法在一个画面中完全显示时，请使用光标键进行滚动显示。

⑤ 在发生警报时，仅可进行画面显示、模式切换、警报解除、急停这几项操作。

⑥ 在发生警报时切换到了其他画面后，可通过主菜单的"系统信息"→"警报"来重新显示警报画面。

2）解除。警报大致可分为轻故障警报与重故障警报这两种。

① 为轻故障警报时：

a. 在警报画面中选择"重置"后，会解除警报状态。

b. 要通过外部输入信号（专用输入）重置警报时，请开启"警报重置"专用信号。

② 为重故障警报时：

a. 由于硬件故障导致重故障警报发生时，会自动切断伺服电源，停止机器人动作。

b. 此时，请关闭主电源，待排除警报发生原因后重新接通电源。

2. 焊接机器人警报代码及编码错误

下面，以松下 TM-G3 机器人 +350GS$_6$（全数字焊接电源）为例进行介绍。

（1）机器人控制系统警报代码 以"A"开头的报警代码，大多是信号误动作或机器人控制系统故障所致，机器人控制系统警报代码见表 39-2。

表 39-2 机器人控制系统警报代码

警报代码	信息	发生原因	处理方法
A4000	温度异常	检测出温度异常上升，如果继续使用可能会造成内部机器损坏	关断电源，等温度下降后，再闭合电源
A4010	焊接接触：预约紧急停止	电路短路。安全卡可能被损坏	请检查与警报信息说明的端子相连接的回路，必要时更换安全卡
	焊接接触：TP 紧急停止		
	焊接接触：门停止		
	焊接接触：hand 紧急停止		
	焊接接触：过载		
	焊接接触：外部紧急停止		
	焊接接触：软件紧急停止		
	焊接接触：安全继电器停止		
	焊接接触：协调紧急停止 1		
	焊接接触：协调紧急停止 2		
	焊接接触：TP 自动停止开关反馈		
	焊接接触：模式开关		
A4020	过载解除输入检测	在过载解除输入中发生矛盾	关断电源，检查过载解除开关

（续）

警报代码	信息	发生原因	处理方法
A4030	安全回路24V电源异常	在安全回路供给电压中检测异常	关断电源，检查安全卡熔丝
A4040	次序 PWR24V 电源异常	在次序回路的供给电压中检测异常	关断电源。检查电源控制基板的熔丝和电源供给的接线
A5000	系统警告	系统中发生错误	关断电源，然后再闭合电源
A5010	系统数据错误	发现系统数据的内容错误	关断电源，然后再闭合电源
A6000	伺服关闭	控制装置异常，或噪声混入	关断电源，然后再闭合电源
A6010	伺服通信异常	控制装置异常，伺服基板异常，或噪声混入	关断电源，然后再闭合电源
A6020	次序通信异常	次序回路异常	关断电源，然后再闭合电源
A6030	T.P. 通信异常	控制装置、示教器异常，噪声混入	关断电源，然后再闭合电源
A6040	主 CPU 异常	控制装置异常或噪声混入	关断电源，然后再闭合电源
A6050	伺服 CPU 异常		
A6060	I/O CPU 异常	控制装置异常	关断电源，然后再闭合电源
A6110	外 1 伺服通信异常	控制装置异常或噪声混入	关断电源，然后再闭合电源
	外 2 伺服通信异常	控制装置异常或噪声混入	关断电源，然后再闭合电源
A7010	放大器准备错误	伺服放大器准备错误	关断电源，然后再闭合电源

（2）机器人姿态编码错误　以"E"开头的编码错误，大多是机器人姿态不良所致，编码错误代码及信息和可能原因及处理方法，见表39-3。

表 39-3　机器人姿态编码错误

错误代码	信息	可能原因	处理方法
E1010	不能启动	不能启动	请确定是否选择启动程序，是否闭合伺服电源
E1020	摆动参数错误	摆动类型、速度、频率、时间等参数错误	改正速度、频率或定时器

（续）

错误代码	信息	可能原因	处理方法
E1030	坐标变换（运行）（手动）	插补动作不能进行	确认程序内容
E1040	移动数据超出（运行）（手动）		
E1050	示教与实际姿势不一致	示教时与实际姿势不相符	改变示教姿势
E1060	手腕 180° 以上的动作	插补形态中指定了不能登录的手腕计算号（CL 号）登录示教点	指定正确的手腕计算号码
E1070	试运行不存在或不能运行的程序	在 CALL 命令中指定的程序不存在	检查并改正程序
E1080	标志不存在，请进行标志确认	跳转地址标志，在程序内不存在	检查并改正程序
E1090	没有全局位置变量	指定的全局变量不存在	检查并改正程序
E1100	不能调用	调用命令数超过最大值（8）	检查并改正程序
E1120	没有局部变量	指定的局部变量不存在	检查并改正程序
E1130	脉冲命令执行数过大	同时执行 17 个以上的脉冲命令	变更至同时执行 16 个以下的脉冲命令
E1140	程序运行数过大	超过运行程序数的最大值	检查并改正程序
E1150	演算命令执行错误	发生不可能执行的错误（例如，除数为零、负平方根等）	检查并改正程序
E1160	未定义命令错误	试图执行不支持的命令	检查并改正程序
E1170	命令参数错误	命令参数不在允许范围	检查并改正程序
E1180	软限位错误	关节轴达到软限位	修改关节轴的软限位
E1190	RT 监视运行	试图在 RT 监视输入打开时侵入监视领域	如果 RT 监视输入关闭，可重新启动
E1200	分程序监视运行	试图在分程序监视输入打开时侵入监视领域	如果分程序监视输入关闭，可重新启动
E1210	重复不可得	在再启动时重复，将会带机器人到前面的示教点	再启动之前的跟踪操作中，将机器人移回到前面的示教点
E1220	重复失败	机器人在重复操作中，带到前面的示教点	关断电源，然后重新闭合电源
E1900	（指定信息）	运行 HOLD 命令	—
E2010	不可读取	运行接触传感器动作命令时已经打开输入信号	向后跟踪，然后再启动
E2020	读取输入无效	在读取距离内，没有对象物	向前或向后跟踪，然后再启动

（续）

错误代码	信息	可能原因	处理方法
E2030	平移演算错误	演算错误	变更示教位置、示教速度，确认摆动场合和条件
E2120	电弧传感器 / 焊机	焊机的相关设置不适当	改正焊机的相关设置
		旋转电弧传感器：电动机不良、P.C（控制单元电路）不良、接口接触不良	关断机器人电源和旋转电弧传感器控制单元的电源后，然后重新闭合电源

（3）焊接错误代码　焊接错误代码以"W"开头，是指数字通信型焊接电源接收错误或与数字通信型焊接电源发送数据时发生的错误，焊接错误代码见表 39-4。

表 39-4　焊接错误代码

焊接错误代码	信息	发生原因	处理方法
W0000	焊接异常：P-side ov/curr	从焊机收到了"P-side ov/curr"错误	检查焊机
W0010	焊接异常：无电流检测	从焊机收到了"无电流检测"信号	检查没有焊接电流的原因使用气压检测器时，确认是否是气压低下
W0020	焊接异常：无电弧	从焊机收到了"无电弧"错误	检查焊接条件，确认送丝线路是否异常
W0030	焊接异常：粘丝	从焊机收到了"粘丝"错误	切断粘丝部分改变示教点的位置到不易粘丝的位置检查焊接电源
W0040	焊接异常：焊枪接触	从焊机收到了"焊枪接触"错误	排除原因
W0050	焊接异常：无焊丝 / 气体	从焊机收到了"无焊丝 / 气体"错误	排除原因
W0060	焊接异常：导电嘴融合	从焊机收到了"导电嘴融合"错误	更换导电嘴
W0070	焊接异常：焊嘴接触	从焊机收到了"焊嘴接触"错误	检查焊枪焊嘴周围，排除原因
W0080	没有一元化特性	由于没有一元化特性工作台，不能进行焊接条件命令的修正（闭合电源时，发生 W0900 焊接通信异常 0003，操作继续）	关断控制器电源开关，确认电缆，闭合焊机电源后闭合控制器电源开关
W0090	焊接异常：S-side ov/curr	从焊机收到了"S-side ov/curr"错误	检查焊机
W0100	焊接异常：温度上升	从焊机收到了"温度上升"错误	检查焊机

（续）

焊接错误代码	信息	发生原因	处理方法
W0110	焊接异常：P-side ov/volt	从焊机收到了"P-side ov/volt"错误	检查焊机
W0120	焊接异常：P-side L-volt	从焊机收到了"P-side L-volt"错误	检查焊机
W0130	焊接异常：启动信号	从焊机收到了"启动信号"错误	检查焊机
W0140	焊接异常：电源相位缺少	从焊机收到了"电源相位缺少"错误	检查焊机
W0150	再试超出（断弧）	从焊机收到了"再试超出（断弧）"错误	检查原因并改善后再启动

3. 焊接机器人代码错误及解决案例

（1）点焊机器人错误代码内容及解决办法　以 FANUC 机器人 -SERVO-GUN（伺服焊钳）点焊为例，SVGN 报警部分代码见表 39-5。

表 39-5　点焊机器人错误代码内容及解决办法

错误代码	内容	解决方法
SVGN-005	STOP Wrong TPP inst.Format 中文：点焊指令格式不正确	重新进行点焊指令示教。不能剪切 / 复制 NOP 和 END 命令
SVGN-010	STOP Invalid SG group config 中文：伺服枪动作组编号不正确	在初始设定画面上确认伺服枪（可动侧）的动作组编号
SVGN-016	STOP Specified pressure too low 中文：指定压力过低	调高指定压力，或者重新调节压力系数，减小压力系数 B
SVGN-013	STOP Pressure exceeds limit 中文：指定压力超过最大压力极限	调低指定压力，或者调高最大压力极限
SVGN-026	STOP Illegal P condition number 中文：加压条件编号中所指定的值有误	确认所指定的加压条件编号
SVGN-072	PAUSE Illegal assignment of gun axis 中文：焊枪编号和轴编号的分配不正确	确认焊枪编号和轴编号的分配
SVGN-206	PAUSE GunA, GunB part thickness is different 中文：焊枪 A 和焊枪 B 上的焊件厚度不同。在向加压位置的同步动作中，焊件厚度必须相同	在焊枪 A 和焊枪 B 上将焊件厚度设定为相同的值

（2）代码错误解决案例

例 1　E1050 代码错误的处理方法。

E1050 代码错误的处理方法见表 39-6。

表 39-6 E1050 代码错误的处理方法

序号	发生原因	处理方法
1	在两个直线示教点之间，当示教时 RW 轴和 TW 轴转过的角度超过 180°，在跟踪或自动运行时将会发生该错误报警	更改为 PTP 动作，修改示教位置，使 FA 臂和 BW 轴有一个角度（在相同的工具坐标位置上，只更改工具姿势）
2	向第一个示教点跟踪时，或者手动操作移动手腕后再进行跟踪时，由于 RW 轴和 TW 轴的位置关系，有时也会发生该错误报警	
3	当 FA 臂和 BW 轴接近于平行姿态（特异姿势）时，会发生该错误报警，如下图所示。 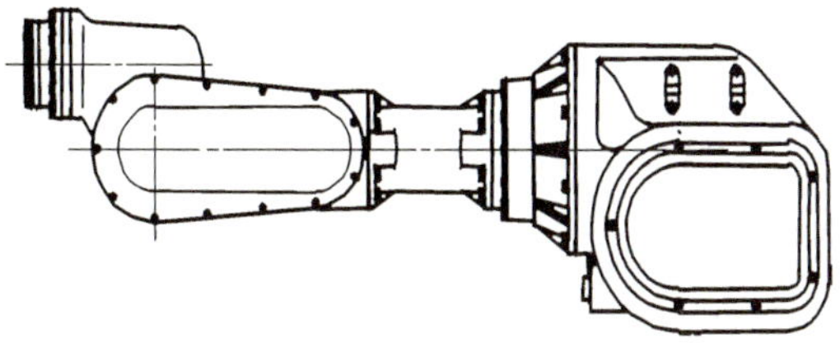 手腕部位特异姿态	在紧接着特异点的后面，通过登录手腕插补形态 3（CL=3）示教点，可以避免发生该错误报警。 另外，在特异点附近登录直线或圆弧插补示教点时，将自动登录手腕插补形式 3（CL=3）

例 2 机器人关节轴负荷过载警报。

机器人机构关节轴要素（轴承和减速器），在运行中机器人会监视各轴的电动机电流，当检测出电流过大时，将停止机器人运行，同时出现机器人关节轴负荷过大警报代码，见表 39-7。

表 39-7 机器人关节轴负荷过载警报

错误代码	信息
E7000	超过功率（平均）
	超过功率（额定）
E7010	电动机过负荷错误
E7110	Ext.1 电动机过负荷错误
E7210	Ext.2 电动机过负荷错误

如果设置（超过最高功率）最高负荷率为 150%，当（超过平均功率）平均负荷率在 125% 时，就会出现过载警报。

例 3 编码器电池电量不足警报。

在项目 28 中讲过，机器人编码器是一种将旋转位移转换成一串数字脉冲信号的旋转式传感器，这些脉冲能用来控制角位移，编码器输出表示位移增量的编码器脉冲信号，并带有符号。编码器由 3.6V 专用锂电池供电。当编码器电池耗尽时，示教器的画面中会显示"存储器电池已耗尽""编码器错误"或"锂电池错误"等报错信息。以松下六轴机器人 TA1400 为例，机器人本体需要 6 节 3.6V 专用锂电池，机器人使用锂电池可以记忆编码器数据，即记忆机器人各轴的位置。当锂电池电量不足时，电源闭合后会出现图 39-3 所示的提示信息"编码器的锂电池即将耗尽，请及时更换。"

由于焊接机器人通常是 6 个轴，所以一次需更换 6 组，更换电源后必须对各轴的原点重新进行调整。

图 39-3　锂电池电量低下系统警告提示

例 4　停电处理。

如果发生 0.01s 之内的瞬间停电，系统无异常，可继续操作。如果发生 0.01s 以上的停电，若正在示教中，再通电时，则程序只能恢复定时保存时间内的数据（定时保存时间可以设置），机器人伺服电源为切断状态，通电后操作机器人，需要再次闭合伺服电源。

4. 焊接机器人保养及机械故障和焊接缺陷处理

（1）机器人保养基准　机器人日常保养基准表见表 39-8。维护保养过程中，电源应处于关闭状态，总电源处执行 LOTO（Lock Out&Tag Out：电源锁闭与上锁挂牌操作。在欧美国家的一些企业，为保证维修、调试、工程作业安全，比较普遍地采用 LOTO 制）。

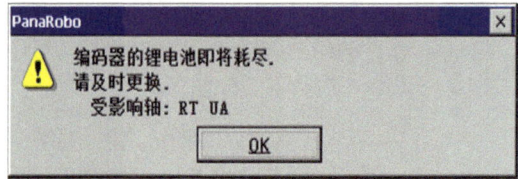

表 39-8　机器人日常保养基准表

序号	部位	要求	检查及维护方法	周期
1	焊机、变压器内部	无粉尘、杂物	关闭电源，打开上封盖板，用压缩空气吹扫（风量不宜过大）	每月
2	水箱、控制柜进气口、排气口	无粉尘、杂物	关闭电源，用压缩空气吹扫	每月
3	机械手前端、焊枪、清枪装置等表面	无油污、飞溅物	用清洗剂或肥皂、一字螺钉旋具清理表面和死角位置	每月
4	控制柜、焊机、变压器、水箱、示教器、机器人轴、变位器、行走装置、工作台等表面	无油污、粉尘、飞溅物	压缩空气吹扫后，用擦布或海绵擦拭	每月
5	工作场地（包括死角位置）	无积尘、杂物	扫把清扫，压缩空气吹扫	每月
6	电缆线、固定螺栓、气管	无破皮、松动、漏气	目视检查，扳手拧紧	每月
7	变位器齿条、齿轮、丝杆、滑块（润滑脂加注口部位）	无粉尘、杂物	关闭电源，打开上封盖板，用压缩空气吹扫（风量不宜过大）	每月

（续）

序号	部位	要求	检查及维护方法	周期
8	导轨、齿条	润滑良好、无杂质、无生锈	涂 460# 齿轮油，变位器或机械手走一遍	每 2 个月
9	齿条	润滑良好、无杂质、无生锈	擦洗剂清洗油泥后，用润滑脂抹涂表面	每 3 个月
10	滑块	润滑良好	往润滑脂加注口注油，滑块旁边有润滑脂溢出后停止	每 3 个月
11	丝杠	润滑良好、无杂质、无生锈	用润滑脂抹涂表面，来回转动丝杠一遍	每 3 个月
12	齿轮	润滑良好、无杂质、无生锈	打开加油封盖，边加润滑脂边旋转变位器	每 3 个月
13	设备整体表面	外观完好，无漏水漏气，工作区域无障碍物	目视	每班
14	控制柜、焊机、变压器、水箱	能正常开机，运转无报警	目视	每班
15	变位器、机器人手臂	试运行，无振动，无异常声音	手动、耳听	每班
16	红色急停开关（4 个）	按下急停开关设备能够停止，报警灯亮	手动、目视	每周
17	枪头夹紧螺栓	无松动	手摇	每班
18	对枪位置	校枪点 P（999±3）mm	目视	每班
19	喷嘴、导电嘴、气筛	无烧损、飞溅	目视	每班
20	喷嘴接触、防撞开关	正确报警	试触、目视	每班
21	气源处理器	油杯内油位正常，水杯内无过多积水	添加 10 号润滑油，拧开底部排泄阀排水	每周
22	送丝装置	清洁，送丝轮、齿轮完好、地线紧固螺栓无松动	送丝轮、齿轮磨损严重则更换，地线松动则拧紧，地线变色烧黑则报修处理	每月
23	焊机、变压器内部	无粉尘、杂物	关闭电源，打开上盖板用 0.3MPa 压缩空气吹	每 2 个月
24	机器人线缆	线缆顺畅、无扭曲	目视	每 2 个月

（2）焊接机器人运行常见机械故障及处理 常见运行中存在的问题主要有两类：机械故障类及焊接缺陷类，应针对不同的问题制定相应的处理方案。焊接机器人运行常见机械故障及处理见表 39-9。

表 39-9　焊接机器人运行常见机械故障及处理

序号	故障描述	故障原因分析	处理方法及意见
1	引弧失败	焊件脏、导电不良	清理焊件、焊接电缆牢固
		数据库起弧左右设定不理想	修改起弧左右
		焊丝过长，顶到焊枪报警	切断焊丝，清理焊件表面
		焊件偏差大	控制焊件偏差
2	撞枪	焊件偏差大	控制焊件偏差
		焊接过程中烧导电嘴，套筒常与焊件相碰，电弧跟踪差，焊穿	焊接过程跟踪，发现问题及时处理
		焊枪螺钉松动	经常检查及时拧紧
		操作失误	持证上岗
		常用高速操作机器人	危险位置，低速操作
3	枪头漏水	O 形圈变形、损坏	更换新品
		绝缘套、绝缘体变形损坏	用生料带密封或更换新品
4	清枪系统不喷油	油量调节阀未打开或打开不足	调节
		喷油器内被焊渣堵塞	清理焊渣，飞溅
		油管油阀堵塞	疏通，更换
		瓶内油量少，油质差	加油，清洗，换油
		压缩空气不足	疏通空气管，增加压力
5	水箱报警	水管堵塞，水流小	疏通水管或更换
		水位不够	检查加蒸馏水
		水箱内水质差	定期清洗水箱，换水
		水箱内报警器损坏	报修
		水箱内粉尘多	注意清扫
6	清枪报警	校正焊枪，判断是否偏	校正（手动走一遍清枪程序）
		送丝伸出过长，卡到	修改上一条程序，控制焊丝伸出长度
		焊渣过多	清洁清枪位置
7	起弧缺陷	焊件偏差，无法检测	控制偏差
		焊丝伸出长度不合适	调整合适的焊丝伸出长度
		程序数据库不合理	修改
		焊件过脏	清洁工件
		间隙过大	补焊，控制间隙

（续）

序号	故障描述	故障原因分析	处理方法及意见
8	焊枪压低	导电嘴损坏	更换
		送丝阻力大	疏通送丝管
		焊件偏差大	控制焊件偏差
		送丝轮打滑，压力不合适	更换送丝轮，调整压力
		送丝机过脏，接头松动	清理送丝机，检查接头
		焊机内部粉尘多	打开外壳，用压缩空气吹干净
9	检测前喷嘴接触焊件	焊枪枪头脏	清洗枪头，用压缩空气吹扫
		送丝机脏、接头松动	压缩空气吹送丝机，检查接头
		焊件偏差大、焊件脏	跳过不焊，清洁焊件、控制偏差
		焊机故障	报修
		焊机控制面板选择不当	重新选择

（3）机器人焊接常见缺陷原因及处理方法 机器人焊接常见缺陷原因及处理方法见表39-10。

表39-10 机器人焊接常见缺陷原因及处理方法

序号	故障描述	故障原因分析	处理方法及意见
1	气孔	未定期清理焊枪	定期清理焊枪
		导电嘴偏向套筒一侧	校正连杆或更换新品
		喷油量过多	调节喷油量
		焊件表面积尘、锈蚀、潮湿	清理焊件
		二氧化碳气压偏低、有外来风	调节气压，屏蔽外来风
		电流电压匹配不当，导电嘴堵塞	调整电流电压值
		分流器损坏，套筒变形	更换新品
		焊枪位置过高，气体保护差	调整焊枪位置
2	焊缝不直（蛇形、波浪形）	电流电压匹配不当	调整电流电压值
		送丝不畅，阻力大	清理输送管，理顺送丝管
		焊枪姿势不对	修改程序
		导电嘴孔偏大，焊丝伸出长度过长	更换导电嘴，调整焊丝伸出长度
		摆动、停留、摆动频率不合适	调整摆动参数
		送丝轮打滑、槽过大，刮丝	更换送丝轮和焊丝
		焊丝不好	更换焊丝
		送丝机或焊枪脏、接头松动	用压缩空气处理，检查接头

（续）

序号	故障描述	故障原因分析	处理方法及意见
3	焊偏	打底过高，焊件偏差大	控制打底、焊件偏差
		电弧跟踪设定不合理	修改电弧跟踪设定（专业人员）
		电流电压不匹配	调整
		程序编制中坡口形式选择不合理	修改（专业人员）
		导电嘴损坏，送丝不畅	更换导电嘴
4	表面未熔合、成形差	送丝机、焊枪脏	清理，用压缩空气吹扫
		送丝机接头松，接触不良	检查接头，重新连接
		导电嘴损坏	更换
		焊机内部粉尘多	拆开焊机外壳，用压缩空气吹扫
		送丝不畅，阻力大	疏通或更换
5	未熔合	第4条原因（铁液铺不开）	按照第4条执行
		焊件偏差大、焊件脏	控制焊件偏差，清洗焊件
		程序、电弧跟踪设定不合理	修改（需专业人员）
		打底过高，电弧跟踪不准	控制打底参数

▶ 项目40 工业机器人电气控制单元和机械维修

第四十讲：工业机器人电气控制单元和机械维修

【知识目标】

1. 掌握工业机器人电气控制单元和机械维修的方法及步骤。
2. 机器人本体伺服电动机的拆装方法及步骤。
3. 机器人润滑油型号的选择及加注。

【能力目标】

1. 能够对工业机器人进行简单的电气控制单元和机械维修。
2. 能够对机器人本体伺服电动机进行拆装。
3. 能够对机器人进行润滑油型号的选择及加注。

【职业素养】

将工业机器人电气控制单元和机械装置简单故障现象及排除方法进行分析和总结，进而形成自己的创新思维。

一、机器人系统机电控制装置

1. 伺服电动机

（1）概述 伺服电动机（servo motor）是指在伺服系统中控制机械元件运转的发动机，如图 40-1 所示。

伺服电动机可使控制速度、位置精度非常准确，可以将电压信号转化为转矩和转速以驱动控制对象。

伺服电动机转子转速受输入信号控制，并能快速反应，在自动控制系统中，用作执行元件，且具有机电时间常数小、线性度高、始动电压低等特性，可把所收到的电信号转换成电动机轴上的角位移或角速度输出。

伺服电动机分为直流和交流两大类，其主要特点是，当信号电压为零时无自转现象，转速随着转矩的增加而匀速下降。

图 40-1 伺服电动机

工业机器人关节驱动的电动机，要求有最大功率质量比和转矩惯量比、高起动转矩、低惯量和较宽广且平滑的调速范围。特别是机器人末端执行器（手爪）应采用体积、质量尽可能小的电动机，尤其是要求快速响应时，伺服电动机必须具有较高的可靠性和稳定性，并且具有较大的短时过载能力，这是伺服电动机在工业机器人中应用的先决条件。

目前，高起动转矩、大转矩、低惯量的交、直流伺服电动机在工业机器人中得到广泛应用，一般负载 1000N（相当 100kgf）以下的工业机器人大多采用电伺服驱动系统。所采用的关节驱动电动机主要是 AC 伺服电动机、步进电动机和 DC 伺服电动机。其中，交流伺服电动机、直流伺服电动机、直接驱动电动机（DD）均采用位置闭环控制，一般应用于高精度、高速度的机器人驱动系统中。步进电动机驱动系统多适用于对精度、速度要求不高的小型简易机器人开环系统中。交流伺服电动机由于采用电子换向，无换向火花，在易燃易爆环境中得到了广泛的使用。机器人关节驱动电动机的功率范围一般为 0.1~10kW。

（2）工作原理

1）伺服系统。伺服系统是使物体的位置、方位、状态等输出被控量能够跟随输入目标（或给定值）任意变化的自动控制系统。伺服主要靠脉冲来定位，基本上可以这样理解，伺服电动机接收到 1 个脉冲，就会旋转 1 个脉冲对应的角度，从而实现位移，因为，伺服电动机本身具备发出脉冲的功能，所以伺服电动机每旋转一个角度，都会发出对应数量的脉冲，这样，和伺服电动机接受的脉冲形成了呼应，或者叫闭环，如此一来，系统就会知道发了多少脉冲给伺服电动机，同时又收了多少脉冲回来，这样，就能够很精确地控制电动机的转动，从而实现精确的定位，精度可以达到 0.001mm。直流伺服电动机分为有刷电动机和无刷电动机。有刷电动机成本低，结构简单，起动转矩大，调速范围宽，控制容易，需要维护，但维护不方便（换碳刷），会产生电磁干扰，对环境高要求。因此它可用于对成本敏感的普通工业和民用场合。

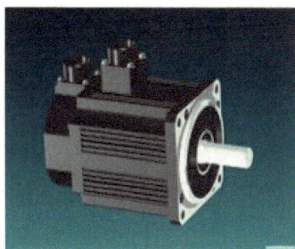

无刷电动机体积小，重量轻，出力大，响应快，速度高，惯量小，转动平滑，力矩稳定，控制复杂，容易实现智能化，其电子换相方式灵活，可以方波换相或正弦波换相。电动机免维护，效率很高，运行温度低，电磁辐射很小，长寿命，可用于各种环境。

2）交流伺服电动机。它是无刷电动机，分为同步电动机和异步电动机，目前运动控制中一般都用同步电动机。它的功率范围大，可以做到很大的功率，大惯量，最高转动速度低，且随着功率增大而转速降低，因而适合做低速平稳运行的应用。

3）伺服电动机内部的转子。伺服电动机内部的转子是永磁铁，驱动器控制的U/V/W三相电形成电磁场，转子在此磁场的作用下转动，同时电动机自带的编码器反馈信号给驱动器，驱动器根据反馈值与目标值进行比较，调整转子转动的角度。伺服电动机的精度决定于编码器的精度（线数）。

交流伺服电动机和无刷直流伺服电动机在功能上的区别：交流伺服要好一些，因为是正弦波控制，转矩脉动小。直流伺服是梯形波。但直流伺服比较简单、便宜。

（3）伺服电动机与步进电动机的性能比较　步进电动机作为一种开环控制的系统，和现代数字控制技术有着本质的联系。在目前国内的数字控制系统中，步进电动机的应用十分广泛。随着全数字式交流伺服系统的出现，交流伺服电动机也越来越多地应用于数字控制系统中。为了适应数字控制的发展趋势，运动控制系统中大多采用步进电动机或全数字式交流伺服电动机作为执行电动机，主要原因在于交流伺服系统在许多性能方面都优于步进电动机。但在一些要求不高的场合也经常用步进电动机来做执行电动机。所以，在控制系统的设计过程中要综合考虑控制要求、成本等多方面的因素，选用适当的控制电动机。

（4）伺服电动机的特点　伺服电动机和其他电动机（如步进电动机）相比所具有以下特点：

1）精度：实现了位置、速度和力矩的闭环控制；克服了步进电动机失步的问题。

2）转速：高速性能好，一般额定转速能达到2000~3000r/min。

3）适应性：抗过载能力强，能承受三倍于额定转矩的负载，对有瞬间负载波动和要求快速起动的场合特别适用。

4）稳定：低速运行平稳，低速运行时不会产生类似于步进电动机的步进运行现象，适用于有高速响应要求的场合。

5）及时性：电动机加减速的动态响应时间短，一般在几十毫秒之内。

6）舒适性：发热和噪声明显降低。

普通的电动机，断电后还会因为自身的惯性需再转一会儿才停下，而伺服电动机和步进电动机反应极快，会立刻停下。但步进电动机存在失步现象。

2. 谐波传动减速器

谐波传动减速器是利用行星齿轮传动原理发展起来的一种新型减速器，具有体积小、精度高、响应速度快等特点，多用在机器人腕部轴。谐波齿轮传动（简称谐波传动），是依靠柔性零件产生弹性机械波来传递动力和运动的一种行星齿轮传动，如图40-2所示。

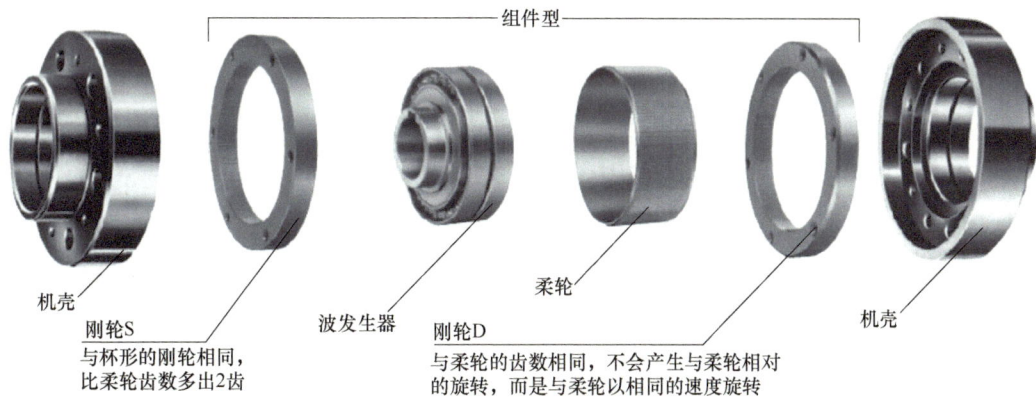

组件型

机壳

刚轮S
与杯形的刚轮相同，
比柔轮齿数多出2齿

波发生器

刚轮D
与柔轮的齿数相同，不会产生与柔轮相对
的旋转，而是与柔轮以相同的速度旋转

柔轮

机壳

图 40-2　谐波传动减速器基本结构

（1）传动原理　图 40-3 所示为谐波传动减速器基本结构及谐波传动工作原理。它主要由三个基本构件组成：

① 带有内齿圈的刚性齿轮（刚轮），它相当于行星系中的太阳轮。

② 带有外齿圈的柔性齿轮（柔轮），它相当于行星齿轮。

③ 波发生器，它相当于行星架。

作为减速器使用，通常采用波发生器主动、刚轮固定、柔轮输出形式。

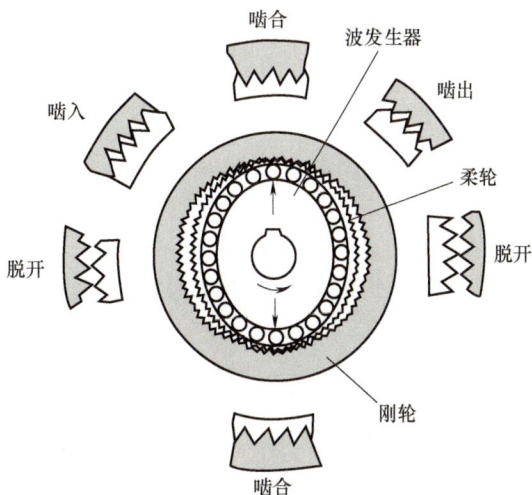

图 40-3　谐波传动减速器基本结构及谐波传动工作原理

波发生器是一个杆状部件，其两端装有滚动轴承构成滚轮，与柔轮的内壁相互压紧。柔轮为可以产生较大弹性变形的薄壁齿轮，其内孔直径略小于波发生器的总长。波发生器是使柔轮产生可控弹性变形的构件。当波发生器装入柔轮后，迫使柔轮的剖面由原先的圆形变成椭圆形，其长轴两端附近的齿与刚轮的齿完全啮合，而短轴两端附近的齿则与刚轮完全脱开。周长上其他区段的齿处于啮合和脱离的过渡状态。当波发生器沿图 40-3 所示方向连续转动时，柔轮的变形不断改变，使柔轮与刚轮的啮合状态也不断改变，由啮入、啮合、啮出、脱开、再啮入……，周而复始地进行，从而实现柔轮相对刚轮沿波发生器相反方向的缓慢旋转。工作时，固定刚轮，由电动机带动波发生器转动，柔轮作为从动轮，输出转动，带动负载运动。在传动过程中，波发生器转一周，柔轮上某点变形的循环次数称为波数，以 n 表示。常用的是双波和三波两种。双波传动的柔轮应力较小，结构比较简单，容易获得大的传动比，故为目前应用最广泛的一种谐波传动减速器。

谐波齿轮传动的柔轮和刚轮的齿距相同，但齿数不等，通常采用的是刚轮与柔轮齿数差等于波数，即

$$z_2 - z_1 = n \tag{40-1}$$

式中　z_2、z_1——分别为刚轮与柔轮的齿数。

当刚轮固定、发生器主动、柔轮从动时，谐波齿轮传动的传动比为

$$i = -z_1 / (z_2 - z_1) \tag{40-2}$$

双波传动中，$z_2 - z_1 = 2$，柔轮齿数很多。式（40-2）中的负号表示柔轮的转向与波发生器的转向相反。由此可看出，谐波减速器可获得很大的传动比。

波发生器使柔轮产生弹性变形而呈椭圆状，为此，椭圆的长轴部分与刚轮完全啮合，而短轴部分两轮轮齿处于完全脱开状态。使刚轮固定，波发生器顺时针旋转，柔轮产生弹性变形，与刚轮轮齿啮合的部位顺次移动。波发生器顺时针旋转180°，柔轮逆时针移动一个轮齿。波发生器旋转一周（360°），由于柔轮的齿数比刚轮少两个，因此柔轮逆时针移动两个轮齿，通常将该运动传递作为输出。

（2）特点

1）减速比高。单级同轴可获得1/320~1/30的高减速比，是结构简单，却能实现高减速比的装置。

2）齿隙小。不同于普通的齿轮啮合，其齿隙极小，该特点对于控制器领域而言是不可或缺的要素。

3）精度高。多齿同时啮合，并且有两个180°对称的齿轮啮合，因此齿轮齿距误差和累积齿距误差对旋转精度的影响较为平均，使位置精度和旋转精度达到极高的水准。

4）零部件少、安装简便。三个基本零部件就可以实现高减速比，而且它们都在同轴上，所以套件安装简便，造型简捷。

5）体积小、重量轻。与以往的齿轮装置相比，体积为以往齿轮装置的1/3，重量为以往齿轮装置的1/2，却能获得相同的转矩容量和减速比，实现小型轻量化。

6）转矩容量高。柔轮材料使用疲劳强度高的特殊钢，与普通的传动装置不同，同时啮合的齿数占总齿数的约30%，而且是面接触，因此使得每个齿轮所承受的压力变小，可获得很高的转矩。

7）效率高。轮齿啮合部位滑动很小，减少了摩擦产生的动力损失，因此在获得高减速比的同时，得以维持高效率，并实现驱动马达的小型化。

8）噪声小。轮齿啮合转速低，传递运动力量平衡，因此运转安静，且振动极小。

3. RV 减速器

RV 传动是新兴起的一种传动，它是在传统针摆行星传动的基础上发展起来的，不

仅克服了一般针摆传动的缺点，而且因为具有体积小、重量轻、传动比范围大、寿命长、精度保持稳定、效率高、传动平稳等一系列优点，日益受到国内外的关注。RV 减速器是由摆线针轮和行星支架组成，被广泛应用于工业机器人手臂部驱动，另外应用于机床、医疗检测设备、卫星接收系统等领域。RV 传动较机器人中常用的谐波传动具有高得多的疲劳强度、刚度和寿命，而且回差精度稳定，不像谐波传动那样随着使用时间的增长，运动精度就会显著降低，故世界上许多国家高精度机器人传动多采用 RV 减速器，因此，RV 减速器在先进机器人传动中有逐渐取代谐波减速器的发展趋势，如图 40-4 所示。

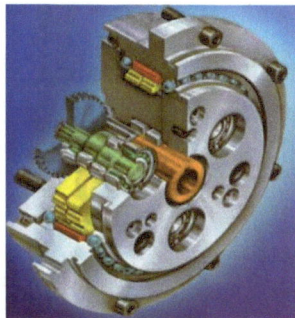

图 40-4　机器人关节 RV 减速器结构示意图

（1）**RV 减速器的传动原理**　RV 减速器的传动装置是由第一级渐开线圆柱齿轮行星减速机构和第二级摆线针轮行星减速机构两部分组成，为一封闭差动轮系，图 40-4 所示为其结构示意图。主动的太阳轮与输入轴相连，如果渐开线太阳轮顺时针方向旋转，它将带动三个呈 120° 布置的行星轮在绕太阳轮轴心公转的同时还有逆时针方向自转，三个曲柄轴与行星轮相固连而同速转动，两片相位差 180° 的摆线轮铰接在三个曲柄轴上，并与固定的针轮相啮合，在其轴线绕针轮轴线公转的同时，还将反方向自转，即顺时针转动。输出机构（即行星架）由装在其上的三对曲柄轴支承轴承来推动，把摆线轮上的自转矢量以 1:1 的速比传递出来。RV 摆线针轮减速器具有传动速比大、同轴线传动、结构紧凑、效率高、刚性好、转动惯量小的优点，但其重量较大，适用于作为机器人的第一级旋转关节（腰关节）使用。RV 减速器的传动原理如图 40-5 所示。

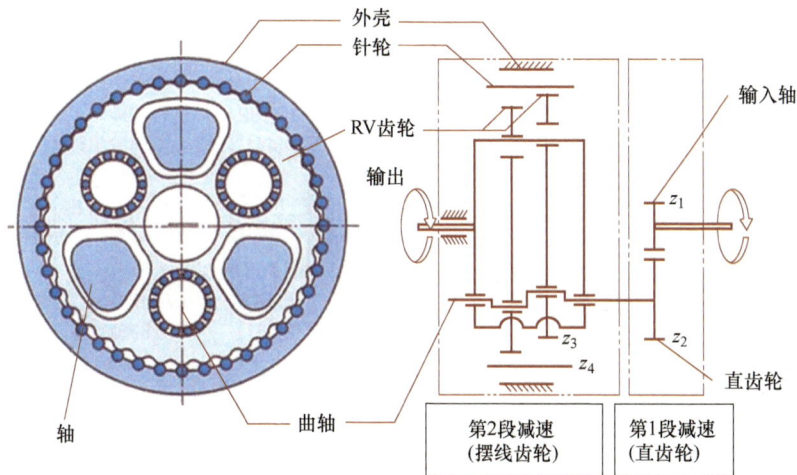

图 40-5　RV 减速器的传动原理

（2）**特点**

1）传动比范围大。

2）扭转刚度大，输出机构即为两端支承的行星架，用行星架左端的刚性大圆盘输出，大圆盘与工作机构用螺栓联接，其扭转刚度远大于一般摆线针轮行星减速器的输出机构。在额定转矩下，弹性回差小。

3）只要设计合理，制造装配精度保证，就可获得高精度和小间隙回差。

4）传动效率高。

5）传递同样转矩与功率时的体积小（或者说单位体积的承载能力大），RV 减速器由于第一级用了三个行星轮，特别是第二级，摆线针轮为硬齿面多齿啮合，这本身就决定了它可以用小的体积传递大的转矩，又加上在结构设计中，让传动机构置于行星架的支承主轴承内，使轴向尺寸大大缩小，所有上述因素使传动总体积大为减小。

（3）应用案例 伺服变位机是一款由伺服控制的高精度变位机、焊接回转台。其主要用于环形焊缝的焊接，可以与焊接机器人配合改变焊件的位置并完成与机器人信号的交换。其主要功能是将焊件倾斜、回转，使焊缝置于水平、船形等最佳位置施焊，也可与焊接操作机使用，实现自动焊接。

伺服变位机采用 RV 系列精密减速器，该减速器是一种被广泛应用的工业级产品，其性能可与其他军工级减速器产品相媲美，被广泛应用于各种工业场合。该产品的输出转矩、噪声、效率、径向和轴向力、寿命和反向间隙等许多关键指标都处于业内领先地位。参数举例如下：

型号：GHB-12。

名称：座式数控变位机。

单工位最大承载重：≤ 1200kg。

回转速度：伺服调节，1.2°~60°/s。

翻转速度：伺服调节，1.2°~60°/s。

回转角度：± n × 360° 无限回转。

翻转角度：0°~90° 任意角度俯仰。

最大重心矩：150mm。

最大偏心矩：150mm。

回转电动机功率：3.5kW。

翻转电动机功率：3.5kW。

重复定位精度：± 0.3mm（离旋转中心 500mm 处）（0.01°）。

工作盘直径：φ1000mm 配有 6 个 T 形槽。

转动位置精度：0.02°。

变位机高：1000mm。

变位机回转中心高：800mm（翻转轴角度为 90° 时）。

4. 行程开关和接近开关

（1）行程开关

1）构成及原理。在实际生产中，将行程开关安装在预先安排的位置，当装于生产机械运动部件上的模块撞击行程开关时，行程开关的触点动作，实现电路的切换。因此，行程开关是一种根据运动部件的行程位置而切换电路的电器，它的作用原理与按钮类似。

在电气控制系统中，行程开关的作用是实现顺序控制、定位控制和位置状态的检测，用于控制机械设备的行程及限位保护。行程开关的构造如图40-6所示。

行程开关广泛用于各类机床和起重机械，用以控制其行程、进行终端限位保护。在机器人工作站的控制电路中，还利用行程开关来控制机器人动作范围的限位、安全门的限位、遮光卷帘门的上、下限位保护。行程开关符号如图40-7所示。

行程开关可以安装在相对静止的物体（如固定架、门框等，简称静物）上或者运动的物体（如行车、安全门等，简称动物）上。当动物接近静物时，开关的连杆驱动开关的接点，使闭合的接点分断或者断开的接点闭合，由开关接点开、合状态的改变去控制电路和机构的动作。

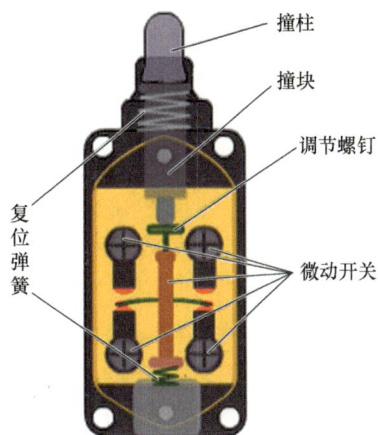

图 40-6 行程开关的构造

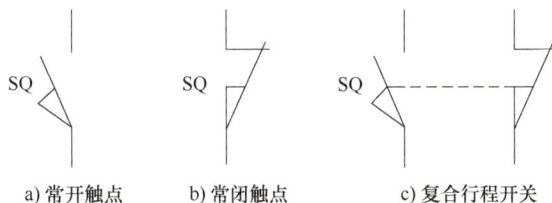

a) 常开触点 b) 常闭触点 c) 复合行程开关

图 40-7 行程开关符号

2）种类和特点。

① 常规国产行程开关。常规行程开关中，LX19 系列中的 LX19-001/111，LXK3 系列中的 LXK3-20S/T，JLXK1 系列中的 JLXK1-111/411/511 最具代表力，这些产品结构简单、功能实用、价格低廉。

② 进口行程开关。进口行程开关中，WL 系列、HL 系列、D4V 系列、SZL-WL 系列最具代表力，此类产品做工精细、性能优越，在极端环境中的表现更为突出，但价格昂贵。

③ 耐高温行程开关。在国产的耐高温行程开关中，最具影响力的就是 YNTH 系列耐高温行程开关，一般在炼钢厂应用较多。YNTH 行程开关能在高温的环境中正常工作，最高工作温度为 350℃，工作环境的温度增高，产品的寿命就会相应地下降，超过 300℃ 要减少开关的工作量来保证产品的寿命。

④ 防水行程开关。国产防水行程开关中，YNFS（TZ）系列较为突出。YNFS 行程开关具有体积小、灵敏度高、密封性强、耐油防腐蚀的特点。

3）分类。

① 按结构分类。行程开关按其结构可分为直动式、滚轮式、微动式和组合式。

a. 直动式行程开关。动作原理同按钮类似，所不同的是：按钮是手动，直动式行程开关则由运动部件的撞块碰撞。当外界运动部件上的撞块碰压推杆时，触点动作，当运动部件离开后，在弹簧作用下，其触点自动复位。其结构原理如图 40-8a 所示，图中：1—推杆，2、4—弹簧，3—动断触点，5—动合触点。其触点的分合速度取决于生产机械的运行速度，不宜用于速度低于 0.4m/min 的场所。

b. 滚轮式行程开关。当运动机械的挡铁（撞块）压到行程开关的滚轮上时，传动杠连同转轴一同转动，使凸轮推动撞块，当撞块碰压到一定位置时，推动微动开关快速动作。当滚轮上的挡铁移开后，复位弹簧就使行程开关复位。这种是单轮自动恢复式行程开关。而双轮旋转式行程开关不能自动复原，它依靠运动机械反向移动时，挡铁碰撞另一滚轮将其复原。

其结构原理如图 40-8b 所示，图中：1—滚轮，2—上转臂，3、5、11—弹簧，4—套架，6、7—触头，8—横板，9—压板，10—滑轮。当被控机械上的撞块撞击带有滚轮的撞杆时，撞杆转向右边，带动凸轮转动，顶下推杆，使微动开关中的触点迅速动作。当运动机械返回时，在复位弹簧的作用下，各部分动作部件复位。

滚轮式行程开关又分为单滚轮自动复位式和双滚轮（羊角式）非自动复位式。双滚轮行程开关具有两个稳态位置，有"记忆"作用，在某些情况下可以简化线路。

c. 微动式行程开关。微动式行程开关的组成，以常用的 LXW-11 系列产品为例，其结构原理如图 40-8c 所示，图中：1—推杆，2—弹簧，3—动合触点，4—动断触点，5—压缩弹簧。

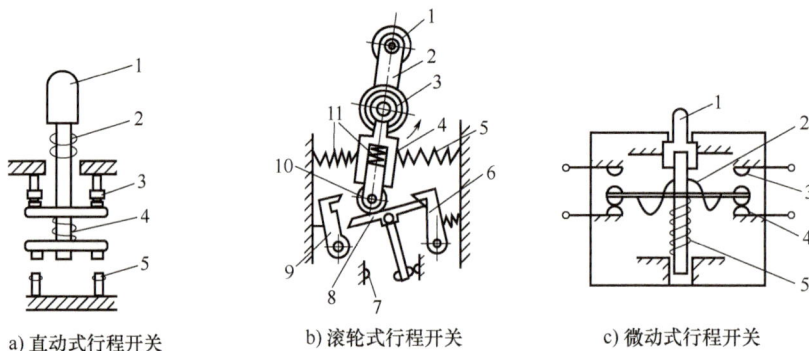

a) 直动式行程开关　　b) 滚轮式行程开关　　c) 微动式行程开关

图 40-8　行程开关

② 按用途分类。一般用途行程开关，如 JW2、JW2A、LX19、LX31、LXW5、3SE3 等系列，主要用于机床及其他生产机械、自动生产线的限位和程序控制。

起重设备用行程开关，如 LX22、LX33 系列，主要用于限制起重设备及各种冶金辅助机械的行程。

（2）接近开关

1）原理。接近开关是一种无须与运动部件进行机械直接接触即可操作的位置开关，当物体接近开关的感应面到动作距离时，不需要机械接触及施加任何压力即可使开关动作，从而驱动直流电器或给计算机（或 PLC）装置提供控制指令。它既有行程开关、微动开关的特性，同时具有传感性能，且动作可靠，性能稳定，频率响应快，应用寿命长，抗干扰能力强，并具有防水、防振、耐腐蚀等特点。类型有电感式、电容式、霍尔式和光电式等。

接近开关又称无触点接近开关，是理想的电子开关型传感器。当金属检测体接近开关的感应区域，开关就能无接触、无压力、无火花、迅速发出电气指令，准确反映出运动机构的位置和行程，即使用于一般的行程控制，其定位精度、操作频率、使用寿命、安装调整的方便性和对恶劣环境的适用能力，也是一般机械式行程开关所不能相比的。它广泛地应用于机床、冶金、化工、轻纺和印刷等行业，在自动控制系统中可用于限位、计数、定位控制和自动保护环节等。接近开关外形如图40-9所示。

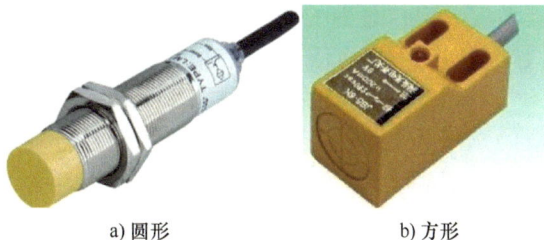

a) 圆形　　　　b) 方形

图 40-9　接近开关外形

接近开关，又称位移传感器。利用位移传感器对接近物体的敏感特性达到控制开关通或断的目的，这就是接近开关。当有物体移向接近开关，并接近到一定距离时，位移传感器才有"感知"，开关才会动作。通常把这个距离叫"检出距离"。不同的接近开关检出距离也不同。

有时被检测验物体是按一定的时间间隔，一个接一个地移向接近开关，又一个一个地离开，这样不断地重复。不同的接近开关，对检测对象的响应能力是不同的，这种响应特性被称为"响应频率"。

2）种类。因为位移传感器可以根据不同的原理和不同的方法制成，而不同的位移传感器对物体的"感知"方法也不同。常见的接近开关有以下几种：

① 无源接近开关。这种开关不需要电源，通过磁感应控制开关的闭合。当磁或者铁质触发器靠近开关时，与开关内部磁力作用进而控制开关的通或断。其特点是不需要电源，非接触式，免维护，环保。

② 涡流式接近开关。这种开关也称电感式接近开关。它是利用导电物体在接近这个能产生电磁场的接近开关时，使物体内部产生涡流，这个涡流反作用到接近开关，使开关内部电路参数发生变化，由此识别出有无导电物体移近，进而控制开关的通或断。这种接近开关所能检测的物体必须是导电体。

Ⅰ.原理：由电感线圈和电容及晶体管组成振荡器，并产生一个交变磁场，当有金属物体接近这一磁场时，就会在金属物体内产生涡流，从而导致振荡停止，这种变化被放大处理后转换成晶体管开关信号输出。

Ⅱ.特点：抗干扰性能好，开关频率高，大于200Hz，但只能感应金属。

Ⅲ.应用在各种机械设备上作位置检测、计数信号拾取等。

③ 电容式接近开关。这种开关由测量头构成电容器的一个极板，由开关的外壳构成另一个极板。在测量过程中，外壳通常是接地或与设备的机壳相连接。当有物体移向接近开关时，不论它是否为导体，由于它的接近，总要使电容的介电常数发生变化，从而使电容量发生变化，使得和测量头相连的电路状态也随之发生变化，由此便可控制开关的接通或断开。这种接近开关检测的对象，不限于导体，可以是绝缘的液体或粉状物等。

④ 霍尔接近开关。霍尔元件是一种磁敏元件。利用霍尔元件做成的开关，叫作霍

尔开关。当磁性物件移近霍尔开关时，开关检测面上的霍尔元件因产生霍尔效应而使开关内部电路状态发生变化，由此识别附近有磁性物体存在，进而控制开关的通或断。这种接近开关的检测对象必须是磁性物体。

⑤ 光电式接近开关。利用光电效应做成的开关称为光电开关。将发光器件与光电器件按一定方向装在同一个检测头内，当有反光面（被检测物体）接近时，光电器件接收到反射光后便有信号输出，由此便可"感知"有物体接近。

⑥ 其他形式的接近开关。当观察者或系统相对波源的距离发生改变时，接收到的波的频率会发生偏移，这种现象称为多普勒效应。声呐和雷达就是利用这个原理制成的。利用多普勒效应可制成超声波接近开关、微波接近开关等。当有物体移近时，接近开关接收到的反射信号会产生多普勒频移，由此可以识别出有无物体接近。

3）结构型式。接近开关按其外形可分为圆柱形、方形、沟形、穿孔（贯通）形和分离形。圆柱形比方形安装方便，两者检测特性相同；沟形的检测部位是在槽内侧，用于检测通过槽内的物体；贯通形在我国很少生产，而日本则应用较为普遍，可用于小螺钉或滚珠之类的小零件检测，或和浮标组装成水位检测装置等。

① 接近开关接线。接近开关有两线制和三线制之分，三线制接近开关又分为 NPN 型和 PNP 型，它们的接线是不同的。三线制接近开关接线图如图 40-10 所示。

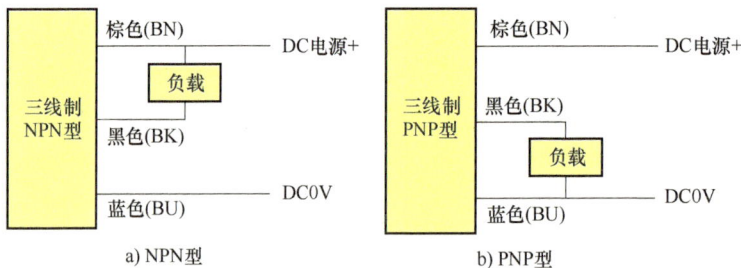

图 40-10　三线制接近开关接线图

两线制接近开关的接线比较简单，接近开关与负载串联后接到电源即可。

三线制接近开关的接线：红（棕）线接电源正极；蓝线接电源 0V 端；黄（黑）线为信号线，应接负载。负载的另一端的接线：对于 NPN 型接近开关，应接到电源正极；对于 PNP 型接近开关，则应接到电源 0V 端。

接近开关的负载可以是信号灯、继电器线圈或可编程序控制器 PLC 的数字量输入模块。

需要特别注意接到 PLC 数字输入模块的三线制接近开关的形式选择。PLC 数字量输入模块一般可分为两类：一类的公共输入端为电源 0V，电流从输入模块流出（日本模式），此时，一定要选用 NPN 型接近开关；另一类的公共输入端为电源正极，电流流入输入模块，即阱式输入（欧洲模式），此时，一定要选用 PNP 型接近开关，不能选错。

两线制接近开关受工作条件的限制，导通时开关本身会产生一定压降，截止时又有一定的剩余电流流过，选用时应予考虑。三线制接近开关虽多了一根线，但不受剩余电流之类不利因素的困扰，工作更为可靠。

有的产品将接近开关的"常开"和"常闭"信号同时引出，或增加其他功能，需按产品说明书具体接线。

② 槽形光电开关接线。光电开关的二极管是发光二极管，输出则是光电晶体管，C 就是集电极，E 则是发射极。

一般晶体管作开关使用时，通常都用集电极作输出端。

一般接法：二极管为输入端，E 接地，C 接负载，负载的另一端需要接电源正极。这种接法适用范围比较广。

特殊接法：二极管为输入端，C 接电源正极，E 接负载，负载的另一端需要接地。这种接法只适用于负载等效电阻很小的时候（几十欧姆以内）。如果负载等效电阻比较大，可能会引起开关晶体管工作点不正常，导致开关工作不可靠。

③ 选型检测。

a. 选型。对于不同材质的检测体和不同的检测距离，应选用不同类型的接近开关，以使其在系统中具有高的性能价格比。在选型中应遵循以下原则：

Ⅰ. 当检测体为金属材料时，应选用高频振荡型接近开关，该类型接近开关对铁镍、碳素结构钢类检测体检测最灵敏，而对铝、黄铜和不锈钢类检测体，其检测灵敏度较低。

Ⅱ. 当检测体为非金属材料时，如木材、纸张、塑料、玻璃和水等，应选用电容型接近开关。

Ⅲ. 金属体和非金属体要进行远距离检测和控制时，应选用光电型接近开关或超声波型接近开关。

Ⅳ. 当检测体为金属，若检测灵敏度要求不高时，可选用价格低廉的磁性接近开关或霍尔接近开关。

b. 检测。

Ⅰ. 动作距离测定：当检测体由正面靠近接近开关的感应面时，使接近开关动作的距离为接近开关的最大动作距离，测得的数据应在产品的参数范围内。

Ⅱ. 释放距离测定：当检测体由正面离开接近开关的感应面，开关由动作转为释放时，测得的检测体离开感应面的最大距离。

Ⅲ. 回差 H 的测定：最大动作距离和释放距离之差的绝对值。

Ⅳ. 动作频率测定：用调速电动机带动胶木圆盘，在圆盘上固定若干钢片，调整开关感应面和检测体间的距离约为开关动作距离的 80% 时，转动圆盘，依次使检测体靠近接近开关，在圆盘主轴上装有测速装置，开关输出信号经整形，接至数字频率计。此时起动电动机，逐步提高转速，在一定转速下转过的检测体数量与频率计数相等的条件下，可由频率计直接读出开关的动作频率。

Ⅴ. 重复精度测定：将检测体固定在量具上，由开关动作距离的 120% 以外，从开关感应面正面靠近开关的动作区，运动速度控制在 0.1mm/s 以上。当开关动作时，读出量具上的读数，然后退出动作区，使开关断开。如此重复 10 次，最后计算 10 次测量值的最大值和最小值与 10 次平均值之差，差值大者为重复精度误差。

二、工业机器人维修

工业机器人系统维修思路和先后工作顺序（顺口溜）如下：①先准备，后动手；②先清洁，后维修；③先静态，后动态；④先电源，后设备；⑤先外部，后内部；

⑥先机械，后电气；⑦先直流，后交流；⑧先普遍，后复杂；⑨先检修，后调试。

1. 机器人机械维修

以埃夫特机器人为例，J1/J2 轴减速器供、排油位置如图 40-11 所示。

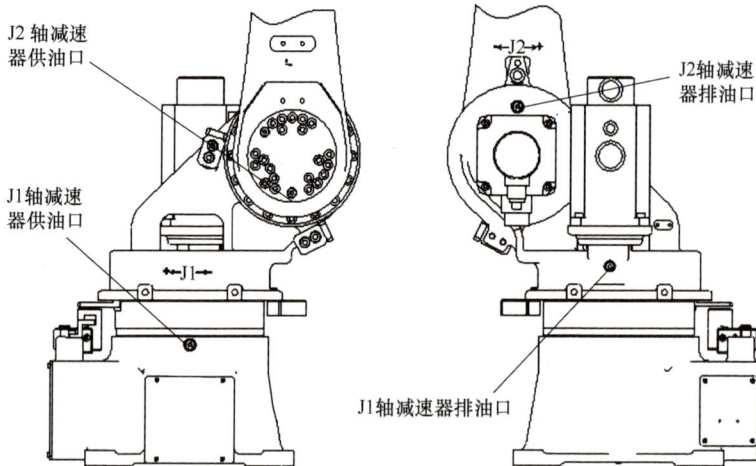

图 40-11　J1/J2 轴减速器供、排油位置

（1）**润滑油供油量**　J1/J2/J3/J4 轴减速器、马达座齿轮箱和手腕部件润滑油，必须每运转 20000h 或每隔 4 年（用于装卸时则为每运转 10000h 或每隔 2 年）更换润滑油。润滑油品质和供油量见表 40-1。

表 40-1　润滑油品质和供油量

供油位置	供油量/mL	润滑油名称	备注
J1 轴减速器	1350	选择和使用机器人润滑油时，要参考机器人技术要求，以确保选用的润滑油与机器人的型号、工作环境、工作强度等要求相匹配，以保持机器人性能及延长机器人寿命 例如： 协同油脂 Kyodo Yushi Molywhite RE No.00 减速齿轮润滑脂；以及 KYODOYUSHI TMO 150 高性能紧凑型齿轮油等	急速上油会引起油仓内的压力上升，使密封圈开裂，从而导致润滑油渗漏，供油速度应控制在 40mL/10s 以下
J2 轴减速器	650		
J3 轴减速器	280		
J4 轴减速器	200		
手腕体部分	50		

（2）**J1/J2/J3/J4 轴减速器、马达座齿轮箱的润滑油更换步骤**

1）将机器人移动到润滑位置。

2）切断电源。

3）移去润滑油供排口的内六角螺塞。

4）灌入新的润滑油，直至新的润滑油从排油口流出。

5）将内六角螺塞装回润滑油供排口上。

6）供油后，按照步骤释放润滑油槽内残压。

（3）**拆卸 J1 轴马达的步骤**　图 40-12 所示为更换 J1 轴马达图示，先固定机械臂，然后再拆卸马达。

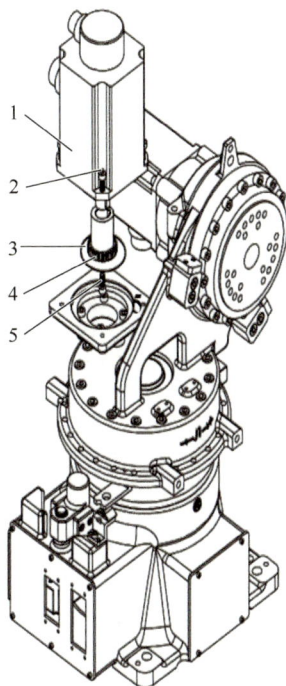

图 40-12 更换 J1 轴马达图示

更换 J1 轴马达零部件清单见表 40-2。

表 40-2 更换 J1 轴马达零部件清单

图注号	名称	规格型号	数量	力矩 / (N·m)
1	马达（关节伺服电动机）	TSM1308N8225E726	1	—
2	内六角圆柱头螺钉 M8×25	GB/T 70.1—2008，12.9 级	4	37.2 ± 1.86
3	O 形密封圈 φ103mm×3.55mm	GB 3452.1—2005	1	—
4	内六角圆柱头螺钉 M8×25	GB/T 70.1—2008，12.9 级	1	37.2 ± 1.86
5	1 轴输入齿轮	—	1	—

> 注意：禁止对马达的编码器连接器施力。施加压力较大时会损坏连接器。如需触摸刚刚停止后的马达，应确认马达为非高温状态，小心操作。

1）拆卸。

① 切断电源。

② 拆掉 J1 轴马达 1 上的连接线缆。

③ 拆卸 J1 轴马达安装螺钉 2。

④ 将马达从底座中垂直拉出，同时小心不要划伤齿轮表面。

⑤ 从 J1 轴马达的轴上拆卸螺钉 5。

⑥ 从 J1 轴马达的轴上拉出齿轮 4。

⑦ 拆除马达法兰端面 O 形密封圈 3。

2）装配。

① 除去马达法兰端面杂质，确保干净。

② 将 O 形密封圈 3 放入电动机法兰配合面上的槽内。

③ 将齿轮 4 安装到 J1 轴马达上。

④ 用螺钉 5 将齿轮 4 固定在马达上。

⑤ 在马达安装面上涂 THREEBOND1110F 平面密封胶，将 J1 轴马达垂直安装到底座上，同时小心不要划伤齿轮表面。

⑥ 安装马达固定螺钉 2（螺纹处涂螺纹密封胶 LOCTITE577）。

⑦ 安装 J1 轴马达脉冲编码器连接线。

⑧ 进行校对操作。

2. 机器人电气控制柜构成

（1）机器人控制柜面板　以国内的埃夫特 ER10L-C60 型工业机器人为例，机器人控制柜面板按钮如图 40-13 所示。

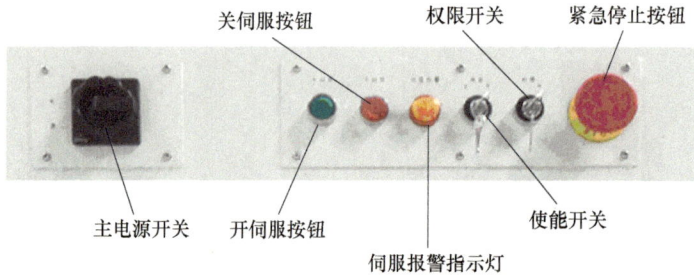

图 40-13　机器人控制柜面板按钮

（2）机器人控制系统硬件　机器人控制系统硬件见表 40-3。

表 40-3　机器人控制系统硬件

序号	硬件名称	硬件功能
1	控制器模块（CPAC）	控制器，作为整个机器人的大脑
2	通信及 I/O 模块	I/O 口有 16 个输入口，16 个输出口

控制系统如图 40-14 所示。

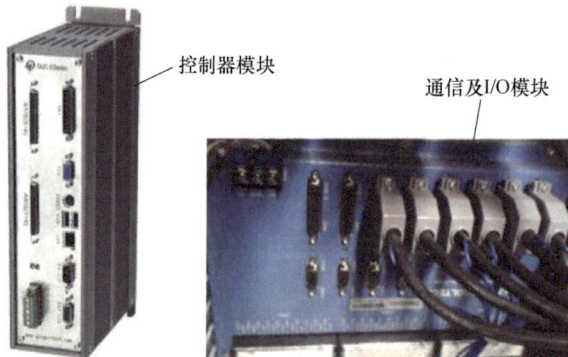

图 40-14　控制系统

（3）**驱动器**　机器人 6 个伺服轴对应有 6 个伺服驱动器，驱动器的功能是驱动并控制伺服电动机运动，电动机的平稳运动需要对驱动器设置合理的参数，如图 40-15 所示。

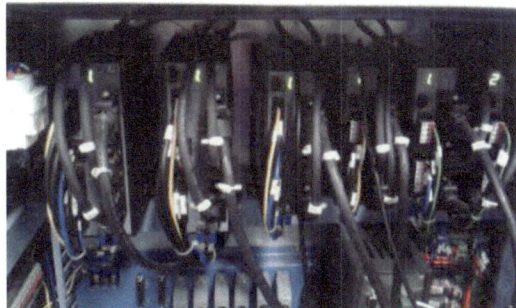

（4）**安全板**（SRB）　安全板用于关节伺服电动机抱闸和驱动器报警。报警输出口只有一个，有 6 对线缆的航空插头接到电动机抱闸上，具体电路参考电气原理图。其中每个继电器都对应有一个发光二极管，在电路检修时可以通过查看发光二极管是否点亮来排查故障，如图 40-16 所示。

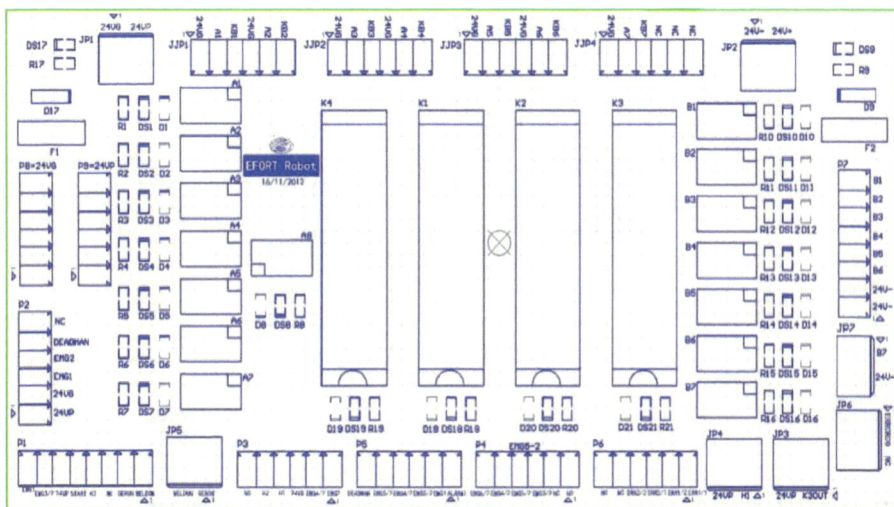

图 40-15　伺服驱动器

图 40-16　安全板

（5）**安全板控制继电器**　安全板控制继电器如图 40-17 所示。

图 40-17　安全板控制继电器

安全板控制继电器功能见表 40-4。

表 40-4　安全板控制继电器功能

序号	控制继电器	功能
1	K1	与 K2 一起形成双回路急停控制电路
2	K2	与 K1 一起形成双回路急停控制电路
3	K3	用于报警信号的输出控制
4	K4	用于开伺服控制回路
5	Alarm k7	用于驱动器报警信号的输出控制

（6）稳压电源（电源模块）　稳压电源（电源模块）如图 40-18 所示。

图 40-18　稳压电源

（7）左、右衬板元件（端子排）　左、右衬板元件（端子排）如图 40-19 和图 40-20 所示。

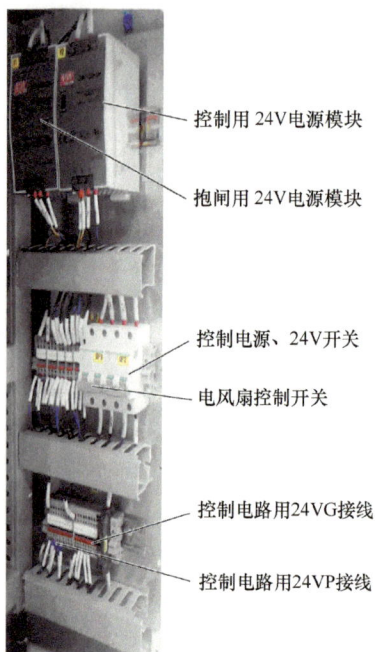

图 40-19　左衬板元件

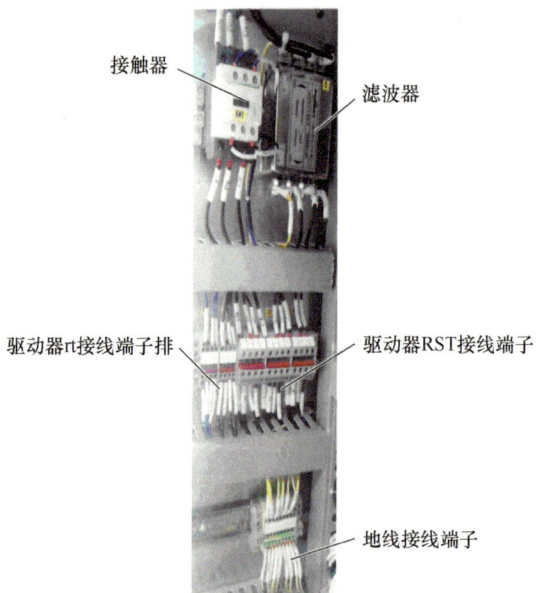

图 40-20　右衬板元件

（8）电控柜到机器人接头连线

1）机器人电控柜到机器人本体连接是通过电控柜底部的航空插头与机器人本体后部的航空插头进行连接的，连接线主要有电动机动力线和编码器线，如图4-21所示。

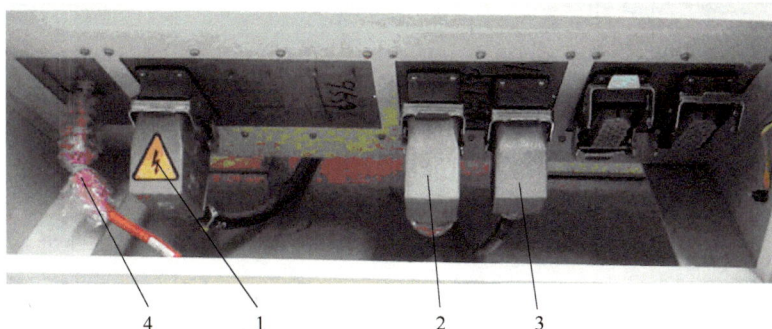

图 40-21　电控柜底部航空插头（航插）

1—380V电网进线航插　2—电机电源线航插　3—编码器线航插　4—示教盒航插

2）机器人负载信号连线，有的是通过外部增加的I/O连接的（如西门子的ET200），有的是从控制器的输入输出端子连接的，具体要根据外围的设计来确定。机器人本体航空插头引脚定义及实际图片如图40-22所示。

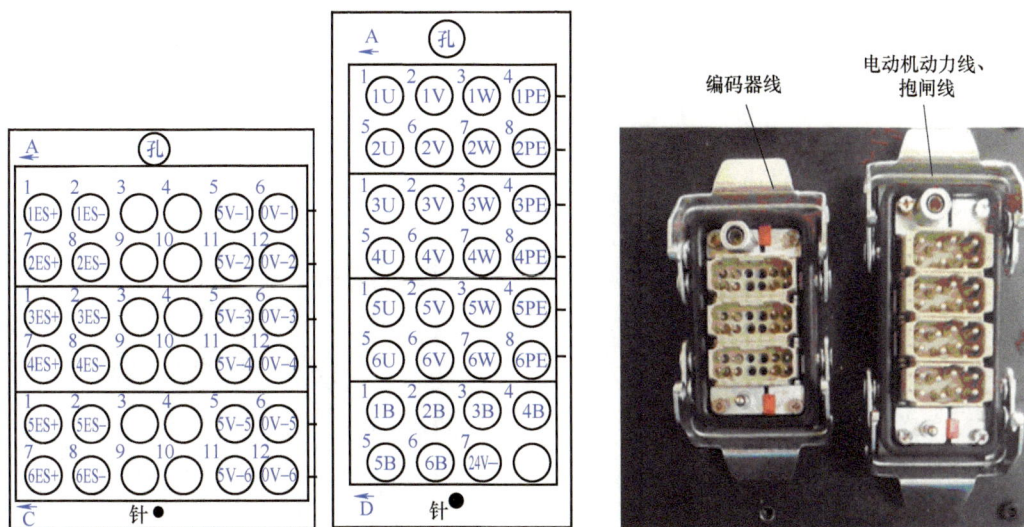

a）电动机编码器线航空插头引脚定义　b）电动机动力线航空插头引脚定义　　c）机器人本体航空插头图片

图 40-22　机器人本体航空插头引脚定义及实际图片

3. 机器人电气控制单元维修案例

（1）机器人控制柜控制部件位置

以松下TAWERS电源融合型焊接机器人为例，机器人控制柜控制部件位置如图40-23所示。

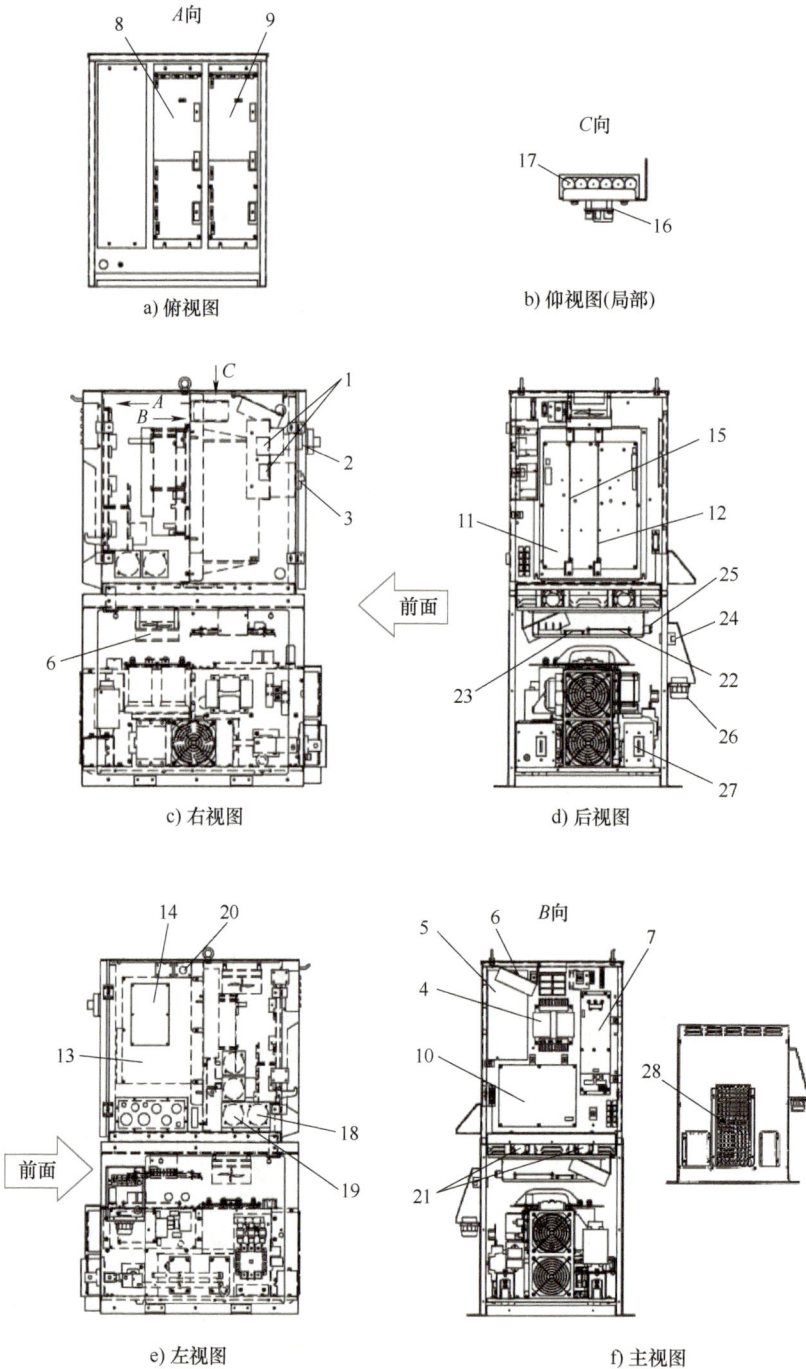

图 40-23　机器人控制柜部件位置

图 40-23 中，数字所代表的机器人控制柜控制部件、控制装置部件清单见表 40-5。

表 40-5　机器人控制柜控制部件、控制装置部件清单

序号	部件名称		部件代码	序号	部件名称	部件代码
1	防电涌装置		AEB40054	14	安全卡	ZUEP5702
2	开关		P132/V/SVBSW	15	焊接控制卡	ZUEP5750
3	电流断路器		GV2M22	16	BTA 中继卡	ZUEP5765
4	变压器		UTU5305	17	锂电池	ER6VCT
5	DC 电源		LW0130-5225	18	连接电缆	AWC25029LN
6	冷却风扇		CN60B3	19	电动机电缆	AWC32770LN
7	伺服电源		AED00130	20	TP 电缆	AWC32693LN
8	放大器 1	YA-1QCR61***	AED01229	21	风扇	TUDC24H4MATU
		YA-1QCR81***	AED01250	22	焊接电源卡	ZUEP5754
9	放大器 2	YA-1QCR61***	AED01228	23	DC 电源	ZWS75AF15/J
		YA-1QCR81***	AED01232	24	连接螺钉	—
10	电源卡		ZUEP5757	25	连接螺钉	—
11	主 CPU 卡		ZUEP5785	26	航空插座	—
12	伺服 CPU 卡		ZUEP5787	27	长条形电缆插座	—
13	次序卡		ZUEP5711	28	风扇排热孔	—
			ZUEP5725			

（2）机器人故障维修案例

1）故障案例 1：

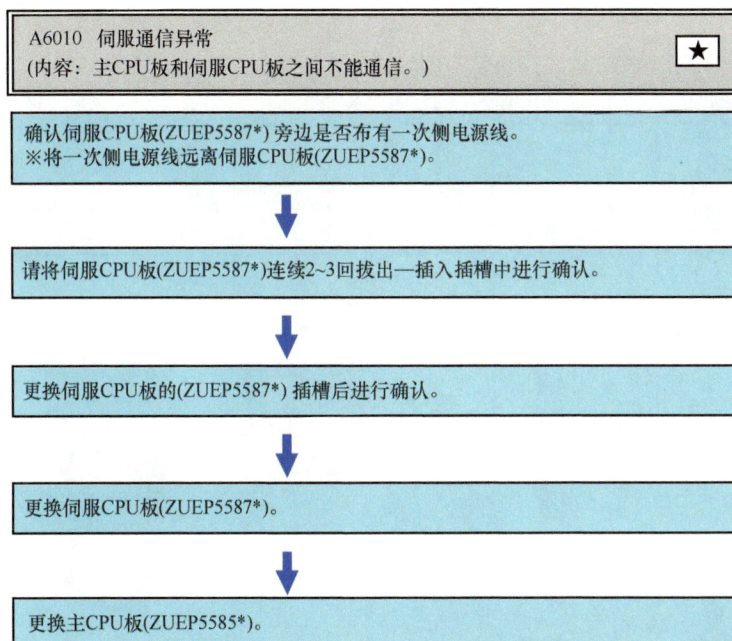

2）故障案例2：

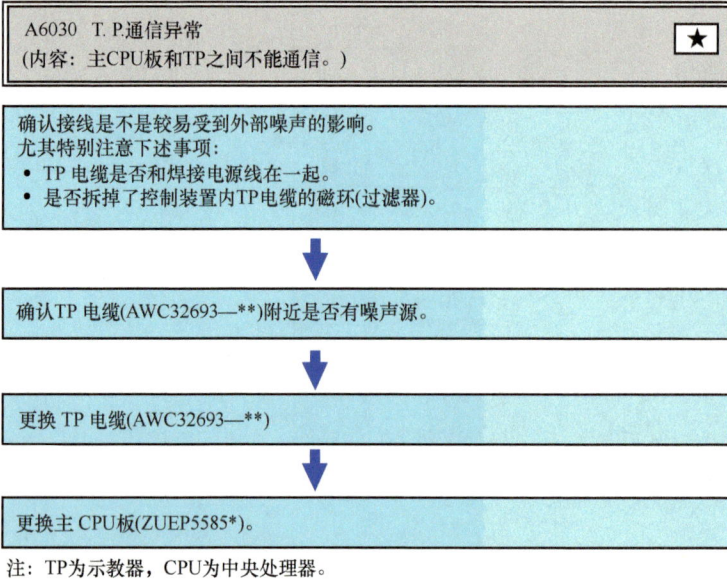

A6030　T.P.通信异常
(内容：主CPU板和TP之间不能通信。)　★

确认接线是不是较易受到外部噪声的影响。
尤其特别注意下述事项：
• TP 电缆是否和焊接电源线在一起。
• 是否拆掉了控制装置内TP电缆的磁环(过滤器)。

确认TP 电缆(AWC32693—**)附近是否有噪声源。

更换 TP 电缆(AWC32693—**)

更换主 CPU板(ZUEP5585*)。

注：TP为示教器，CPU为中央处理器。

3）故障案例3：

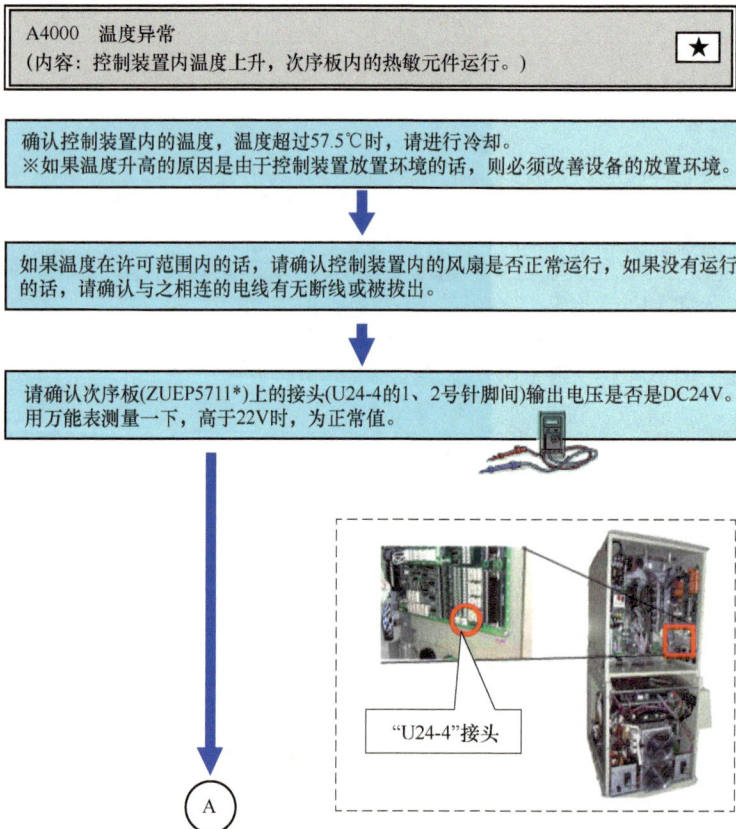

A4000　温度异常
(内容：控制装置内温度上升，次序板内的热敏元件运行。)　★

确认控制装置内的温度，温度超过57.5℃时，请进行冷却。
※如果温度升高的原因是由于控制装置放置环境的话，则必须改善设备的放置环境。

如果温度在许可范围内的话，请确认控制装置内的风扇是否正常运行，如果没有运行的话，请确认与之相连的电线有无断线或被拔出。

请确认次序板(ZUEP5711*)上的接头(U24-4的1、2号针脚间)输出电压是否是DC24V。
用万能表测量一下，高于22V时，为正常值。

"U24-4"接头

A

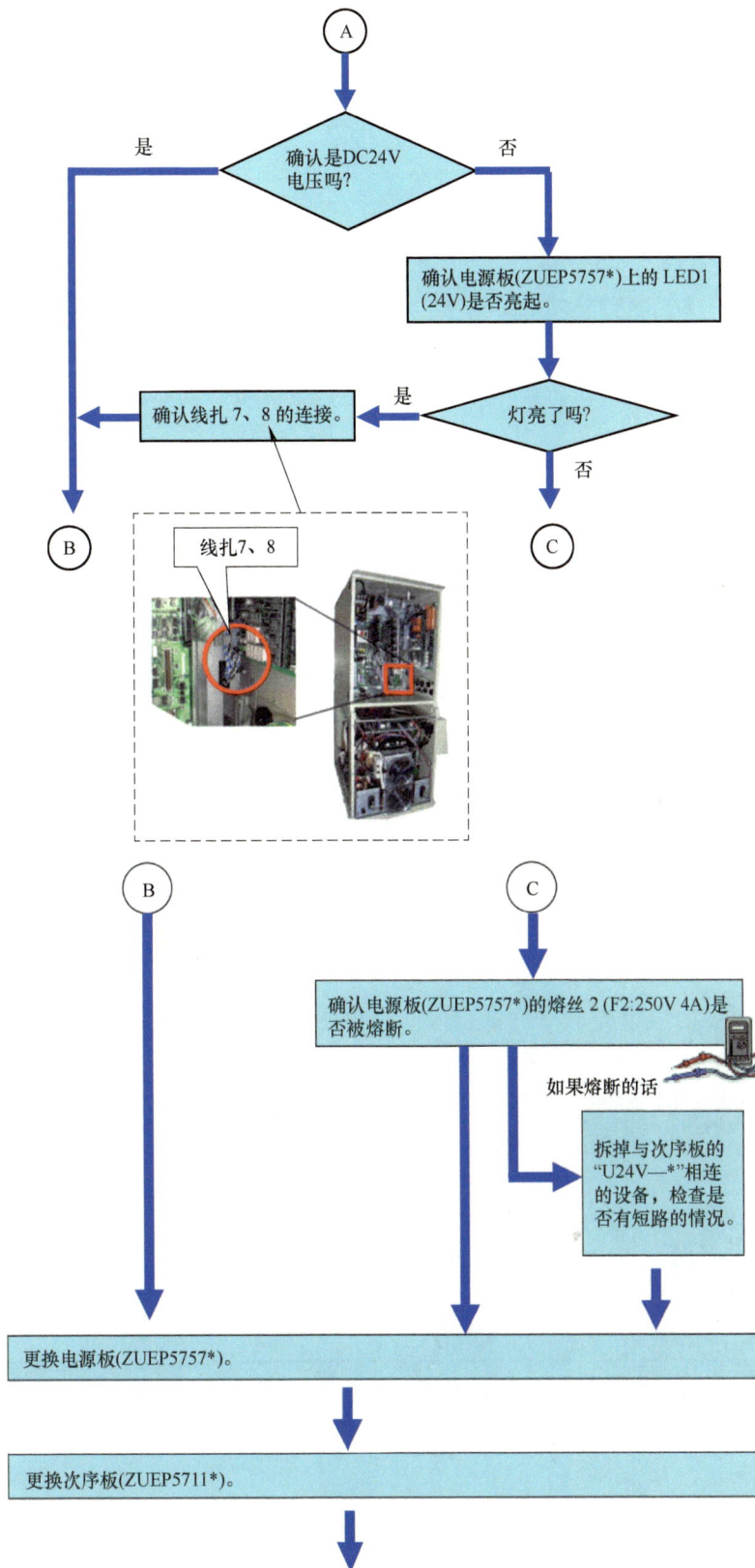

A

确认是DC24V
电压吗?

是　　　　　　　　　　　　　　　　　　　　　　否

确认电源板(ZUEP5757*)上的 LED1
(24V)是否亮起。

确认线扎 7、8 的连接。　←　是　　灯亮了吗?

否

B

C

线扎7、8

B

C

确认电源板(ZUEP5757*)的熔丝 2 (F2:250V 4A)是
否被熔断。

如果熔断的话

拆掉与次序板的
"U24V—*"相连
的设备,检查是
否有短路的情况。

更换电源板(ZUEP5757*)。

更换次序板(ZUEP5711*)。

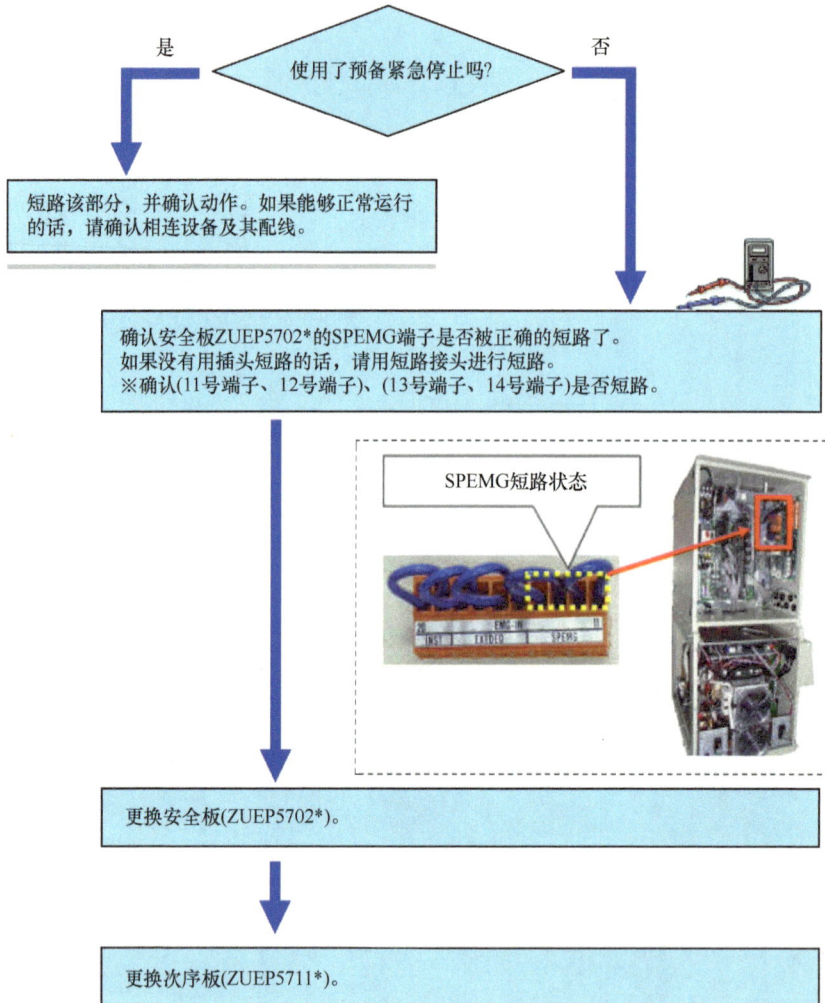

4）故障案例 4：

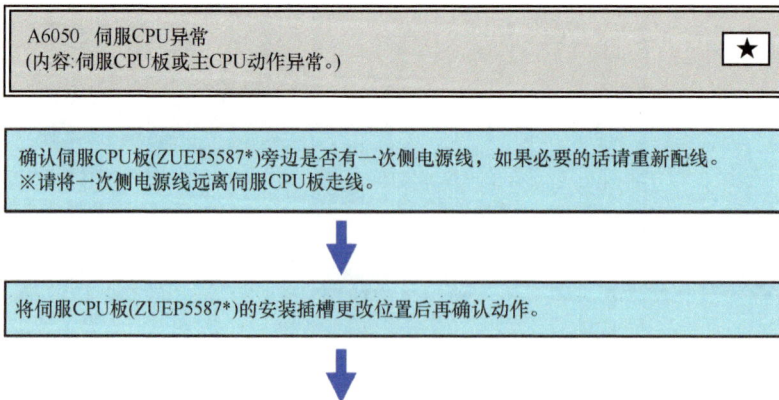

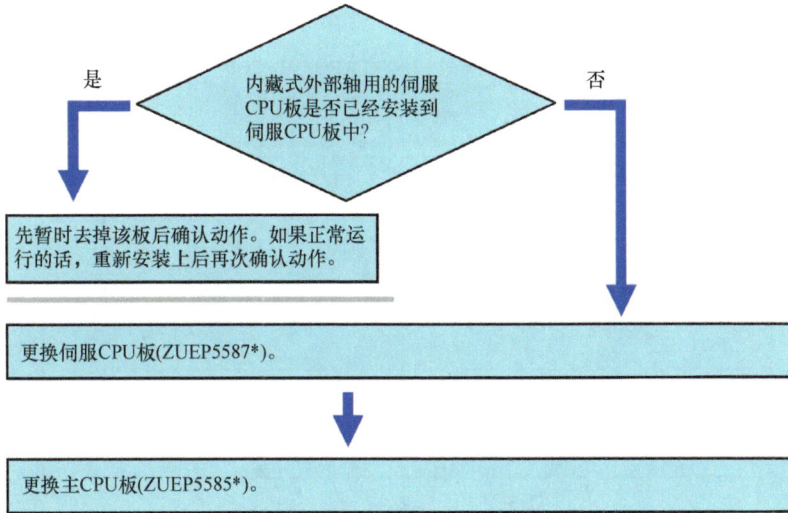

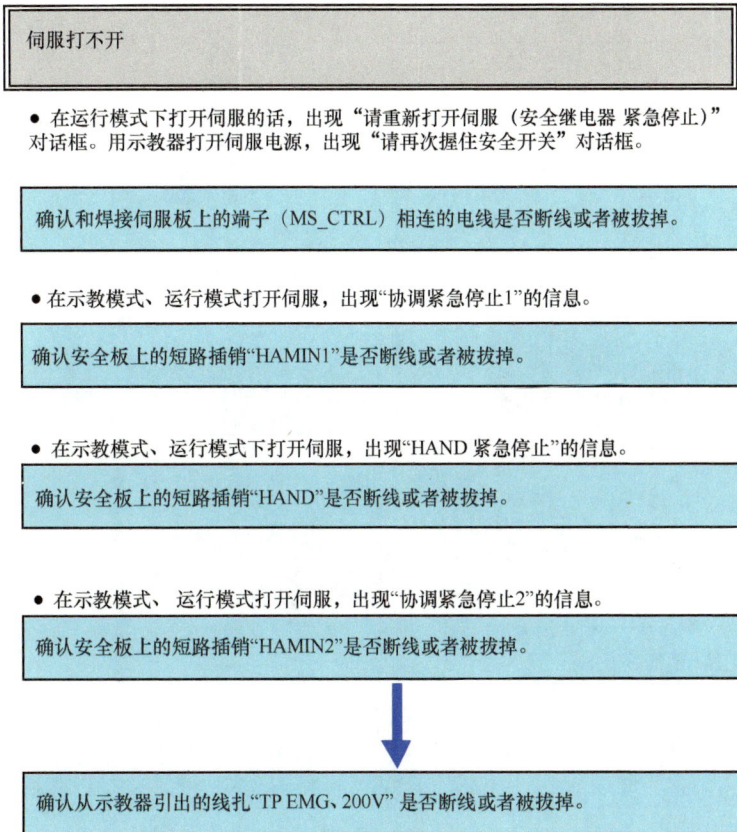

5）故障案例5：

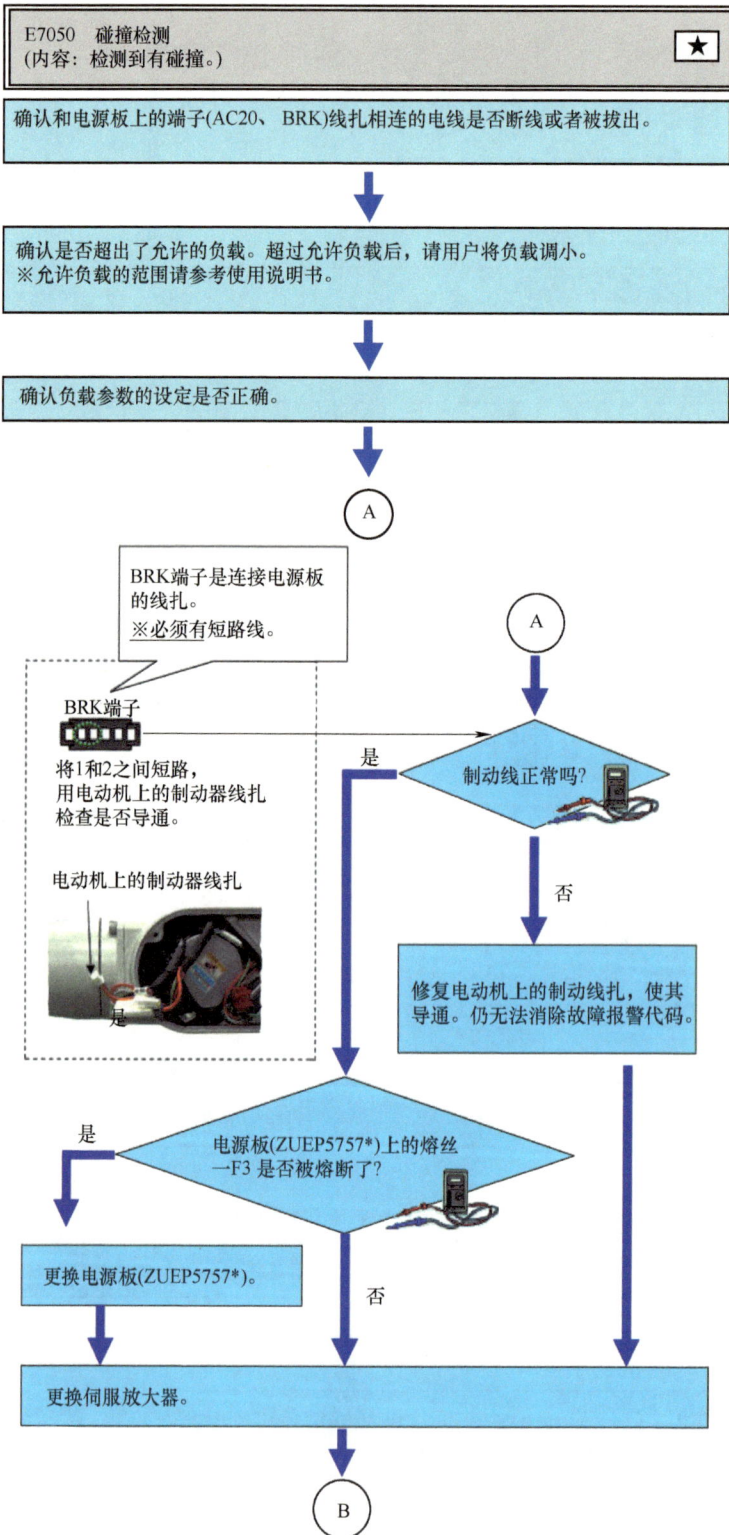

6）故障案例6：

```
E7050  碰撞检测
（内容：检测到有碰撞。）                    ★
```

确认和电源板上的端子(AC20、BRK)线扎相连的电线是否断线或者被拔出。

确认是否超出了允许的负载。超过允许负载后，请用户将负载调小。
※允许负载的范围请参考使用说明书。

确认负载参数的设定是否正确。

（A）

BRK端子是连接电源板的线扎。
※必须有短路线。

BRK端子

将1和2之间短路，用电动机上的制动器线扎检查是否导通。

电动机上的制动器线扎

是

（A）

制动线正常吗？

否

修复电动机上的制动线扎，使其导通。仍无法消除故障报警代码。

是

电源板(ZUEP5757*)上的熔丝—F3 是否被熔断了？

否

更换电源板(ZUEP5757*)。

更换伺服放大器。

（B）

（B）

更换伺服CPU板(ZUEP5587*)。

更换编码器。

确认带状PWM信号线是否断线或者被拔出。

拆掉送丝机放大器的端子(M-OUT)，测量送丝电动机各相之间的电阻。各相之间正常的电阻值约为23Ω。

M-OUT端子

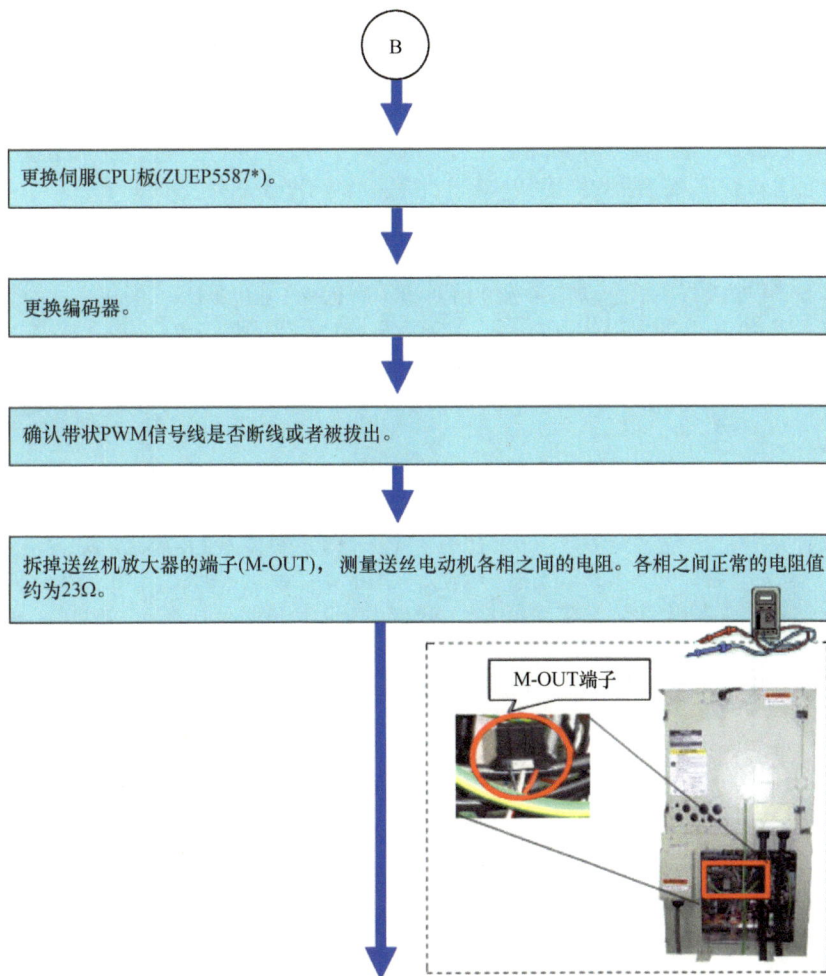

（3）工业机器人机械及电气维修总结　工业机器人是较为复杂的机电一体化设备，必须经过系统的理论学习和较为系统的专业训练，才能具备一般的维护能力，未经培训的机器人操作人员不建议独立进行机器人控制柜内部电路的维修，较为复杂的故障应报告专业的技术维修人员进行修理。排查故障时不能操之过急，要做到有的放矢，通过"问、看、听、摸、闻"来及时发现异常情况，从而找出故障所在位置。应做到具体故障具体分析，才能准确、迅速地排除故障。由于机器人技术的发展和迭代非常迅速，维护人员应不断学习和掌握工业机器人设备最新的技术知识，掌握其工作原理，坚持理论联系实际，不断总结和探索，只有这样，才能把自己培养成"工业机器人操作及运维"岗位的高技能复合型人才。

参 考 文 献

［1］林尚扬，陈善本，李成桐.焊接机器人及其应用［M］.北京：机械工业出版社，2000.
［2］吴林，陈善本，等.智能化焊接技术［M］.北京：国防工业出版社，2000.
［3］陈善本，等.焊接过程现代控制技术［M］.哈尔滨：哈尔滨工业大学出版社，2001.
［4］日本机器人学会.机器人技术手册［M］.宗光华，程君实，等译.北京：科学出版社，2008.
［5］中国机械工程学会焊接学会.焊接手册［M］.北京：机械工业出版社，2001.
［6］吴九澎，等.焊接机器人实用手册［M］.北京：机械工业出版社，2014.
［7］刘伟，周广涛，王玉松.焊接机器人基本操作及应用［M］.2版.北京：电子工业出版社，2015.
［8］刘伟，周广涛，王玉松.中厚板焊接机器人系统及传感技术应用［M］.北京：机械工业出版社，2013.
［9］刘伟，林庆平，纪承龙.焊接机器人离线编程及仿真系统应用［M］.北京：机械工业出版社，2014.
［10］杜志忠，刘伟.点焊机器人系统及编程应用［M］.北京：机械工业出版社，2015.
［11］刘伟，李飞，姚鹤鸣.焊接机器人操作编程及应用［M］.北京：机械工业出版社，2017.
［12］刘伟，李飞，姚鹤鸣.焊接机器人操作编程及应用专业术语英汉对照［M］.北京：机械工业出版社，2019.
［13］杜志忠，刘伟.机器人焊接编程与应用［M］.北京：机械工业出版社，2019.
［14］刘伟，魏秀权.机器人焊接高级编程［M］.北京：机械工业出版社，2021.
［15］刘伟.激光焊机器人操作及应用［M］.北京：机械工业出版社，2023.